국방 모델링 및 시뮬레이션 총론

Introduction to Defense Modeling and Simulation

최상영 지음

2011년도
대한민국학술원 선정
우수학술도서
이 도서는 대한민국학술원에서 선정한
"2011년도 우수학술도서"로서 교육과학기술부의
지원으로 구입 배부한 것임.

북코리아

:: 머리말

모델링(modeling)이 관심 시스템과 그 동작원리를 표현하는 것이라면, 시뮬레이션(simulation)은 컴퓨터와 정보기술을 사용하여 그 표현을 시간 순차적으로 구현하여 나타내는 것입니다. 모델링 기술은 전통적으로 운영분석과 시스템분석 분야에서 발전해 왔고, 시뮬레이션 기술은 컴퓨터과학 분야에서 발전해 왔으나, 오늘날 정보기술이 결합되면서 하나의 학문분야로 발전되고 있습니다.

오랫동안 이 분야를 강의하고 연구하면서 독자적인 학문으로서 완성도를 높이기 위해서 고심해 오다가 이번에 『국방 모델링 및 시뮬레이션 총론』이라는 제목으로 저술해 내놓았습니다. 최근에 와서 모델링 및 시뮬레이션에 대한 관심도가 높아지고 있는데 참고할 수 있는 국내 전문서적이 부족하다는 수강생과 독자들의 요구가 직접적인 저술 동기가 되었으며, 그동안에 강의를 하면서 강의교재용으로 준비해 왔던 자료와 연구결과물, 그리고 관련 참고문헌을 정리하여 저술하게 되었습니다.

이 책은 모델링 및 시뮬레이션 기술에 대한 기초사항에서부터 응용분야, 그리고 모델과 시뮬레이션 모델 개발에 필요한 전문적인 지식에 이르기까지 총체적으로 다루고 있습니다. 대학교에서는 모델링 및 시뮬레이션 관련학과의 학부 및 석·박사과정의 강의교재로 활용될 수 있을 것입니다. 또한, 워게임 개발자, 시뮬레이터 개발자, 과학화 전투훈련체계 개발자들에게도 모델링 및 시뮬레이션 기술에 대한 전문지식을 제공할 수 있을 것으로 사료됩니다. 아울러 국방 분야에서 전력분석, 전투실험, 무기체계 획득, 시험평가 그리고 교육훈련 분야에 종사하는 분들에게도 도움을 줄 것입니다.

이 책은 모델링 및 시뮬레이션 기술의 이해, 모델링 이론과 실제, 시뮬레이션 이론과 실제, 모델링 및 시뮬레이션 응용체계 개발관리의 총 4부로 구성되어 있습니다. 제1부는 모델링 및 시뮬레이션 기초, 모델링 및 시뮬레이션 응용

체계, 그리고 모델링 및 시뮬레이션 응용 비즈니스를 소개합니다. 제2부에서는 모델링 이론과 실제를 다루고 있습니다. 확률 기반 모델링 방법, 이산형식 모델링 방법, 그리고 연속형식 모델링 방법에 대해서 설명하고 그 사례를 소개합니다. 제3부에서는 시뮬레이션 이론과 실제를 다루고 있습니다. 객체지향 시뮬레이션, 실시간 시뮬레이션과 분산 시뮬레이션에 대해서 설명하고 구현 사례를 소개합니다. 제4부에서는 시뮬레이션 모델을 개발할 때 준수해야 할 기술표준을 소개하고, 시뮬레이션 모델 수명주기 및 개발 프로세스를 소개합니다. 그리고 모델링 및 시뮬레이션의 신용성을 확보하기 위한 VV&A (Verification, Validation & Accreditation)도 다루고 있습니다.

이 책이 나오기까지 도와준 국방대학교 SMART(Simulation Modeling and ARchiTecture) 연구실의 석·박사과정 학생들과 책자로 발간할 수 있도록 물심양면으로 지원해 주신 이찬규 사장님께 심심한 감사를 드립니다. 아울러 이 책을 통해서 국방 모델링 및 시뮬레이션에 대한 지식을 한 차원 더 높일 수 있는 기회가 되기를 기대합니다.

2010. 1. 25
저자 최상영

:: 차 례

제2부 | 모델링 이론과 실제

제3부 | 시뮬레이션 이론과 실제

:: 표차례

:: 그림차례

제1부

모델링 및 시뮬레이션 기술의 이해

제1장

모델링 및 시뮬레이션 기초

1.1 기술 태동

국방 모델링 및 시뮬레이션(M&S: Modeling & Simulation) 기술은 국방 분야에서 적용되는 모델링 및 시뮬레이션 기술을 총칭하는 의미이다. 이는 모델링과 시뮬레이션의 합성어이다. 모델링이 관심 시스템과 그 시스템의 동작원리를 표현하는 것이라면, 시뮬레이션은 그 표현을 시간 순차적으로 구현하여 나타내는 것이다.

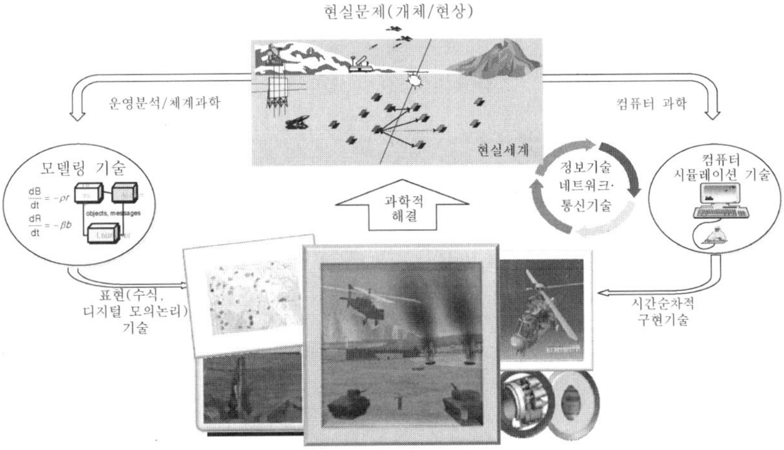

그림 1-1 모델링 및 시뮬레이션 기술 발전도

모델링 기술은 전통적으로 운영분석과 체계과학 분야에서 발전해 왔고, 시뮬레이션 기술은 컴퓨터과학 분야에서 발전해 오면서, 오늘날에는 정보기술이 결합되면서 하나의 학문 분야로 발전되고 있다.

모델링 및 시뮬레이션 기술은 현실 문제를 과학적으로 해결할 수 있는 예측 및 검증수단을 제공하고 나아가서 가상 실험환경을 제공한다. 예를 들어, 새로운 무기체계에 대하여 그 운용효과를 보고자 할 경우에도 모델링 및 시뮬레이션을 통해서 미리 그 효과를 예측하고 실험해 봄으로써 최적의 무기체계를 획득할 수 있는 기회를 제공한다. 이러한 예측성과 실험환경의 제공으로 군사 전력발전, 무기체계 획득 관리, 군사 교육훈련 등 다양한 분야에 활용된다.

모델링 및 시뮬레이션 기술은 과거로부터 크게 두 가지 분야로 나누어 발전해 왔다. 하나는 디지털 워 게임 분야이고, 다른 하나는 체계 시뮬레이터 분야이다.

디지털 워 게임은 주로 군사 운영분석 연구자들에 의해 발전되었는데, 하향식 사고에 바탕을 둔 현실 모의에 초점을 두어 모의논리, 미분방정식, 확률 및 통계이론, 뉴럴, 퍼지 등의 이론에 근간을 두고 발전해 왔다. 1960년대 이전까지만 해도 워 게임 모의장치 혹은 일부 체계 모의장치들이 매우 낮은 기술수준이었으나, 1980년대 이후로는 컴퓨터 기술의 발전과 더불어 전쟁모의를 할 수 있는 다양한 컴퓨터 모델이 개발되어 전쟁연습, 전쟁분석 등에 활용되게 되었다.

체계 시뮬레이터는 순수 공학자들에 의해 발전되어 왔는데, 상향식 사고에 바탕을 둔 체계 모의와 공학이론에 근간을 두고 발전해 왔다. 예를 들면, 훈련

그림 1-2
초기 디지털 워 게임과 체계 시뮬레이터의 예

용 시뮬레이터(조종사 훈련을 위한 비행 시뮬레이터)이다. 그리고 체계 개발 시 일부 시뮬레이터를 이용하여 최적 설계를 하거나 기술시험 평가용으로도 활용하였다. 체계 시뮬레이터들을 상호연동하여 네트워크 시뮬레이터 기술로 발전되었는데, 예를 들면, 1982년 미국 국방고등연구소(DARPA: Defense Advanced Research Project Agency)에서 개발한 SIMNET(SIMulator NET-working)가 있다.

2000년대 이후에 모델링 및 시뮬레이션 기술은 상호연동 기술, 합성환경 기술, 가상현실 기술 등의 급속한 발전으로 새로운 발전의 전환점이 되었다. 서로 상이한 모델을 통신 네트워크로 연결시켜 시간과 공간의 장벽을 극복할 수 있는 대규모의 시뮬레이션이 가능하고, 전장 묘사의 충실도를 향상시켜 현실의 전쟁을 마치 실제처럼 묘사할 수 있는 가상 전투공간을 창출할 수 있는 기회를 제공하였다. 가상 전투공간에서는 전쟁을 마치 실험실에서 실험해 보듯이 전투실험을 할 수 있어, 과학적인 전투발전이 가능하고, 또한 무기체계 획득 및 교육훈련 등 많은 분야에 적용이 가능하게 되었다.

모델링 및 시뮬레이션 기술과 관련된 주요 핵심 기술로는 모델링 기술, 시뮬레이션 기술, 상호연동 기술, 컴포넌트 기술, 합성환경 기술, 가상현실 기술 등이 있다.

모델링 기술은 전투의 동적 현상을 표현하는데, 미분방정식, 이산 시스템 모델링, 확률 통계, 몬테칼로 기법 등을 이용한다. 오늘날에는 퍼지, 뉴럴, 전문가 시스템 모델, 에이전트 모델 등의 발전으로 인간의 행위, 의사결정 등도 모델링이 가능하여 전투현상을 더욱 상세하게 모델링해 주고 있다.

시뮬레이션 기술은 모델 구현 기술로서 객체지향 시뮬레이션 기술, 실시간 시뮬레이션 기술, 분산 시뮬레이션 기술, 컴포넌트 기술, 합성환경 기술, 가상현실 기술 등이 있다. 이는 오늘날 컴퓨팅 능력의 향상과 더불어 더욱 정밀한 전장 묘사를 가능하게 해준다.

상호연동 기술은 서로 다른 시뮬레이션을 네트워크상에서 연동시켜 주는 기술이다. 이는 각종 시뮬레이션들을 하나로 통합하고 실 장비와 C4ISR 체계(Command, Control, Communication, Computer, Intelligence, Surveillance, Reconnaissance System)와 연동하여 시뮬레이션이 가능하도록 해주고 있다.

그림 1-3
시뮬레이션 연동기술 발전도

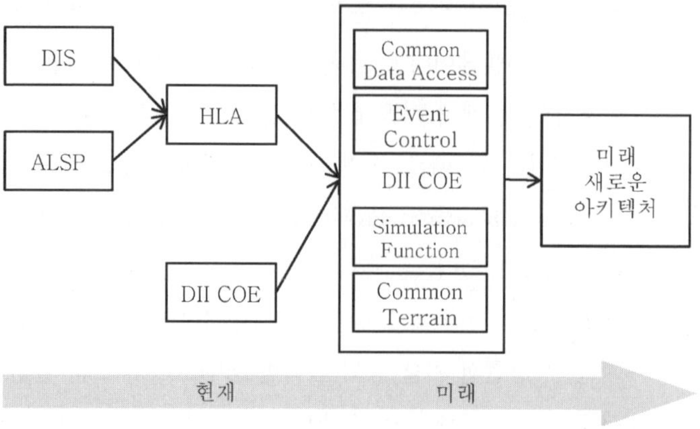

DIS(Distributed Interactive Simulation), ALSP(Aggregated Level Simulation Protocol), HLA(High Level Architecture)는 대표적인 연동기술이다. 오늘날 DIS와 ALSP는 HLA로 대체되었다. 향후 이는 C4ISR 체계의 연동기술인 DII COE(Defense Information Infrastructure, Common Operating Environment)와 통합되어 새로운 공통 아키텍처로 발전될 전망이다.

컴포넌트 기술은 시뮬레이션 소프트웨어의 재사용 기술이다. 이는 여러 가지 시뮬레이션 중에서 사용 목적에 따라 필요한 요소를 상호 조합식으로 구성하여 다양한 모의실험을 할 수 있는 솔루션을 제공할 수 있게 한다.

합성환경 기술은 전장환경에 대한 표현 기술이다. 시뮬레이션에서 지형, 구름, 비, 해양 등 전장환경을 그래픽으로 표현하여 모의 충실도를 향상시킨다. 그리고 이를 위한 기술표준을 발전시키고 있다. SEDRIS(Synthetic Environment

그림 1-4
가상현실 기술을 활용한 고 충실도의 시뮬레이션 예

Data Representation and Interchange Specification)가 대표적인 기술이다.

가상현실 기술은 모의되는 개체에 대한 표현의 충실도를 높여 현실과 가상 세계의 차이를 극복할 수 있게 하는 기술이다. 각종 그래픽, 애니메이션 등이 여기에 속한다. 실시간 그래픽을 지원해줄 수 있는 강력한 컴퓨팅 기술을 바탕으로 가상 프로토타입 제작을 가능하게 한다.

1.2 기본 개념

"모델링은 관심 시스템과 그 작동원리를 표현하는 것이고, 시뮬레이션은 그 표현된 것을 시간 순차적으로 구현하는 것이다."

그림 1-5 체계, 모델, 시뮬레이터 구분

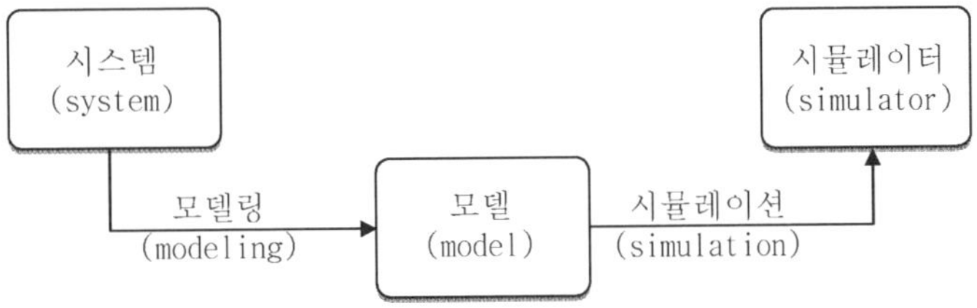

국방 모델링 및 시뮬레이션이라는 용어는 국방 분야의 모델링과 시뮬레이션에 관련된 전반적인 기술을 의미한다. 모델은 체계, 개체, 현상, 과정 등에 대한 표현이고, 이를 통하여 복잡한 것을 단순화시켜 관련된 문제에 대한 이해를 돕고 그 문제를 해결하는 데 도움을 주기도 한다. 모델링은 모델을 개발하는 일련의 과정으로 인간의 지적 추상화 활동이 수반된다. 시뮬레이션은 시간 경과에 따른 모델의 구현 방법을 의미하고 이는 기술 발전에 의존한다. 예컨대 수동식으로 구현하는 방법이 있는가 하면 컴퓨터와 그래픽 기술을 사용하여 구현하는 방법이 있다. 시뮬레이터는 컴퓨터 모델의 명령을 실행하여 시뮬레이션을 하는 장치이다.

1.2.1 시스템, 모델링, 모델

1.2.1.1 시스템

"시스템=구성요소+상호작용"

시스템은 여러 가지 요소로 배열 혹은 조직화되어 있고, 이 요소들 간의 상호작용을 통하여 특정한 기능을 수행하거나 기능군을 수행하는 자연적 혹은 인위적 산물이다. 어떤 목적을 달성하거나 기능을 수행하는 한 모든 것은 시스템이 될 수 있다. 시스템은 〈그림 1-6〉에서 보는 바와 같이 외부로부터 입력을 받아 구성요소 간의 상호작용을 통하여 결과를 출력하게 되는데, 이때 외란(disturbance)이 영향을 미치게 된다.

그림 1-6
시스템 입출력 관계도

시스템은 하향식으로 하부 시스템으로 이루어지고, 하부 시스템은 또 그 하부 시스템으로 이루어진다. 시스템은 환경(environment)과 배경(context) 내에 존재한다. 그래서 환경과 배경은 시스템에게 영향을 미친다.

그림 1-7
시스템, 환경, 배경 구분

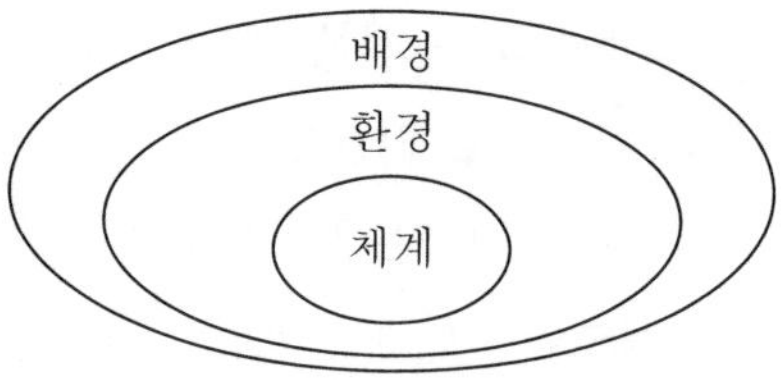

환경과 배경을 같은 의미로 사용하기도 하지만 이들은 서로 구분된다. 환경은 외부에서 시스템에 영향을 미칠 때 시스템이 이에 반응하는 요소들의 모임

이다. 배경은 외부에서 시스템에 영향을 미치지만 시스템이 이에 반응하지 않는 요소들의 모임이다. 시스템은 환경과는 경계선을 가진다. 시스템은 하향식으로 구분될 때 같은 임의 하부 시스템은 다른 하부 시스템의 환경이나 배경이 될 수 있다.

1.2.1.2 모델링

모델링은 시스템 속성과 그 동작에 대한 표현 활동이다. 모델링에서는 인간의 지적인 추상화 활동이 매우 중요하다. 모델 개발자는 미분방정식, 확률통계, 퍼지, 뉴럴 등 수학 방정식을 이용하여 시스템과 그 작동에 대하여 표현해 왔다. 최근에는 컴퓨팅, 그래픽 기술 등의 발전으로 디지털 로직으로 모델링하여 매우 정교한 표현이 가능하게 되었다. 전자의 전통적인 방식을 수학적 모델링이라고 한다면, 후자의 디지털 로직 기반 모델링을 시뮬레이션 모델링이라고 한다. 수학적 모델링은 수학이론을 바탕으로 하고, 시뮬레이션 모델링은 데이터와 알고리즘을 바탕으로 하고 있다.

모델링은 현실세계 혹은 시스템에 대한 표현을 직접적으로 할 수도 있지만, 대부분은 시스템 이론 혹은 시스템 모델링 이론을 바탕으로 시스템과 그 동작 원리를 추상화한다. 시스템 이론에서는 〈그림 1-8〉에서 보는 바와 같이 시스템 구성요소의 상호관계와 시스템 결과 등을 면밀히 관찰하여 시스템의 작동원리를 규명하고, 적절한 가정과 추상화 과정을 통해서 수학식(수학적 모델링) 내지 다이어그램(시뮬레이션 모델링) 등을 사용하여 시스템의 작동원리를 표현한다. 이론은 시스템 실험 데이터로 검증된다. 시스템 모델링 이론은 모델링하는 근본적인 방식을 제공한다.

그림 1-8 모델링과 시스템 이론의 관계

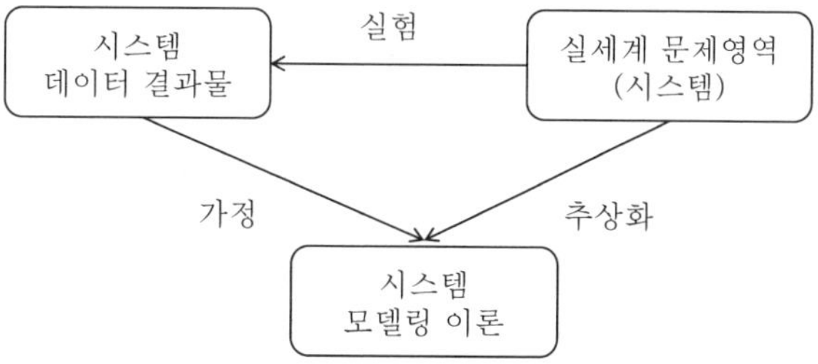

1.2.1.3 모델(model)

모델은 시스템과 그 시스템의 작동을 물리적, 수학적 혹은 논리적 수단을 사용한 표현이다. 모델은 집약(aggregation)과 상세(disaggregation)라는 추상화 활동을 통하여 만들어진다. 시스템에 대하여 시스템 특성을 중심으로 매우 추상화하여 나타낸 것을 집약 모델이라고 하고, 반면에 시스템에 대하여 아주 상세하게 모델링하여 나타낸 것을 상세 모델이라고 한다. 예를 들어 〈그림 1-9〉에서 부대라는 개체를 하부 개체를 집약해서 집약 모델로 표현할 수 있고, 이를 더 세부적으로 분해하여 개인 혹은 장비 수준까지 상세 모델로 표현할 수 있다.

그림 1-9
모델의 집약과 상세의 차이

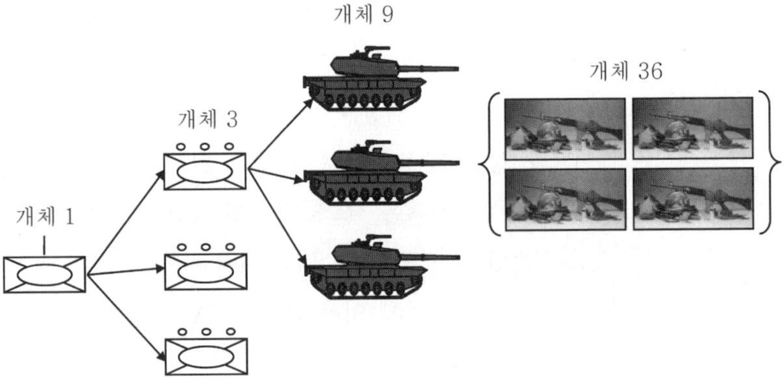

(1) 수식 · 물리적 · 프로세스 모델

모델은 모델링 수단에 따라 수식 모델(mathematical model), 물리적 모델(physical model), 프로세스 모델(process model), 가상 모델(virtual model)로 구분된다. 수식 모델은 수학적 기호와 관계식으로 표현한 것인데, 예를 들어 〈그림 1-10〉은 기동하는 전차에 대하여 포탄을 발사했을 때 발생되는 명중사건을 수식으로 표현한 것이다.

물리적 모델은 시스템의 물리적 특성을 표현한 것인데, 예를 들어 〈그림 1-11〉은 기동 전차에 대하여 물리적으로 표현하고 있다. 프로세스 모델은

그림 1-10 수식 모델 예

그림 1-11 물리적 모델 예

시스템에 의해 수행되는 과정을 표현한 것이다. 예를 들어 〈그림 1-12〉는 무기체계의 운용 프로세스를 상태전이도를 사용하여 모델링해서 나타낸 것이다. 가상 모델은 그래픽과 가상현실 기술로 시각적으로 표현한 것이다. 예를 들어 〈그림 1-13〉은 무기체계를 정교한 그래픽으로 모델링하여 보여준 것이다.

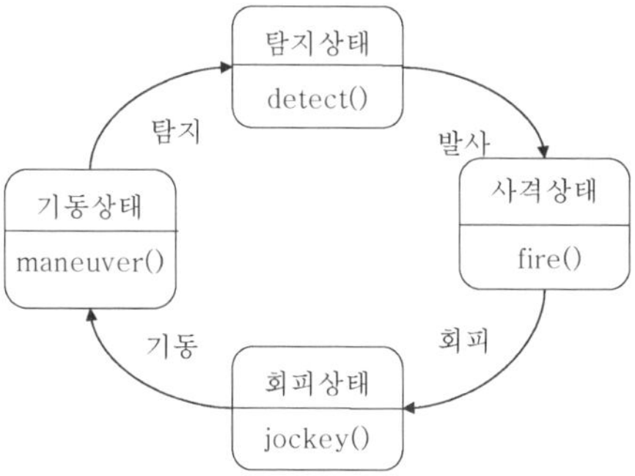

그림 1-12 프로세스 모델 예

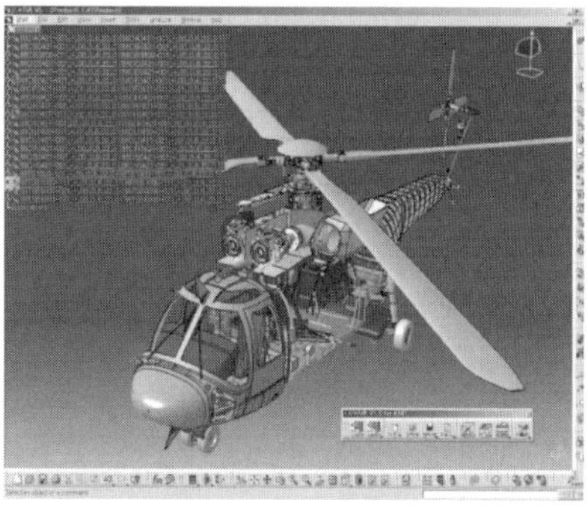

그림 1-13 가상 모델 예

(2) 정적 · 동적 모델, 결정적 · 확률적 모델, 연속형 · 이산형 모델

모델은 시스템에 대한 표현이고 시간변수의 포함 여부에 따라 정적(static) 혹은 동적(dynamic) 모델, 확률변수의 포함 여부에 따라 결정적(deterministic) 혹은 확률적(stochastic) 모델, 상태변수 값의 성질에 따라 연속형(continuous) 혹은 이산형(discrete) 모델로 구분된다. 또한 상태변수의 묘사시점에 따라 연속시간(continuous time) 모델 혹은 이산시간(discrete time) 모델로 구분된다.

정적 모델은 시간변수를 포함하지 않고, 동적 모델은 시간변수를 포함한다. 결정적 모델은 모델에 확률변수가 포함되지 않고, 확률적 모델은 확률변수를 포함한다. 연속형 모델은 상태변수 값이 연속 값이 되고, 이산형 모델은 시스템의 상태변수가 이산 값을 가진다. 또한 연속시간 모델은 연속적으로 시스템의 상태를 묘사하며, 이산시간 모델은 이산시점에 따라 시스템의 상태를 묘사한다.

(3) 전구 · 임무/전투 · 교전 · 공학 모델

모델은 묘사 수준에 따라 전구(전역/전쟁) 모델, 임무/전투 모델, 교전 모델 및 공학 모델로 구분된다. 전구 모델은 국가급 전쟁에 관한 모델이고, 임무/전투 모델은 군단이나 사단급에 해당하는 모델이다. 교전 모델은 연대, 대대 및 소부대 급의 모델이다. 공학 모델은 무기체계 플랫폼, 그리고 구성요소 수준의 모델이다.

이 모델들은 〈그림 1-14〉에서 보는 바와 같이 서로 다른 전력 및 체계에 대한 표현을 다루며, 추상화 정도와 활용 분야도 다르다. 〈그림 1-15〉는 이 모델들의 구체적인 표현 대상을 나타낸다. 일반적으로 전투에서는 위협 시나리오 형태별로 작전을 수행하고 해당 임무를 설정하게 된다. 임무를 수행하기

그림 1-14
모델 수준별 활용 분야

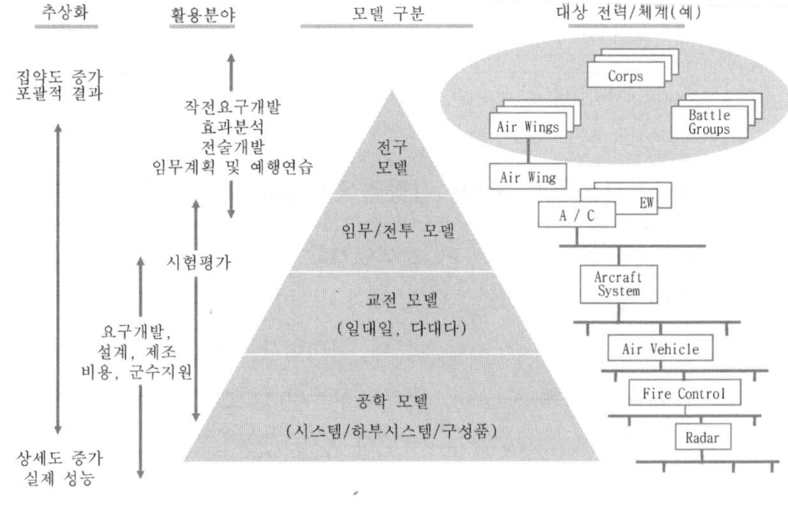

그림 1-15
모델의 계층적 표현 영역 구분도

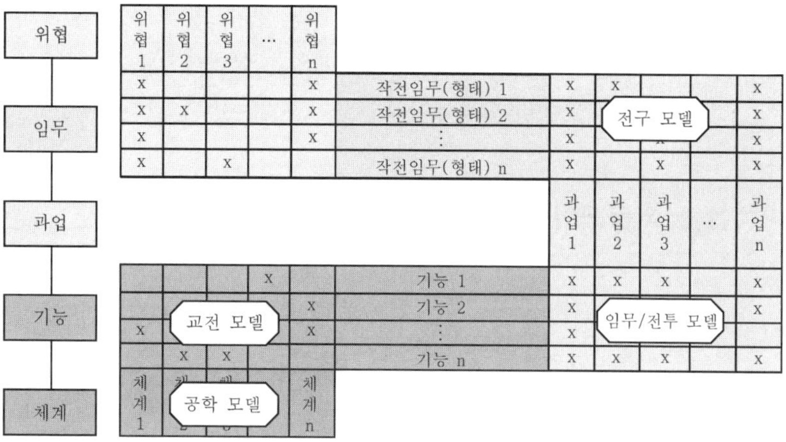

위해서는 과업이 필요하다. 과업은 임무지향적인 프로세스로 이해될 수 있다. 그리고 과업을 수행하기 위해서 기능이 필요하고 기능은 체계에 의해 제공된다. 이 계층적 영역이 모두 모델링의 대상이 되고, 활용 목적과 유형에 따라 각 계층역영에 대한 모델 충실도가 다르다.

〈그림 1-15〉에서 보다시피 전구, 임무/전투 모델에서는 위협, 작전형태, 과업들이 상세하게 모델링되지만 체계 기능은 개략적으로 모델링된다. 그런데 교전급에서는 과업과 기능이 상세히 모델링되고 상대적으로 위협이나 작

표 1-1 묘사수준에 따른 모델 구분 및 특성표

구 분		전구 모델	임무/전투 모델	교전 모델	공학 모델
모의전력		합동/연합전력	다종무기체계 전투전력	단일/소수의 기체계	단일 무기체계
상세도		무기체계 집합체	관련 무기체계	체계/부체계	체계/부체계 구성품
산출물		전쟁결과 (outcome)	임무효과도 (MOM: Measure of Mission success)	체계효과도 (MOE: Measure of Effectiveness)	성능 (MOP: Measure of Performance)
		전력손실	조우확률 손실률	명중확률 생존성/취약성	탐지거리 사거리, 조정성능
사용목적		합동전력 평가 합동작전 분석 대부대훈련	임무효과도 부대구성분석 소부대훈련	체계효과도 체계사양도출 비용/성능/기술 상쇄분석	체계/부체계/구성품 최적공학설계 비용/지원성/생산성 분석

전형태는 부분적으로 모델링되기도 한다. 한편, 공학 모델에서는 기능과 체계 중심으로 상세히 모델링되고 과업은 상대적으로 개략적으로 모델링된다. 이렇게 모델링된 모델의 특성은 〈표 1-1〉과 같다.

1.2.2 시뮬레이션

시뮬레이션은 시간 경과에 따른 모델의 구현방법이다. 시뮬레이션 구현기술은 전적으로 기술발전에 의존한다. 예컨대 수동식으로 구현하는 방법이 있는가 하면 컴퓨터 기술을 사용하여 구현하는 방법이 있다. 오늘날에는 대부분 디지털 컴퓨터 기술을 사용하여 시뮬레이션을 구현한다.

1.2.2.1 구성 시뮬레이션, 가상 시뮬레이션, 실 시뮬레이션

시뮬레이션은 인간과 장비의 포함 여부에 따라 〈그림 1-16〉에서 보는 바와 같이 가상(virtual) 시뮬레이션, 구성(constructive) 시뮬레이션, 실(live) 시뮬레이션, 그리고 스마트(smart) 시뮬레이션으로 구분된다.

구성 시뮬레이션에서는 인간과 장비가 모두 모의된다. 구성 시뮬레이션에서는 인간과 장비 모두를 시뮬레이션의 모델링 변수로 포함한다. 워 게임이 여기에 해당된다.

가상 시뮬레이션에서는 인간은 실제 운용되고 장비는 모의된다. 가상 시뮬레이션에서는 장비만 모델링 변수에 포함되어 시뮬레이션 되고, 이에 상호작용하는 인간은 시뮬레이션과 외부 입력 행위 혹은 환경으로 상호작용하게 된

그림 1-16
시뮬레이션의
구분도

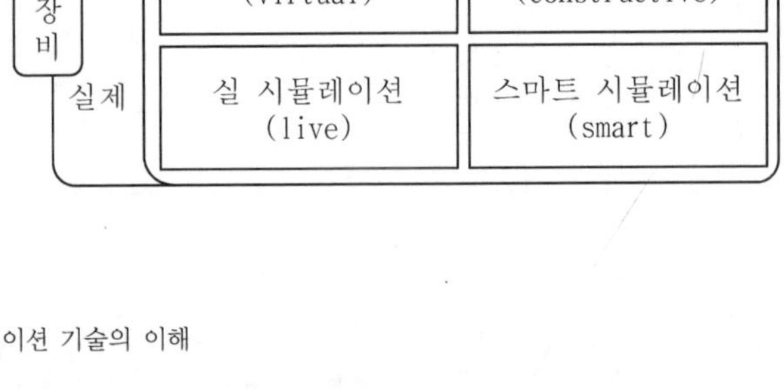

다. 가상 시뮬레이션에서는 가상으로 모의되는 시스템 운영에 실제 운용요원이 참여하게 된다. 예를 들면, 비행 시뮬레이터와 같은 것이다. 그리고 임무숙달을 위한 인간포함 시뮬레이션(HILS: Human-In-the-Loop Simulator)도 여기에 해당된다.

실 시뮬레이션에서는 인간과 장비 모두가 실제 운용되는 것이다. 실 시뮬레이션에서는 실제 인간과 실제 장비가 가상공간에서 상호작용하면서 시뮬레이션이 이루어진다. 실제 시스템에 실제 운용요원이 참여하는 시뮬레이션이다. 예를 들면, 과학화 훈련장이 있다. 과학화 훈련장에서는 병사가 마일즈 장비를 착용하고 서로 가상교전을 하면서 훈련을 하게 된다.

스마트 시뮬레이션은 장비는 실제이고 인간이 조작하는 시뮬레이션을 의미한다. 예를 들면 로봇, 우주탐사선이 대표적이다.

1.2.2.2 연속 시뮬레이션과 이산 시뮬레이션

시뮬레이션은 모델링 패러다임에 근거한 구현계획에 따라 〈그림 1-17〉에서 보는 바와 같이 연속 시뮬레이션과 이산 시뮬레이션으로 구분된다.

연속 시뮬레이션에서는 시뮬레이션 시간이 연속적으로 진행되면서 시뮬레이션이 이루어진다. 시간종속 미분방정식이 대표적인 연속 시뮬레이션의 예

그림 1-17
시뮬레이션 구현 계획에 따른 분류도

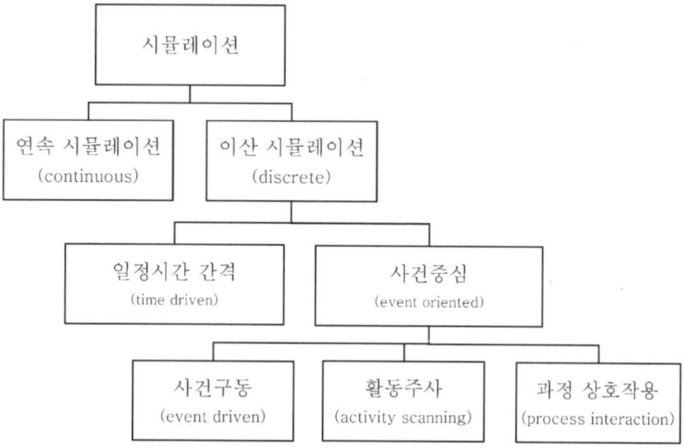

가 된다.

이산 시뮬레이션은 이산시점별로 시뮬레이션이 이루어진다. 특히, 이산 시뮬레이션은 이산시점의 간격이 일정한 경우에는 일정시간 간격 혹은 시간구동(time driven) 시뮬레이션이라고 하고, 비동기적으로 일정하지 않은 경우에는 사건중심(event oriented) 시뮬레이션이라고 한다.

일정시간 간격 시뮬레이션은 일정시간 간격으로 시스템 상태를 묘사한다. 이는 시간 간격이 작을수록 시스템의 관찰이 자세하게 이루어지나 시뮬레이션 수행시간은 그만큼 증가한다. 한편, 사건중심 시뮬레이션은 사건이 발생할 때 마다 시스템의 상태가 묘사된다. 이는 한 사건과 다음 사건 사이에 시스템의 변화가 없으므로 모든 변화에 대한 관측이 가능하고 일정시간 간격 시뮬레이션보다 상세히 묘사할 수 있다. 사건중심 시뮬레이션은 사건을 계획하는 방식에 따라 사건구동(event driven) 시뮬레이션, 활동주사(activity scanning) 시뮬레이션, 그리고 과정 상호작용(process interaction) 시뮬레이션으로 구분한다.

1.2.2.3 DIS 시뮬레이션, ALSP 시뮬레이션, HLA 시뮬레이션

시뮬레이션의 구현 형태에 따라 개별 시뮬레이션, DIS(Distributed Interactive Simulation) 시뮬레이션, ALSP(Aggregated Level Simulation Protocol) 시뮬레이션, HLA(High Level Architecture) 시뮬레이션으로 구분된다. 개별 시뮬레이션은 개별 컴퓨터에서 구현되는 시뮬레이션이다. DIS 시뮬레이션과 ALSP 시뮬레이션은 분산 환경에서 개별 시뮬레이션들이 각각 DIS 프로토콜과 ALSP 프로토콜을 사용하여 상호 메시지를 교환하면서 수행하는 시뮬레이션이다. 한편, HLA 시뮬레이션은 RTI(Run-Time Infrastructure)라는 미들웨어를 사용하여 개별 시뮬레이션들이 상호간에 메시지 교환을 통하여 마치 하나의 시뮬레이션(이를 페더레이션이라고 한다)처럼 수행하는 시뮬레이션이다.

기타 적용기술에 따라 객체지향 시뮬레이션, 실시간 시뮬레이션, 분산 시뮬레이션, 에이전트 시뮬레이션 등으로 구분된다.

1.2.3 시뮬레이션 모델, 시뮬랜드, 레프런트, 충실도

시뮬레이션 모델 개발은 컴퓨터 프로그램 소프트웨어 개발과 유사하다. 그러나 시뮬레이션 모델은 현실세계의 시스템을 표현한다는 점에서 일반적인 프로그램과 다른 것이다. 시뮬레이션 모델에서 표현되는 시스템을 시뮬랜드(simuland)라고 한다. 한편, 시뮬랜드에서 표현될 개체를 체계적으로 정리한 지식체계를 레프런트(referent)라고 한다. 시뮬랜드는 레프런트의 정보를 근간으로 구현된다. 레프런트는 시스템 이론 혹은 모델링 이론에 근거한 알고리즘과 수식으로 나타내거나, 실제 시스템 데이터에 근거한 가정 그리고 전문가 지식으로 표현된다. 시뮬레이션 모델 개발은 레프런트를 구현하는 컴퓨터 프로그램을 개발하고 필요에 따라 그 장치를 개발하는 것이다. 시뮬랜드는 시뮬레이션의 목적 및 용도에 따라 그 범위와 충실도(fidelity)가 다르다. 충실도는 시뮬레이션 세계에서 현실에 대한 정확도를 의미한다. 시뮬레이션을 통해서 현실 세계를 나타낼 때는 그 모델의 집약 정도가 높을 경우에는 일반적으로 충실도가 낮고, 분해해서 상세히 표현했을 때는 충실도가 높다. 충실도가 높을수록 시뮬레이션의 신용성이 증가한다.

1.3 활용 분야

1.3.1 분석 분야에 활용

분석 분야에서는 전력분석, 비용대 효과분석 등을 수행하는 데 모델링 및 시뮬레이션 기술을 활용한다. 그리고 전투발전, 군구조 개선, 작전 및 교리 발전을 위한 각종 분석 및 전투실험 시에 활용한다.

전력분석 과정에서 모델링 및 시뮬레이션 기술을 활용하여 미래 능력을 분석하고, 전력소요를 도출하는 데에 활용한다. 그리고 각 전력소요 대안에 대하여 비용대비 효과를 분석하는 데에도 활용한다.

오늘날 모델링 및 시뮬레이션 기술은 가상 전투공간을 제공하기 때문에 가상 전투실험을 통하여 과학적으로 전투를 발전시킬 수 있는 기회를 제공한다.

1.3.2 획득 분야에 활용

획득 분야에서는 체계 요구개발, 기술 가능성 시험, 설계, 시험평가 등에 모델링 및 시뮬레이션 기술을 활용하고, 특히 모델링 및 시뮬레이션 기술로 구현된 가상 프로토타입은 동시공학 환경을 제공하여 체계 획득 비용의 절감과 개발 기간의 단축 효과를 준다. 오늘날에는 모델링 및 시뮬레이션을 각 단계에서 부분적인 활용에서 벗어나 체계획득의 전체 순기에 걸쳐 포괄적이고 통합적으로 활용하는 추세에 있다. 이러한 방식의 획득 관리를 시뮬레이션 기반 획득(SBA: Simulation Based Acquisition)이라고 한다.

시뮬레이션 기반 획득은 체계획득에서 획득단계별로 부분적 모델링 및 시뮬레이션 기술의 활용이 아닌 체계개발 전체 순기에 대하여 포괄적이고 통합적으로 활용하는 동시공학적 획득전략이다. 시뮬레이션 기반 획득은 과거에 체계를 획득할 때에 각 획득단계별로 구분되어 이전의 활동이 완료된 후에 다음 활동이 이루어지는 소위 폭포수 방식의 획득 패러다임에서 나선형 점증적 방식이 동시공학적 획득 패러다임을 가능하게 한다. 동시공학적 패러다임에서는 개발될 체계에 대하여 미리 시뮬레이션 모델을 구축하고 가상적으로

그림 1-18
획득 관리에서 모델링 및 시뮬레이션 기술의 활용

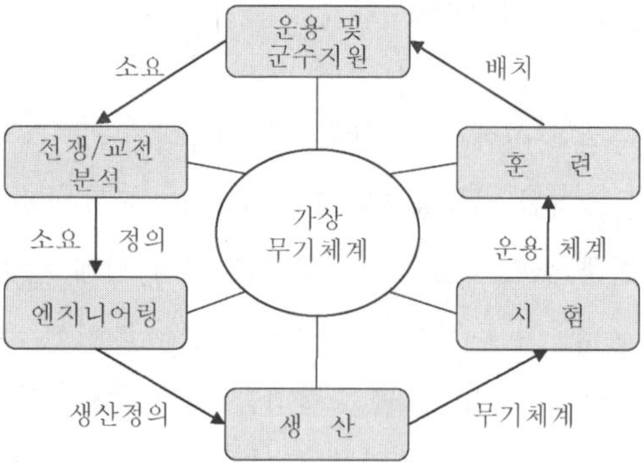

제작하여 체계성능 요구의 점진적 향상 효과를 예측할 수도 있다. 또한 이를 기반으로 모든 공학활동이 동시에 이루어지고, 상호협업이 가능하여 체계 획득비용의 절감과 개발기간의 단축효과를 가져온다.

1.3.3 교육훈련 분야에 활용

과거부터 모델링 및 시뮬레이션 기술은 교육훈련 분야에 많이 활용되어 왔다. 과거에는 개별 모델을 사용하여 부대훈련 연습을 실시해 왔다. 그러나 모델링 및 시뮬레이션 기술과 네트워킹 기술의 발전으로 서로 다른 모델을 연동하여 개인훈련, 부대훈련, 지휘관훈련, 기동훈련, 지원훈련, 전시동원 훈련 등에 활용하고 있다. 이를 LVC 체계(Live, Virtual, Constructive Simulation System)라고 하는데, LVC 체계는 〈그림 1-19〉에서 보는 바와 같이 워 게임, 시뮬레이터, 실 기동훈련을 연동하여 가상 훈련환경을 창출하여 훈련효과를 극대화시킨다.

그림 1-19 교육훈련 분야에서 모델링 및 시뮬레이션 기술의 활용

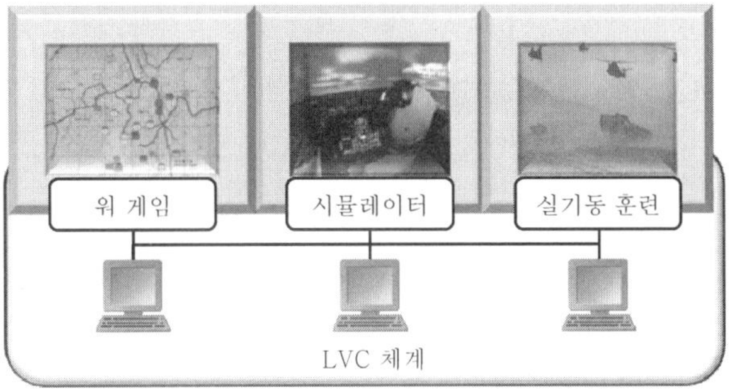

1.3.4 기타 엔터테인먼트 분야에 활용

시뮬레이션은 인터넷 게임, 오락분야 등 엔터테인먼트 분야에도 많이 활용되고 있다. 오늘날 PC방의 게임들이 대표적인 엔터테인먼트이다. 이는 웹 기술과 연계되면서 그 시장을 확대해 가고 있다. 주로 애니메이션 기술과 실시간 분산 시뮬레이션 기술에 기반을 두고 개인 컴퓨터에서 이루어지는 게임뿐

그림 1-20
엔터테인먼트
에서
시뮬레이션
기술의 활용

만 아니라 인터넷을 통하여 그룹게임으로 발전되고, 나아가서는 가상 세계를 창출하여 사이버 정부, 사이버 군대, 소위 사이버 사회를 창출해 주고 있다. 〈그림 1-20〉은 인터넷 게임의 예를 보여주고 있다.

1.4 활용 효과

1.4.1 분석 분야에 활용 효과

걸프전이 발발하기 이전에 영국에서 모델링 및 시뮬레이션 기술을 이용하여 걸프전에 대하여 분석하였는데, 실제 전쟁 결과와 분석 예측결과가 놀랄 만큼 적중하였다. 미군은 이라크와의 전쟁에 대한 분석을 이미 모델을 사용하여 분석하였고 실제 전쟁에서 각종 전쟁 작전과 지휘결심을 할 때에 분석 결과를 반영하기도 하였다. 예를 들어 미군에서 분석한 결과 중에 이라크 전쟁에서 A-10기의 가치를 높이 평가하였는데 당시 스왈츠코프 장군은 이를 받아 들여 곧 A-10기를 전장에 투입하여 성공적인 작전을 수행하기도 하였다. 또한 쿠웨이트 침공이 있기 이전에 미군은 아랍 반도를 방어하기 위한 작전계획을 수립하고 분산 워 게임으로 검증하기도 하였다.

걸프전에서 버스터 글로슨(Buster Glosson) 장군(중부군사령부)은 공중작전 분석결과를 보면 모델링 및 시뮬레이션 기술이 수백 명의 생명을 구한 것과 같다고 증언한 바 있다. 걸프전 사전분석에 의하면 적 대공 방어망이 견고한 지역에는 A-10기와 토네이도(Tornado)기의 임무수행에 위험성이 너무 크다는 결과가 도출되었다. 이에 따라 실제 작전에는 F-117 스텔스기만 그 표적지역에 임무를 배당하였으며 작전 중 스텔스기의 손실은 발생하지 않았다.[1)]

1.4.2 획득 분야에 활용 효과

모델링 및 시뮬레이션 기술에 대한 투자효과는 평균 20~30배로 국방투자 분야 중에서 최대로 평가받고 있으며 이러한 사실은 교육훈련이나 전투발전보다 투자효과 측정이 상대적으로 용이한 획득 분야에서 구체적인 사례를 통해 입증되고 있다.

획득비용에서는 사업규모에 따라 다소 차이가 있으나 투자대비효과(ROI: Return Of Investment)는 〈표 1-2〉에서 보는 바와 같이 최대 80배의 효과를 나타내고 있다. 미해군의 다목적 수송함(LPD-17) 사업에서 모델링 및 시뮬레이션 기술을 활용하여 설계비용에서 600만 불을 절감하였으며, JSF(Joint

표 1-2 M&S 활용에 따른 투자효과 분석표

구 분	사업내용	투 자	절 감	투자효과
비용절감	LPD-17 설계	–	600만 불	–
	JSF 사업	–	50억 불	–
	항모 헬기착륙시험	–	100만 불	–
	신형장갑차 브레들리 개발	88만 불	3,400만 불	39배
	AMRAAM 개발	650만 불	2억 5,000만 불	80배
	재브린대전차미사일 효과분석도구 개발	62만 불	1,400만 불	23배
	Phalanx 근접전투체계 성능개선도구 개발	663만 불	2억만 불	30배

1) 이종호. "국방 모델링 및 시뮬레이션 소개". 국방대학교 강의교재, 2006, 재사용.

Strike Fighter) 사업에서는 가상 제조기법(virtual manufacturing technique)을 이용하여 수명주기비용의 3%인 50억 불을 절약하였다.[2] 또한 미 해군 공중전 센터(air warfare center)에서 개발한 신형 항공모함의 헬기착륙 시험에 유인 비행 시뮬레이터를 사용함으로써 항공모함 설계단계에서만 100만 불을 절감하였다. 미 육군의 경우 신형 장갑차 브래들리 M2A3(BFVS: Bradley Fighting Vehicle System) 사업의 경우 모델링 및 시뮬레이션 기반의 사전효과 분석에 88만 불을 투자하여 3,400만 불을 절약하였다.[3] 그리고 미 공군은 새로 개발하는 AMRAAM(Advanced Medium Range Air-to-Air Missile) 효과도구 개발에 650만 불을 투자하였는데, 모델 운용을 통해서 2억 5,000만 불을 절약함으로써 80배의 투자효과를 얻었다. 또한 재브린 대전차 미사일 효과분석 도구는 62만 불 투자에 1,400만 불, 팔랑스(Phalanx) 근접전투체계 성능개선 도구는 633만 불 투자에 2억만 불의 예산을 절감시켜 줌으로써 각각 23배와 30배의 투자효과를 얻은 것으로 보고되고 있다.[4] 우리나라의 경우도 국방과학연구소의 청・백상어 어뢰개발에서 시험 발사탄수를 100발 미만으로 줄일 수 있었는데 이는 미국이 기존의 방법으로 MK46 어뢰를 개발할 때 1만 2,000발의 시험 발사탄을 사용한 것과 비교해 보았을 때 많은 비용절감 효과를 얻었음을 알 수 있다.

획득기간도 사업규모에 따라 차이가 있으나 〈표 1-3〉에서 보는 바와 같이 최대 208배까지의 단축효과가 나타나고 있다. 미 육군의 코만치(Comanche) 헬기(RAH-66) 도면제작에 모델링 및 시뮬레이션 기술을 사용함으로써 1명의 기술자가 1개월간 작업으로 38명의 기술자가 6개월에 걸쳐 할 일을 완수하였다. 또한 설계에는 19명의 기술자가 16개월간 완료하였는데, 이는 기존의 방법으로 할 경우 65명이 3년에 걸쳐서 해야 하는 작업량이다. 미 육군의 탱크 및 자동화 연구개발 센터에서 실루엣(low-silhouette) 탱크의 시제품을 설계할 때 전통적인 방법을 사용하였다면 대략 56명의 인원으로 3년 정도의

2) Patricia Sanders, "Simulation Based Acquisition: An Effective Affordable Mechanism for Fielding Complex Technologies", OUSD(A&T), 1997. 3. 21. p. 5.
3) 장상철, "국방 M&S 종합발전 방안", 한국국방연구원 모의연구센터, 2001. 5. 17.
4) 상게서.

표 1-3 M&S 활용에 따른 획득기간 단축효과 분석표

구 분	사업내용	투 자	절 감	단축효과
획득 기간 단축	Comanche 헬기 도면제작	1개월 / 1명	6개월 / 38명	208배
	Comanche 헬기 설계	16개월 / 19명	3년 / 65명	8배
	미육군 저 실루엣 탱크 시제품 설계	16개월 / 14명	3년 / 56명	9배
	보잉 777 여객기 개발	5년 미만	-	-
	GM 자동차 생산	3년	5년	1.7배
	EB 사 잠수함 생산	7년	14년	2배

기간이 소요되리라 예상되었지만 모델링 및 시뮬레이션 기술의 이용으로 14명의 엔지니어가 16개월만에 작업을 마칠 수 있었다.[5] 보잉사는 보잉 777 여객기를 생산하면서 종이 없는 개발을 시도하였다. 이를 위해 컴퓨터기반 설계/제작/공학 도구인 CATIA(Computer Aided Three dimension Interactive Application)를 이용, 8대의 IBM 메인프레임 및 2,200대의 워크스테이션을 상호 연결하여 사용자, 설계자, 정비담당자 등이 공통 참조 구도 아래에서 설계변경에 따른 결과를 가시적으로 나타내고 설계 데이터를 전자적으로 제작공정에 전달하여, 시공간을 초월한 상호의사 소통을 통해 설계에서 상업비행에 이르기까지 5년 미만으로 개발 기간을 단축시켰다. GM 사를 비롯한 미국의 자동차 3사는 개념 승인에서 생산까지 걸리는 기간을 5년에서 3년으로 단축하였으며 그 기간은 앞으로 더 줄어들 것으로 예상된다. 미국의 일렉트릭 보트(Electric Boat) 사는 잠수함 개발을 14년에서 7년으로 절반 가까이 줄일 수 있었다.

한편, 모델링 및 시뮬레이션 기술을 활용함으로써 품질/성능 향상 면에서도 〈표 1-4〉에서 보는 바와 같이 괄목할 만한 기술성과를 나타내고 있다. 미국 노스롭(Northrop) 사는 B-2 폭격기에 대한 여러 분야의 물리적 목업(Mock-Up)을 만들 CAD(Computer Aided Design)를 이용하여 단 한번 만에 결함 없이 만들 수 있었다. 미 해군의 차세대 공격용 잠수함 제작에서도 예전의

5) Jacques S. Gansler. "Modeling and Simulation: Affordable Weapons Systems For the 21st Century". DMSO Modeling & Simulation Briefing, 1998. 6. 2.

표 1-4 M&S 활용에 따른 품질/성능 향상효과 분석표

사업내용	향상효과
B-2폭격기 목업(Mock-Up)	CAD 이용 1회 완성
미 공격용잠수함 표준수리 부속품목	9만 5,000항목을 1만 6,000항목으로 줄임
미 해군 LPD-17 상부갑판 중량	100톤 경감

시울프(Seawolf)급 잠수함에서 9만 5,000항목이었던 표준 수리부속 목록을 1만 6,000여 항목으로 줄일 수 있었다. 미 해군의 다목적 수송함(LPD-17)에서는 성능을 극대화하는 설계과정에서 상부갑판의 무게를 100톤이나 줄일 수 있었다. 이밖에 미 공군의 F-22 사업에서는 근접 폭발의 구조적 반응평가에, 미 해군의 차세대 잠수함 사업에서는 실사격 시의 충격 시험을 모델링 및 시뮬레이션 기술을 이용하였다.[6)]

1.4.3 교육훈련 분야에 적용 효과

교육훈련 분야에서는 모델링 및 시뮬레이션 기술을 활용함으로써 공간적 시간적 제약을 받지 않고 교육훈련을 할 수 있고, 훈련 간의 인원사상을 포함한 사고 위험을 방지할 수 있다. 교육훈련장소 대신에 가상공간에서 훈련이 이루어지기 때문에 훈련으로 인한 환경파괴나 대민피해를 방지할 수 있다. 그리고 무엇보다도 비용절감 효과를 얻을 수 있다.

모델링 및 시뮬레이션 기술을 사용하면 정보전 및 C4ISR/PGM 등과 같은 미래 핵심전력에 대한 첨단 훈련환경을 조성할 수 있으며 보편적으로 사용되고 있는 항공기, 헬기, 전차, 방공포와 같은 장비는 시뮬레이션에 의한 훈련으로 연료절약은 물론이거니와 실제로는 연습이 불가능한 절차나 상황을 연습할 수 있다.

특히, 고가의 미사일과 같이 실 사격이 극히 제한받는 과정을 반복하여 연습할 수 있으며 많은 인력과 장비가 동원되는 대부대 야전 실 기동 연습은

6) 김동철. "모의실험기반획득을 위한 통합지원체계 구축방안 연구". 국방대학교 석사학위논문, 2006, 재사용.

국토개발과 환경문제 등으로 극히 제한받으므로 이는 모델링 및 시뮬레이션에 더욱 의존할 수밖에 없다. 비행 시뮬레이터의 경우에는 실제 비행 대신에 시뮬레이터를 사용하여 얻는 대체효과(TER: Transfer Effectiveness Ratio)는 평균 48% 정도인 것으로 알려져 있다. 이는 2시간의 비행 시뮬레이터 탑승훈련으로 약 1시간의 실제 비행훈련을 대체할 수 있다는 의미이다. 그리고 보통 시뮬레이터는 항공기에 비해 운영비가 8% 정도가 소요된다는 것을 고려할 때 매우 경제적임을 알 수 있다.

연습문제

❶ 국방 모델링 및 시뮬레이션의 기술발전 경과에 대하여 설명하라.

❷ 시스템, 모델, 모델링, 시뮬레이션 그리고 시뮬레이터의 차이를 설명하라.

❸ 모델링 및 시뮬레이션의 품질요소(집약, 상세, 충실도)에 대해서 설명하라.

❹ 국방 모델링 및 시뮬레이션의 활용 분야에 대하여 설명하라.

❺ 국방 모델링 및 시뮬레이션의 활용 효과에 대해서 설명하라.

❻ 국방 모델링 및 시뮬레이션의 향후 발전방향에 대하여 설명하라.

제2장

모델링 및 시뮬레이션 응용 체계

2.1 워 게임

2.1.1 발전경과

워 게임(war game)이란 '전쟁에서 둘 또는 그 이상의 적대 세력 간에 발생하는 군사적 행위를 모의하는 게임'이다. 워 게임은 고대 장기, 바둑, 체스(chess) 등으로부터 그 기원을 찾을 수 있으나, 현대적 워 게임 형태는 1811년 폰 라이스비츠(Von Reisswitz)라는 프러시아 중위가 창안한 군사게임에서 비롯되었다. 군사지도에 말을 사용하여 쌍방 부대를 표시하였고, 게임 심판관이 있었다. 그리고 게임을 위한 규칙을 만들어서 전술적인 상황을 묘사하였다. 19세기와 20세기 초에 일본이 진주만 공격 시 워 게임을 사용하였고, 미국은 제2차 세계대전 발발 전에 미 해군 전쟁학교에서 태평양 전쟁에 대한 워 게임을 실시하기도 했다. 그러나 당시 워 게임은 디지털 컴퓨터가 일반화되기 이전이었기 때문에 주로 수학식이나 개략적인 규칙에 의존하여 전력소요 혹은 군수소요 등을 도출하였는데 이는 오늘날에 비하면 초보적인 수준이라고 할 수 있다.

제2차 세계대전 당시에, 예를 들면 수송작전을 어떻게 하는 것이 최선인가, 폭탄 공격을 어떻게 하면 정확하고 효과적으로 할 수 있을 것인가 등에 대한 답을 얻기 위하여 많은 과학자의 지식이 동원되고 이들을 통하여 군사 모델링 분야가 비약적으로 발전하여 오늘날 군사운영분석(military operational research)이라는 연구분야로 발전하게 되었다. 이 당시의 워 게임 혹은 군사 모델링 시에 주로 물리학, 수학, 통계학 등을 응용하고 기계적 계산기를 활용하였다. 전쟁 후에 군사 작전에 대한 과학적 탐구가 계속되었고 운영분석이라는 학문분야의 급속한 발전이 있었으며, 이후 20~30년간 분석적 게임 이론(analytic game theory), 몬테칼로 계산(monte-carlo calculation), 수리계획법(mathematical programming) 등에 대한 발전이 있었다.

1950년대를 시점으로 전략무기 혹은 재래식 전력에 대한 소요를 결정하는 데 모델이 구체적으로 적용되었으며 이것은 체계분석(system analysis)이라는 이름으로 발전하게 되었다. 특히 1961년 맥나마라가 미 국방성에 입성하면서 체계분석은 비약적으로 발전하게 되었고, 각종 의사결정에 체계분석을 적용하였다. 체계분석은 운영분석 도구를 사용하여 국방물자 혹은 무기체계에 대하여 미래의 전장 위협에 대처할 수 있는 능력, 효과, 비용, 불확실성에 대한 해답을 제공하였다.

체계분석은 이후 25여 년 이상 정책분석에 활용되어 왔는데 이는 주로 분석적 모델(analytic model)에 의존해 왔다. 특히 미 국방성의 OSD(Office of the Secretary of Defense)는 재래식 전쟁에 대한 시뮬레이션에 대해서 거의 관심이 없었다. 대신에 간단한 수식 모델에 주로 중심을 두었으며 그 결과 WEI(Weapon Effectiveness Index)와 같은 지수(scores)를 개발하였다. 이 모델을 사용하여 부대를 평가하고 무기체계의 현대화를 추진하는 데 활용하였다. 그래서 지수 모델이 시뮬레이션보다 나은 도구로 간주되었다. 왜냐하면 재래식 전쟁에 대한 컴퓨터 시뮬레이션은 방대하고 복잡하며 불확실한 입력자료에 의해 시뮬레이션 결과에 대한 신뢰도가 떨어지기 때문이었다. 그런데 핵 문제에 대해서는 차이가 있었다. 대부분의 문제에 대한 답을 얻고자 했을 때는 분석적 모델을 사용했지만 핵위협으로부터 민간방어, BMD(Ballistic-Missile Defense) 등에는 시뮬레이션을 더욱 활용하였다.

1960~1970년대에 핵무기와 미사일 등에 대한 시뮬레이션 모델과 육해공군의 모델에 대한 연구가 많이 이루어져 왔다. 초기의 시뮬레이션 모델은 주

로 란체스터(Lanchester) 방정식과 같은 분석적 모델에 기초를 두었다. 그러면서 차츰 서로 다른 무기체계 간의 상호작용 문제를 모델에 포함시키면서 정교화되었다. 또한 이 시기에 게임이론 방법도 발전하여 AEM(Arsenal Exchange Model), TACSAGE 모델 등이 개발되었다. 그런데 이러한 모델은 전투를 동태적으로 묘사하는 데 제한점이 많았다.

1976년 미국 국방분석연구소(Institute of Defense Analysis)의 폴 올슨(Paul Olsen)에 의하여 개발된 전구급(theater-level) 모델인 IDAHEX 모델은 이러한 점이 보완되었다. IDAHEX는 지형을 육각형으로 구분하고 기동을 강조하였다. IDHEX 모델은 미국방대학원, 영국의 국방운영분석국(DOAE: Defense Operational Analysis Establishment), 미국의 랜드 연구소(RAND: Research ANd Developement Corporation)에서 활용되었다. 1970년대와 1980년대 초에 시뮬레이션 모델에 대한 큰 발전이 있었는데 대표적인 것은 야누스(Janus) 시뮬레이션 모델이다. 이는 로렌스리버모어 국립연구소(LLNA: Lawrence Livermore National Laboratory)에서 개발되었는데 전술수준의 인간-기계(Man-machine) 게임과 컴퓨터 그래픽 기능이 우수하다. 야누스 모델은 개별 전차 모의를 중심으로 연대 및 대대급 모의를 실시하고 작동자가 가시선을 포함하는 지형정보를 볼 수 있으며, 그 결과는 전술과 전차 중대의 기동속도 등의 성능에 따라 민감하도록 되어 있다. 야누스 모델은 1980년대에 육군에 의해 채택되었다. 공군에서는 항공기 효과도를 평가하기 위하여 브루러(Brawler) 모델을 개발하였고, 해군에서도 많은 시뮬레이션 모델을 개발하였다.

시뮬레이션 모델 개발과 병행해서 분석적 모델도 발전하였는데, 예를 들면 두푸이(Dupuy)에 의한 QJM(Quantified Judgement Model)이 있다. QJM에서는 전통적인 모델링에서는 무시되어 왔던 정성적 변수도 고려하였다. 그러나 그의 모델에 대해서 군사 모델 전문가들은 정성적 변수를 포함시키는 자체에 대하여 합당치 않은 것으로 여겨 널리 사용되지는 못했다.

1980년대에는 시뮬레이션 모델에 대한 많은 발전이 있었다. 대표적인 예로 RSAS(RAND Strategy Assessment System)를 들 수 있다. RSAS는 두푸이의 모델과 그 외 많은 정성적 요소와 고급 시뮬레이션 기술을 여러 가지 방법으로 포함하고 있다. 1980년대 이후에 이 모델에 군사정치 수준의 의사결정을 위한 지식기반 모델을 포함하였다.

실제적으로 1950~1990년대 사이에 개발된 많은 군사 모델은 전쟁을 분석하는 데 유용하게 사용되지는 못하였다. 여기에는 몇 가지 이유가 있다. 한국전쟁은 보병 위주의 전쟁이고 당시는 모델과 시뮬레이션은 초보적인 수준이었다. 베트남 전쟁은 보병 위주 정글 전쟁이라는 특수성 때문에 모델 적용에 한계가 있었다. 아랍 이스라엘 전쟁은 미국 입장에서 다른 전쟁이었고, 포클랜드 전쟁은 특수하고 규모가 작은 전쟁이었기 때문이다. 그리고 모델상에서 작전 현실의 반영에 한계가 있었다.

그런데 1990~1991년 사이에 미국이 사막폭풍작전을 수행한 이래 상황은 달라졌다. 모델이 전쟁분석에 직접 사용되게 되었다. 미국의 중앙통제국(CENTCOM: CENTral COMmand), 육군 개념분석국, 랜드 연구소, 영국의 국방운영분석국 등에 의해 모델은 전쟁을 분석하는 데 활용되었으며, 특히 국방운영분석국의 걸프전에 대한 분석은 그 진행의 결과와 분석 예측결과가 놀랄 만큼 적중하였다. 걸프전 이전에 중앙통제국에서는 이라크와의 전쟁에 대한 분석을 이미 모델을 사용하여 분석하였고 실제 전쟁에서 전쟁 지휘결심을 할 때에 분석결과를 반영하기도 하였다.

2.1.2 컴퓨터 워 게임 구성 및 모의논리

워 게임을 위해서는 청군반, 대항군반, 기술통제반, 게임통제반, 사후분석반으로 구성한다. 청군반과 대항군반은 청군과 홍군의 작전 및 전술개념과 교전규칙에 따라 병력을 투입하고 이동시킨다. 그러면 쌍방간에 교전 조건이 형성되면 워 게임 모델의 주 컴퓨터에서 교전을 평가한다. 이 과정에서 데이터베이스 서버에서는 교전평가를 위한 각종 무기체계 파라미터를 포함한 지형 데이터 등을 제공한다. 사후검토 서버에서는 워 게임 수행 간에 이벤트를 로깅하여 사후검토 시 관련 자료를 가공하여 제공한다. 교전평가 결과는 청군반과 대항군반에게 통보된다. 이를 바탕으로 각자는 전력을 통제하고, 이러한 과정을 반복하면서 진행하는데, 게임 진행 간에는 통제반에 의해 통제되고, 워 게임이 종료된 후에는 사후분석반에 의해 진행과정과 결과에 대하여 토의

그림 2-1
컴퓨터 워 게임

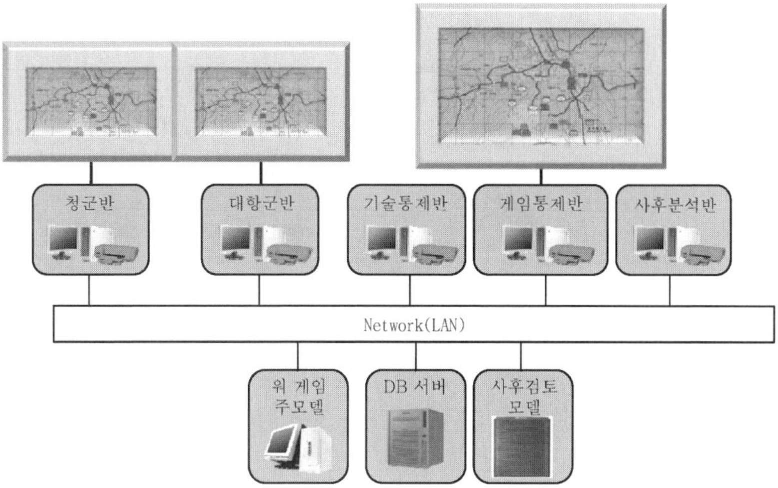

하고 사후분석을 한다.

워 게임에서는 〈그림 2-2〉에서 보는 바와 같이 각종 전장기능들이 수행된다. 이를 컴퓨터상에서 전투과정을 모의하기 위해서는 전장기능들을 모의논리로 모델링하여 나타낸다. 모의논리는 전장기능을 기반으로 이루어지는 교전 프로세스 모델이 되기도 한다. 모의논리를 프로그램으로 작성하고 이를 실행함으로써 컴퓨터 워 게임이 이루어진다.

모의논리를 개발할 때는 전투단위별로 기동, 탐지, 교전 과정을 순서대로

그림 2-2
전투과정 모의 대상의 전장기능

그림 2-3
전투과정에서 교전집합

모델링한다. 전투단위는 개별 전투원(혹은 무기체계)으로부터 전투부대까지 다양하게 설정할 수 있다. 개별 전투원(혹은 무기체계)을 전투단위로 모의할 경우에는 매우 상세히 전투과정을 묘사할 수는 있지만 모델링이 매우 복잡하고 모의 실행시간도 많이 소요된다. 이는 주로 분석용 워 게임의 모의논리를 개발할 때 사용한다. 한편, 부대 단위로 모의할 경우에는 상대적으로 모델링이 용이하고 실행시간도 많이 들지 않기 때문에 훈련용 워 게임 모의논리를 개발할 때 주로 사용된다.

모의논리에서 전투에 관여하는 부대들은 항상 상대방과 교전되는 것은 아니다. 〈그림 2-3〉에서 보는 바와 같이 교전조건이 만족될 때 교전을 수행한다. 예를 들어 탐지거리 내에 있고 무기체계 사거리 내에 있을 경우에 상대방과 교전하게 된다.

모의논리에서는 전투가 진행되는 임의 시간에는 교전부대와 비교전부대로 구분된다. 그래서 전투과정은 전투시간 경과에 따라 교전부대 집합의 생성과 소멸과정이 반복되고, 교전부대 집합에서는 상호 손실이 발생하여 부대 전투력이 감소되게 된다.

모의논리 진행 간에 교전부대 집합은 〈그림 2-4〉에서 보는 바와 같이 이동, 탐지, 교전, 전투태세 국면 전환 등의 사건을 통해서 새롭게 생성하고, 교전 상황에 따라 소모율, 탐지효과, 취약성 등을 고려하여 상호간의 소모가 평가된다.

전력피해 평가방법에는 결정적 란체스터 모델(deterministic Lanchester model), 확률적 란체스터 모델(stochastic Lanchester model), 확률적 쌍방교

그림 2-4
교전집합
생성과
소모평가

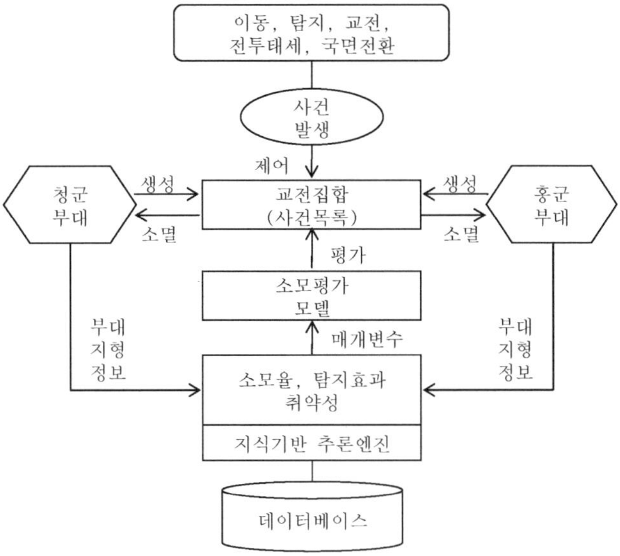

전 모델(stochastic duel model), 몬테칼로 시뮬레이션 모델(monte-carlo simulation model) 등이 있다. 이들은 〈그림 2-5〉에서 보는 바와 같이 모델링 추상화 정도가 서로 다르며, 추상화 정도가 낮을수록 더욱 정확한 결과를 제공한다. 일반적으로 워 게임에서 흔히 사용하고 있는 결정적 란체스터 모델의 경우에는 전력규모가 작거나 서로 비슷한 전력에 대한 소모평가 모델로는 적합하지 않고, 전력규모가 크거나, 전력차이가 서로 상대적으로 클 때 적용되는 방법이다.

그림 2-5
소모평가 방법

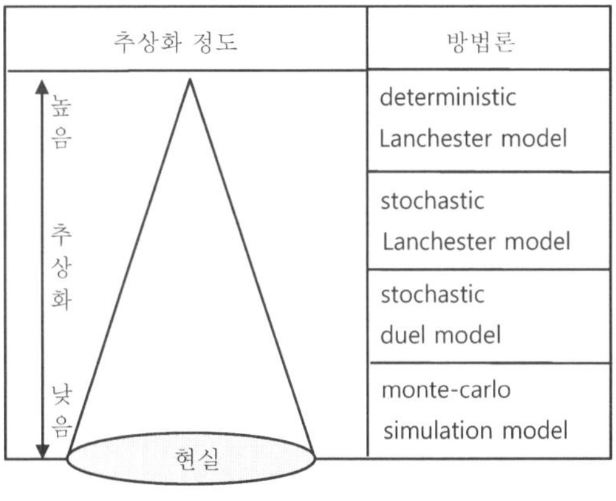

2.1.3 워 게임 개발 접근방법

워 게임 개발을 위한 접근방법에는 세 가지가 있다. 첫 번째는 데이터지향/집약적 워 게임 개발방법(data driven / aggregated approach)이다. 이는 소규모의 고해상도 몬테칼로 시뮬레이션 모델로부터 얻은 파라미터를 기반으로 워 게임을 모델링하여 개발하는 접근 방법이다. 주로 단일의 대형 워 게임 모델을 개발할 때 사용된다. 여기서는 워 게임 모델이 매우 추상화되어 모델링된다. 그래서 모델의 상세도는 떨어진다. 이러한 모델의 경우는 모델의 입력 데이터에 결과가 의존되기 때문에 입력 데이터가 매우 중요하다. 대부분의 입력 데이터는 실제 시험이나 전쟁자료가 사용된다.

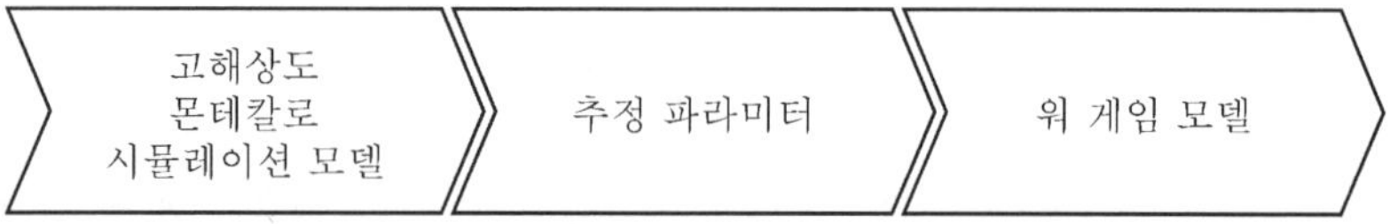

그림 2-6 데이터지향/집약적 워 게임 개발방법

두 번째는 모델지향/계층적 워 게임 개발방법(model driven/hierarchical approach)이다. 계층별로 모델을 개발하여 하위 수준의 모델의 결과를 상위 수준의 모델 입력으로 사용하고자 할 때 적합한 개발 접근방법이다. 각 계층별 모델은 모의수준에 따라, 예를 들면 공학수준, 교전수준, 전투수준 별로 추상화 정도가 달라진다. 각 계층 모델은 상호 밀접하게 관련되기 때문에

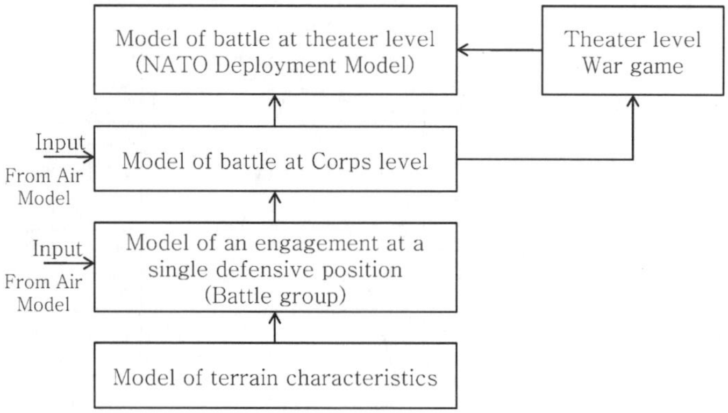

그림 2-7 모델지향/계층적 워 게임 개발방법(NATO 배치모델 예)

입 · 출력 관계가 잘 설정되어야 한다. 각 모델의 입력 데이터는 실제 시험 데이터를 사용할 수도 있지만 다른 모델의 결과 데이터를 사용할 수도 있다.

세 번째는 소규모 연속 워 게임 개발방법(series of mini-battle approach)이다. 이는 대규모 전투과정을 교전 집합별로 분할해서 연속적인 소규모 모델링 과정을 통해서 전체 워 게임 모델을 개발하는 접근방법이다. 교전부대는 전투시간이 경과함에 따라 전투력의 변화가 생기고 그 결과로 인해 또 다시 소규모로 분할해서 새로운 전투가 이루어진다. 이 접근방법은 대규모의 교전을 분할해서 모델링하여 연속적인 작은 모델로 구성하기 때문에 매우 상세한 모델링이 가능하다. 그러나 모델링을 위해서는 고급 모델링 지식이 필요하다.

그림 2-8 소규모 연속 전투 워 게임 개발방법

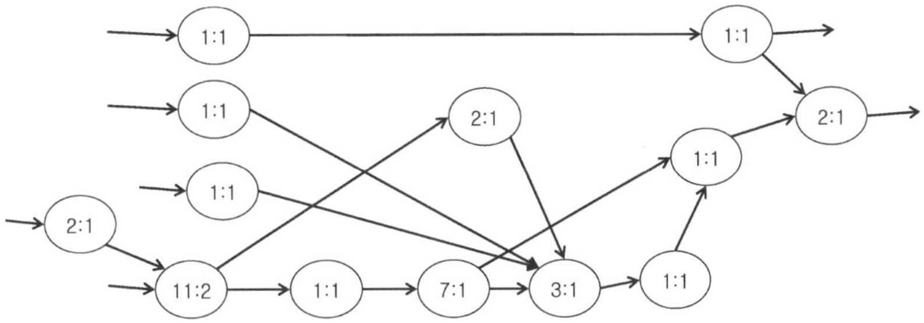

2.2 시뮬레이터

2.2.1 발전경과

시뮬레이터는 컴퓨터 모델의 명령을 실행하여 시뮬레이션을 하는 장치이다. 시뮬레이터는 모델의 명령을 실행함으로써 시스템의 행위를 유발하며, 이를 통하여 실세계를 재현한다. 최초 군사용 시뮬레이터는 1929년에 개발된 비행 시뮬레이터인 링크 트레이너(Link trainer)이다. 미 육군 및 공군에서 교육용으로 활용되었는데, 콕핏(cockpit) 원형이 탑재된 공기압식 운동 플랫폼에서 아

그림 2-9
링크 트레이너

날로그 컴퓨터를 사용해서 비행역학을 계산하여 활용하였다. 이는 1960년대와 1970년대 초까지 사용되기도 했다. 1950년대에 들어와서 풀모션(full motion) 시뮬레이터가 개발되기 시작하였고, 1960년대에 들어서면서 디지털 컴퓨터가 활용되었다. 1970년대 이후로는 유압식 엑추에이터(hydraulic actuators)가 도입되면서 6자유도 운동(roll, pitch, yaw, surge, heave, sway)이 구현되었다.

1970년대 이후로 영상 디스플레이 기술이 발전하여 콜리메이팅 렌즈(collimating lens)를 사용하여 시뮬레이터 창 밖에 전시되는 시계를 더욱 현실적으로 구현할 수 있게 되었다. 초기 렌즈는 FOV(Field Of View)가 28도 정도였는데, 1970년대 후반에는 WAC(Wide Angle Collimated) 윈도(window), WIDE (Wide-angle Infinity Display Equipment)가 지속적으로 개발되면서 더욱 현실감이 있는 영상 비전을 구현할 수 있게 되었다. 오늘날에 있어서는 고급 시뮬레이터에서는 WIDE 형태의 영상 디스플레이어가 일반화되었다.

그림 2-10 평면 방식

그림 2-11 콜리메이션(collimation) 방식의 WIDE

시뮬레이터는 주로 훈련용에서 많이 사용되어 왔다. 그리고 훈련비용을 절감시키는 효과를 가져왔다. 예를 들어 보잉 747의 경우에는 레벨 D급 시뮬레이터를 사용할 경우에는 1 : 40의 비용절감 효과가 있는 것으로 보고되고 있다. 그러나 오늘날에서는 훈련뿐만 아니라 연구개발, 시험평가 등이 다양하게 활용되고 있다.

시뮬레이터는 개별 시뮬레이터, 분산 시뮬레이터로 나누어진다. 개별 시뮬레이터는 일반적으로 개인 훈련용으로 제작되는 시뮬레이터로서 하나의 물리적 플랫폼에서 시뮬레이션이 수행되는 시스템이다. 예를 들어 전차 시뮬레이터, 항공기 비행 시뮬레이터 등이 있다. 분산 시뮬레이터는 팀 훈련 혹은 연구개발을 위해서 개별 시뮬레이터들을 연합적으로 구성하고, 통신 네트워크로 연결하여 시뮬레이션을 수행하는 시스템이다.

2.2.2 개별 시뮬레이터

개별 시뮬레이터로서 가장 널리 보편화되어 있는 것은 비행 시뮬레이터이다. 이는 사용목적에 따라 차이는 있으나 일반적으로 비주얼(visual) 시스템, 조종 입·출력 장치, 모션 시스템, 그리고 통제장치로 이루어진다.

비주얼 시스템은 데이터베이스, IG(Image Generator), 디스플레이(display)

그림 2-12
UH-60P 비행 시뮬레이터

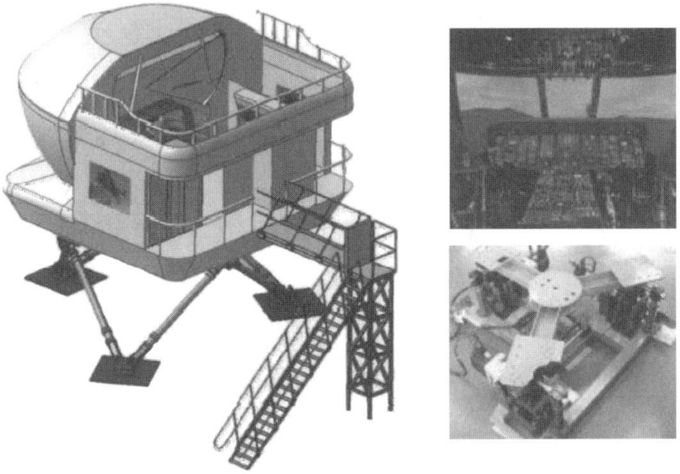

그림 2-13
UH-60P 비행 시뮬레이터 구성

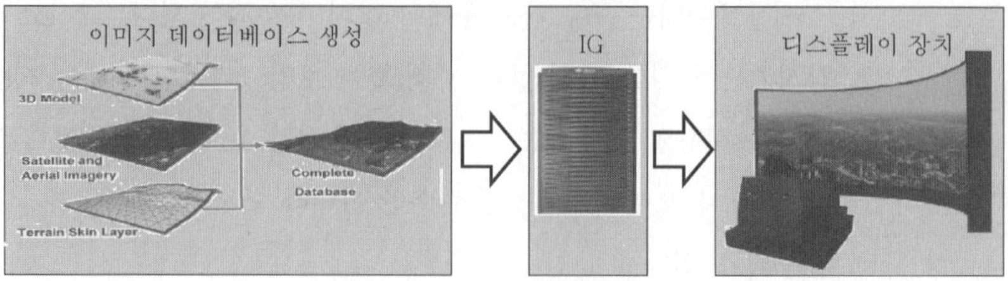

장치를 포함하는데, 데이터베이스는 지형 데이터베이스, 영상 데이터베이스, 텍스처 데이터베이스 등이 있다.

IG는 데이터베이스를 사용하여 디스플레이에 영상을 제공하기 위하여 영상을 처리하는 시스템이다. IG는 이미지를 고속으로 처리하여 생성할 수 있는 특수 디지털 그래픽 연산장치를 가지고 있다. 대규모의 영상의 경우에는 다채널을 사용하여 영상을 제공한다. 디스플레이 장치는 실제 영상을 제공하는 장치이다. 비주얼 시스템에서는 생성되는 영상 이미지는 컴퓨터 생성 이미지이다. 이 이미지는 캘리그래픽(calligraphic) 방식이나 콜리메이션(collimation) 방식으로 CRT, 스크린 혹은 광학장치에 전시된다.

조종 입 · 출력 장치는 조종석과 각종 계기판으로 구성되어 오퍼레이터가 영상장치의 이미지 인식을 통하여 상호작용을 하기 위한 것이다. 오퍼레이터의 인지를 바탕으로 조종 입 · 출력 장치를 통하여 반응을 전달하면 비주얼 시스템은 적절한 영상을 처리하여 디스플레이 장치에 영상을 전시하게 된다 모션 시스템은 오퍼레이터에게 동적인 운동효과를 제공하여 실제의 물리적인 운동을 느끼게 하는 장치이다. 통제장치는 시뮬레이션의 환경통제, 오퍼레이

그림 2-14
영상 디스플레이 장치

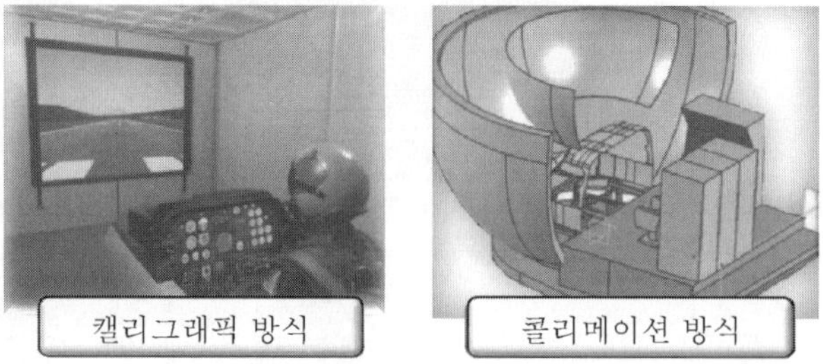

그림 2-15 조종 입·출력 장치

그림 2-16 미스트랄 훈련장치

터 감시 및 통제를 위한 장치이다.

개별 시뮬레이터는, 특히 비행 시뮬레이터의 경우에는 용도에 따라 A, B, C, D 등급으로 구분하고 FAA-AC-40C에서 각 등급에 대한 인증평가를 위한 방법, 절차 및 표준을 설정하고 있다. D급의 경우는 매우 정교한 수준이다. A급으로 갈수록 덜 정교하다.

비행 시뮬레이터 외에 기타 훈련을 위한 시뮬레이터, 즉 개별 무기체계 시뮬레이터들도 많이 활용되고 있다. 개별 병사 특기훈련, 장비조작, 정비훈련 등에 활용된다.

2.2.3 분산 시뮬레이터

분산 시뮬레이터는 개별 시뮬레이터를 네트워크로 상호 연결하여 협조적으로 대규모 시뮬레이션을 구현하는 장치이다. 최초의 분산 시뮬레이터에는

그림 2-17
SIMNET

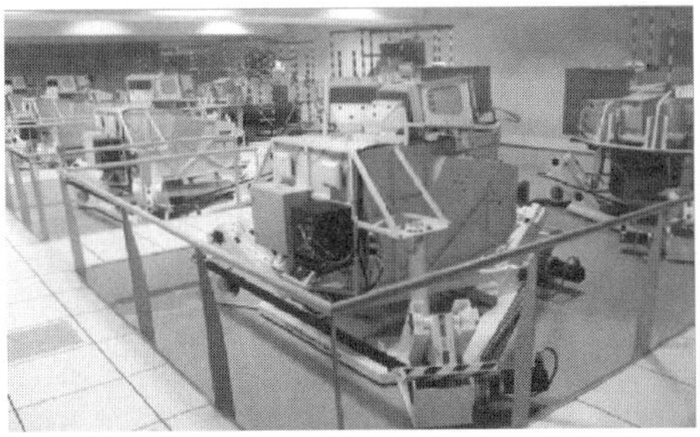

그림 2-18
M-SAM 분산 시뮬레이터 구성

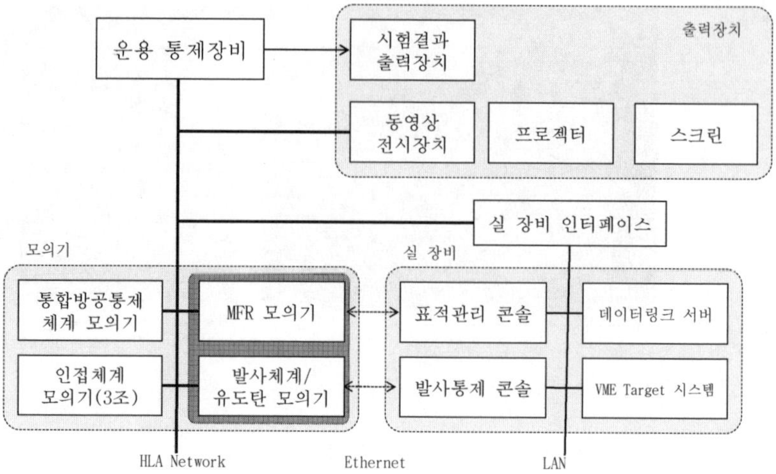

1982년에 미 국방성 산하 국방고등연구소(DARPA: Defense Advanced Research Projects Agency)에서 개발된 SIMNET이다. SIMNET는 전차 시뮬레이터를 네트워크로 연결하여 훈련용으로 활용한 분산 시뮬레이터이다.

오늘날 대부분의 시뮬레이터는 네트워크를 구성하여 활용되고 있다. 〈그림 2-18〉은 무기체계의 가상 시험평가를 위해서 구성되는 대표적인 분산 시뮬레이터를 보여주고 있다.

그림 2-19
HLA/RTI 기반의 분산 시뮬레이터

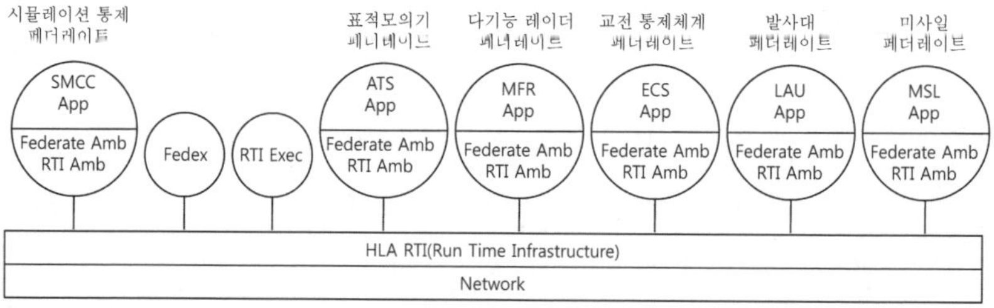

분산 시뮬레이터는 시뮬레이터 간의 연동을 위해서 미들웨어를 사용한다. 표준 미들웨어로서는 HLA(High Level Architecture)/RTI(Run-time Infrastructure)가 있다. 각 개발 시뮬레이터는 HLA/RTI에서 제공하는 통신 컴포넌트를 사용하여 RTI를 통하여 메지시를 교환하면서 상호작용한다. 〈그림 2-19〉는

HLA/RTI 기반의 분산 시뮬레이터 구성을 보여주고 있고, 〈그림 2-20〉은 실행 과정의 일부분을 보여주고 있다.

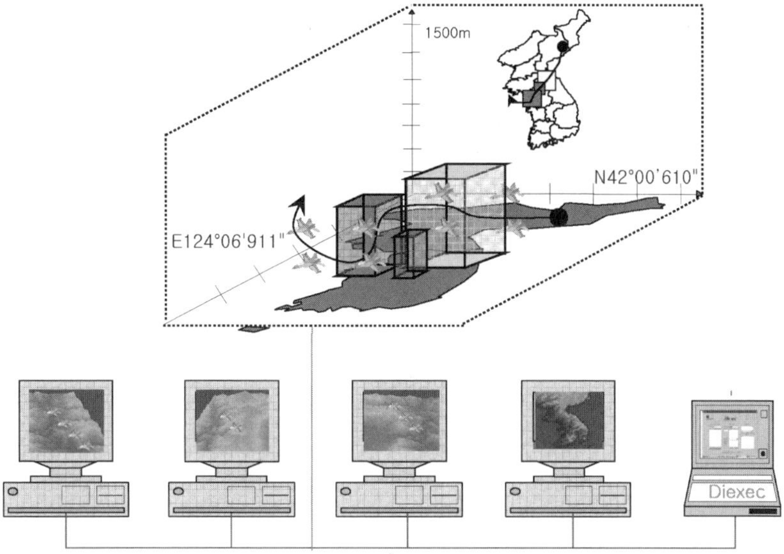

그림 2-20 HLA/RTI 기반의 분산 실행

2.2.4 시뮬레이터 주변장치

시뮬레이터 주변장치는 주로 가상현실기술을 기반으로 하는 시각장치, 추적장치, 촉각장치, 3D 입력장치 등이 있다. 이들은 고충실도의 시뮬레이터 제작에 활용된다.

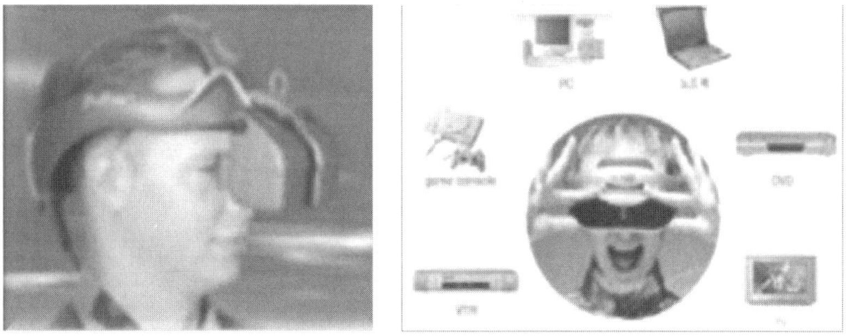

그림 2-21 HMD(Head Mounted Display)

그림 2-22
스테레오 안경

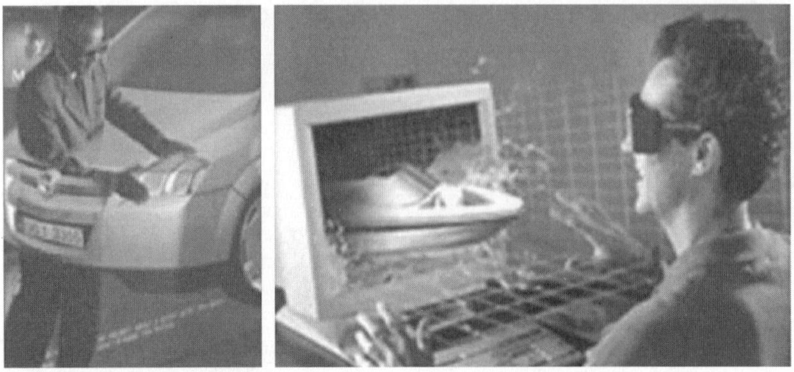

시각장치에는 몰입형 VR(Virtual Reality)에 사용하는 HMD(Head Mounted Display)와 데스크톱 VR에 사용하는 스테레오 안경(stereo glasses)이 있다. HMD는 머리에 쓰는 디스플레이 장치로서 눈앞에 LCD나 CRT 같은 작은 모니터를 포함하고 있는 헬멧 형태이다.

스테레오 안경은 2차원적인 평면 그림을 3차원 입체영상으로 제공하는 디스플레이 장치이다.

그림 2-23
추적장치

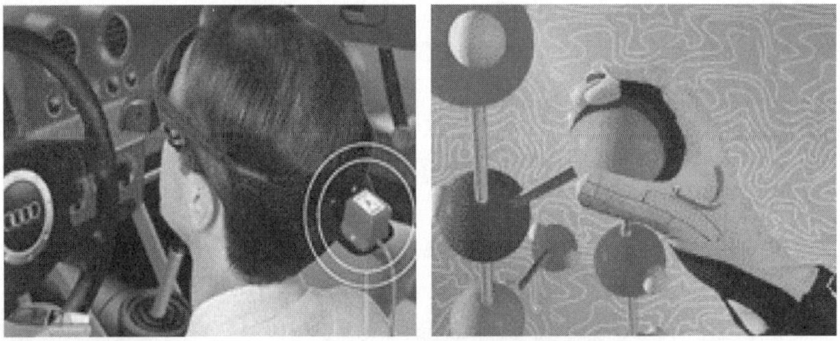

그림 2-24
음성 추적기

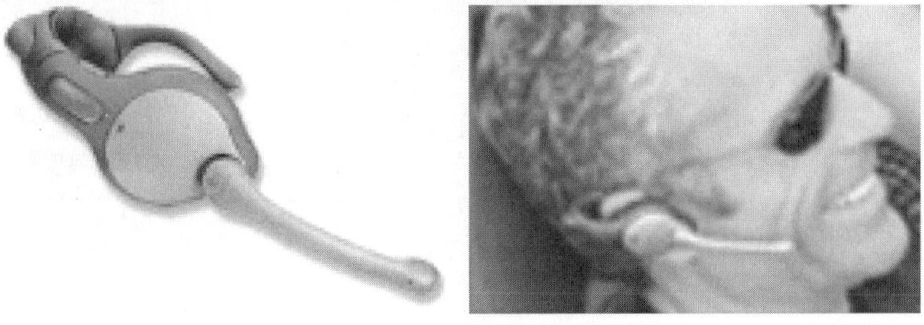

그림 2-25
촉각장치

추적장치는 신체의 주요 부위에 부착하여 공간상의 위치변화를 컴퓨터가 인식하도록 위치이동 값을 입력하는 장치이다. 최근에는 단순한 방향과 위치 신호만을 전달하는 추적장치와 달리 음성인식 기술을 사용하여 여러 가지 명령들을 음성 형태로 인식하여 신호를 전달하는 음성 추적기(voice tracker)가 개발되어 활용되고 있다.

촉각장치는 센서를 통해 시연자가 촉각을 느낄 수 있도록 하는 장치로서, 가상공간에서 가상의 물체에 힘을 주었을 때 사용자의 손에 반발력을 느끼게 해주는 장치이다.

3D 입력장치는 X, Y, Z축에 대한 위치값과 회전값을 입력하는 장치로 공간볼(Spaceball) 3003 FLX, 사이버퍽(CyberPuck) 등이 있다.

그림 2-26 CyberPuck

그림 2-27 Spaceball 3003 FLX

2.3 실 기동체계

2.3.1 발전경과 및 특징

실 기동체계는 주로 전투훈련을 위해서 사용된다. 실 기동체계를 사용한 훈련은 미 육군에서 처음 시작하였다. 베트남 전쟁에서 얻은 미 해군의 경험과 교훈으로부터 미 육군의 실 기동체계를 기반한 전투훈련장(CTC: Combat Training Center)이 탄생하였다. 미 육군은 1980년대 초에 세 가지의 기동 CTC와 하나의 BCTP(Battle Command Training Program)를 개발하였다. 1985년부터는 대대급 훈련장으로 대대를 훈련시키다가 1990년부터는 여단급 훈련장으로 여단을 훈련시키고 있다. 걸프전을 통해서 과학화 훈련효과가 나타나면서 더욱 활성화되고 있다. 현재는 각국별로 발전시켜 가고 있다.

실 기동 CTC는 첨단 정보통신 장비와 실 기동체계로 조성된 훈련장이다. 이는 전투원들로 하여금 전투훈련의 경험을 제공하여 실 전장에서 생존율 및

그림 2-28 실 기동체계 훈련장

임무성공률을 향상시키는 것이다. CTC에서 훈련부대와 대항군은 마일즈(MILES: Multiple Integrated Laser Engagement System) 체계를 장착하여 실 기동훈련을 수행한다. 훈련이 수행되는 동안에 훈련정보를 수집하고 분석과 객관적인 평가를 통해서 훈련부대의 전투역량을 향상시키도록 지원한다.

실 기동 CTC는 훈련부지, 시뮬레이션 시설, 대항군, 관찰통제관, 훈련통제부로 이루어지며, 다음과 같은 특징이 있다.

첫째, 훈련부대가 실전처럼 훈련할 수 있도록 지원한다. 훈련부지는 부대가 실 작전지역의 조건과 거의 동일하게 조성된다. 훈련상황이 실전과 유사하게 부여되고, 훈련부대 및 개별 전투원의 행동의 자율성이 부여되어 현실 전투와 유사하게 훈련이 된다.

둘째, 레이저 기반 시뮬레이션 기술, 계측 및 제어기술, 컴퓨터 및 통신기술을 활용하여 직사화기 및 곡사화기, 지뢰, 화학무기, 공중폭격, 기타 무기체계 시스템 효과를 모의한다. 각개 병사 혹은 무기장비들에 레이저 발사기, 감지기, DPCU(Data Processing Control Unit), 훈련자 유니트(PU: Player Unit)를 장착하여 훈련장에서 실 병력 및 장비가 기동하면서, 레이저 방사인지 혹은 사이버 모의를 통해서 실전적인 훈련묘사를 제공한다. 교전이 이루어지는 동안 레이저 발사기를 사용하여 레이저를 방사하면 상대의 감지기에서 이를 감지하고 명중 시에 소리와 섬광이 작동하게 되며, DPCU에서 누가(훈련자 혹은 훈련 장비의 식별부호), 언제(시간), 어디서(위치), 어떤 화기(사격화기)에 의해서 발생된 피해인지를 계산하여 PU를 통해서 중앙통제소로 전송한다.

셋째, 대항군을 운용한다. 대항군은 적 전술 및 장비에 관한 훈련을 받고 운용된다. 대항군은 지형에 익숙하고 훈련부대보다 많은 경험이 있기 때문에 훈련부대는 어려운 훈련상황을 경험하게 된다. 대항군은 훈련부대의 훈련수행 효과를 일관되게 측정할 수 있는 기준이 되기도 한다.

넷째, 관찰통제관을 운용한다. 관찰통제관은 훈련부대의 전술적 행동을 관찰하고 지도하며, 전투 지휘자 및 참모에게 조언한다. 그리고 과학화 훈련장에서 시뮬레이션 기술이나 기타 계측시설로서 모의할 수 없는 전장효과를 조성하고 훈련과정을 통제한다.

다섯째, 계측장비를 사용하여 전장 데이터를 자동수집해서 사후강평을 지원한다. 중앙통제소에서는 교전 간에 발생하는 사건, 조치사항 그리고 기타 지원사항에 대한 정보를 감지하고 통신시설을 활용하여 자동적으로 수집하고 필요시에는 영상자료를 수집하여 사후강평을 할 때에 사용한다. 나아가서 훈련능력 향상을 위한 자료로 활용한다. 또한 전투실험과 가상 시험평가와 연계하여 분석자료로 활용한다.

2.3.2 실 기동 전투훈련장의 장비구성 및 운영

실 기동 전투훈련장의 전투훈련장비에는 발사기, 감지기, 운용지원장비, 훈련자 유니트가 있다. 발사기에서 레이저로 발사하면 감지기에서 이를 감지하여 피해를 모의한다. 이 결과는 훈련자 유니트를 통해서 중계소를 거쳐서 훈련통제본부로 전송된다. 또한 훈련자 유니트는 GPS를 통해서 전투원의 위치를 식별한다.

발사기는 레이저를 발사하여 화기 발사를 모의한다. 이 과정에서 화기/탄종을 레이저 코드로 전송한다. 그 결과로 피해자의 사망, 중상, 경상을 모의하고 발사기의 작동도 제어한다. 〈그림 2-30〉은 개인화기에 장착한 레이저 발사기를 보여주고 있다.

감지기는 레이저 발사기에서 발사된 레이저 사격을 감지하여 내장된 피해율표에 의해 피해를 모의한다. 피해 정도에 따라 피해자의 발사기 작동을 제어한다. 또한 상태정보, 전원상태, 일반 메시지 등의 정보를 전시하기도 한다. 피해 평가를 위한 기준은 훈련통제본부, 통제관 권총에 의해 부여되거나 변경된다.

그림 2-29
실 기동 CTC의
전투훈련장비

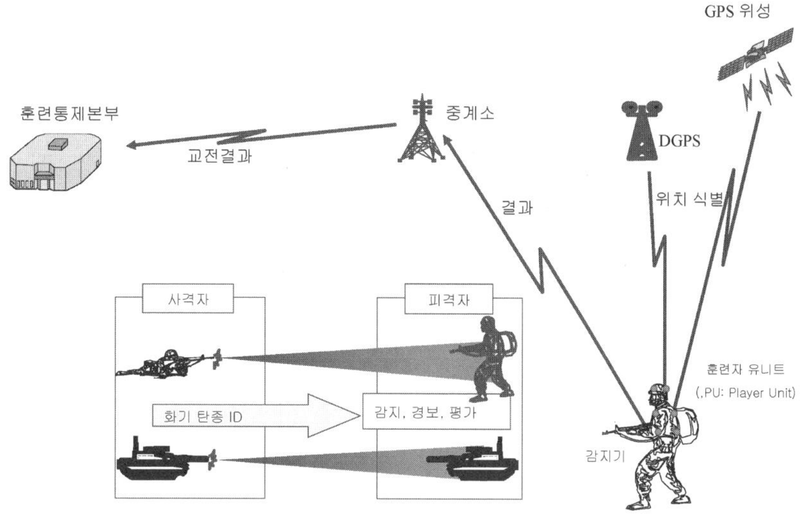

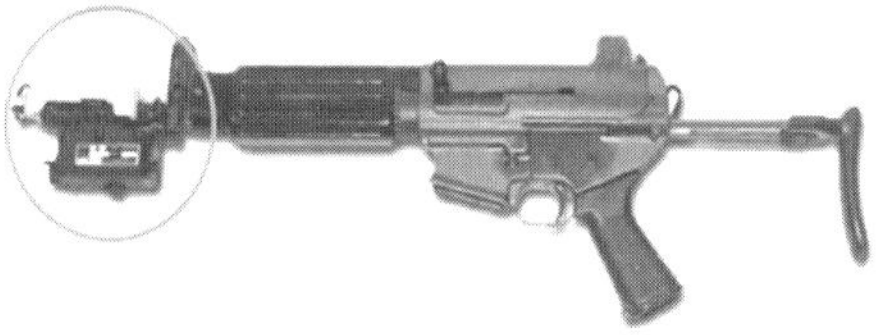

그림 2-30 개인화기 레이저 발사기

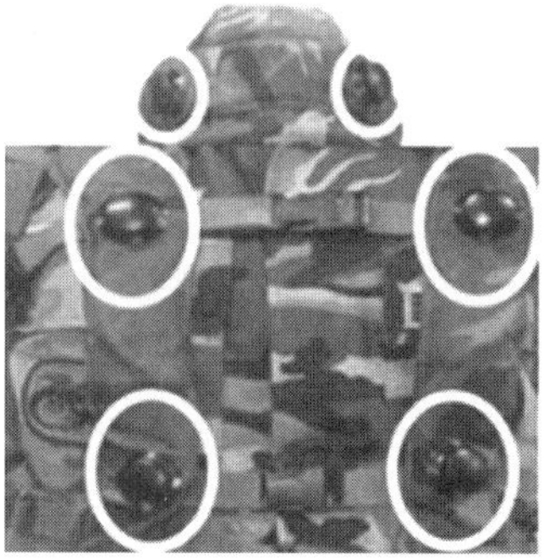

그림 2-31 감지기 형태

그림 2-32
개인화기
감지기
작동과정(예)

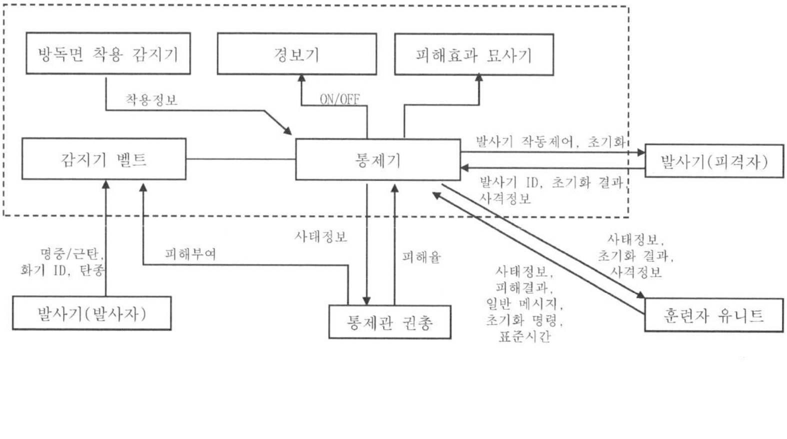

그림 2-33
전차 감지기 작동과정(예)

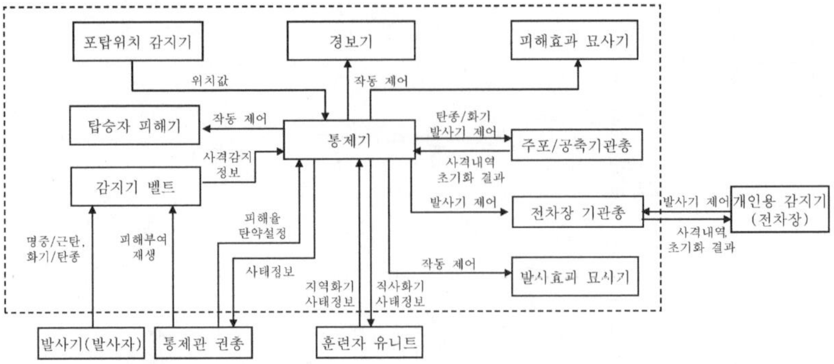

운용지원장비에는 통제관 권총이 있는데, 이는 훈련자용 장비를 제어(피해부여, 초기화, 재생, 탄약 설정 등)하거나, 감지기 통제기의 상태정보를 다운로드하고 피해율을 변경하기도 한다.

한편, 훈련자 유니트는 중앙처리부, 통신부, GPS, 전원공급 모듈로 구성된다. 중앙처리부는 훈련 중에 발생되는 각종 데이터를 수집, 처리 및 전송한다. 그리고 교전에 따른 피해결과를 산출하기도 한다. 통신부는 훈련통제본부와 양방향 통신을 제공하고, 개인의 위치정보와 훈련 데이터를 송·수신한다. GPS 수신기는 위성으로부터 자신의 위치와 시간정보를 수신하고 위치보정 기능을 제공한다.

그림 2-34
훈련장 유니트 형태

그림 2-35 훈련장 유니트 작동과정(예)

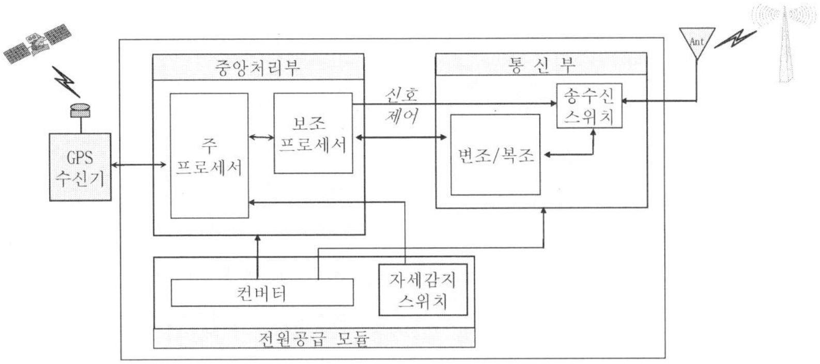

실 기동 CTC에서 기동 훈련이 수행하는 동안에 훈련장에서 관측되는 정보는 중계소를 통해서 훈련통제본부로 전달된다. 훈련통제본부에서는 필요에 따라 과학화 훈련장의 훈련자의 통제를 위해서 정보를 제공한다. 〈그림 2-36〉은 실 기동 CTC에 있는 훈련자와 훈련통제본부 간의 정보처리 및 통신과정을 보여 준다.

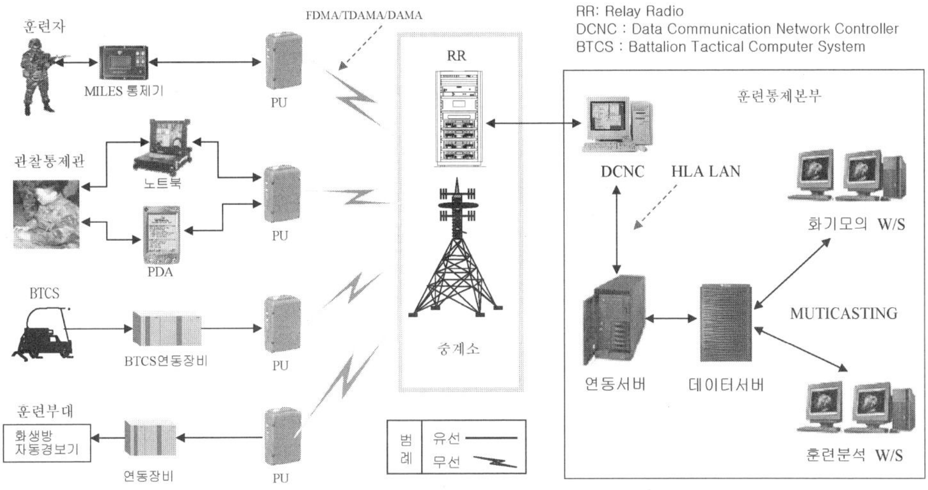

그림 2-36 CTC의 교전 정보처리 및 통제

2.4 LVC 체계

2.4.1 LVC 체계 개념

LVC 체계(Live, Virtual, Constructive system)는 물리적으로 서로 이격된 실 기동(live) 시뮬레이션, 가상(virtual) 시뮬레이션, 구성(constructive) 시뮬레이션을 상호연동시켜 하나의 합성전장으로 구성하여, 실제 전투와 유사하게 전투를 모의하는 시뮬레이션 체계이다.

실 기동 시뮬레이션은 실제 장비로 실 지형에서 실제 전투원이 참여하는 시뮬레이션이다. 야지 훈련장에서 마일즈를 장착한 실제 병력과 장비, 그리고 실제 기동체계를 사용하여 전술기동 및 교전을 묘사하는 것이다. 가상 시뮬레이션은 시뮬레이터와 같이 인공적으로 모의되는 가상 전투환경에서 실 병력 혹은 운용자가 마치 실제처럼 전투행위를 하는 것이다. 또한 구성 시뮬레이션은 전투환경과 실제 장비 및 병력 모두를 소프트웨어를 통해서 모의한다. 실 기동, 가상 시뮬레이션, 구성 시뮬레이션을 구현한 체계를 각각 L-체계, V-체계, C-체계라고 하고, 이 중에서 2개 이상 체계를 상호연동시켜 조성된 단일 전장체계를 일반적으로 LVC 체계라고 한다.

LVC 체계는 가상훈련 환경을 조성하여 개인병사 훈련으로부터 부대지휘관 훈련에 이르기까지 실전과 유사한 훈련의 기회를 제공한다. LVC 체계는 물리적으로 실 기동 마일즈 체계, 시뮬레이터, 그리고 워 게임 시뮬레이션 모델을 연동한 통합체계로 이루어진다. 이는 C4I 체계와 무기체계를 연동하여 과학화 훈련은 물론이고, 미래 전투발전을 위한 전투발전 요소에 대한 전투실험을 지원하며, 물자획득 과정에서 가상 시험평가를 수행하고 지원한다.

LVC 체계에서 중요한 이슈는 LVC 체계의 통합과 상호 운용성이다. 이기종의 L-체계, V-체계, C-체계를 하나로 통합하고, 무기체계와 C4I 체계까지 통합하는 것이다. 이는 LVC-IA(Integrated Architecture)로 통합하도록 하고 있다. LVC-IA에서 프로토콜(protocols), 규격(specifications), 표준(standards)을 규정하고, 이를 기반으로 LVC 컴포넌트를 통합하여 상호 운용성을 보장하

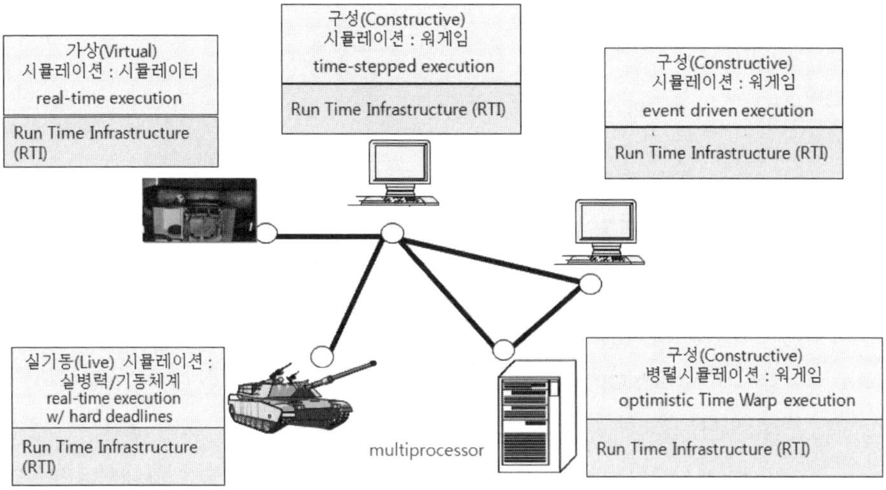

그림 2-37 LVC 체계 형상

도록 하며, LVC 체계의 임무 및 활용 요구별로 언제, 어디서든지 조합식 훈련(plug and train) 능력을 제공토록 하고 있다. 통합 아키텍처로는 HLA(High Level Architecture), TENA(Test and training ENabling Architecture), DIS(Distributed Interactive Simulation), JTA(Joint Technical Architecture), 기타 TIA(Training Information Architecture)가 있다. 일반적으로 구성 시뮬레이션과 가상 시뮬레이션의 상호 운용성을 위해서는 HLA를 기반으로 하고 있다. 그런데 실 시스템을 훈련연습에 통합하는 데에는 TENA를 사용하고 있다. DIS는 HLA의 레거시 프로토콜로서 현재에도 시뮬레이터를 개발할 때에 상호 연동 표준으로 사용하고 있다. JTA(향후 DISR로 발전)는 무기체계 상호 운용을 위한 표준 아키텍처이고, TIA는 훈련 정보체계 통합을 위한 아키텍처인데, 이는 훈련용 정보체계 기술통합을 위한 정보기술 아키텍처이다.

두 번째 이슈는 LVC 체계의 단일 합성환경 묘사 기술이다. 이는 전통적으로 증강현실(AR: Augumented Reality) 기술과 공간자료 표준기술(예를 들면 SEDRIS)로 달성하고자 한다. 최근에는 혼합현실(MR: Mixed Reality) 기술로 실세계와 디지털 세계의 경계를 극복하고 착용식 컴퓨터를 활용하여 LVC 체계에 적용하고자 하는 연구가 이루어지고 있다.

2.4.2 LVC 구조

2.4.2.1 LVC 체계의 운용개념

LVC 체계 운용개념은 체계의 규모와 임무에 따라 달라진다. LVC 체계는 서로 다른 체계를 통합하여 운용하기 때문에 개별체계는 기존에 존재할 수도 있고 새롭게 개발될 수도 있다. 따라서 LVC 체계로 운용하기 위해서는 가장 먼저 체계의 운용개념을 설정하는 것이 중요하다. LVC 체계는 일반적으로 LVC-IA(Integrated Architecture) 하에서 이기종의 체계들이 통합되도록 하고 있다. 〈그림 2-38〉은 LVC 체계 운용개념의 예를 보여 준다. 〈그림 2-38〉에서는 LVC-IA 하에서, 마일즈 체계(L-체계), 전술 시뮬레이터(V-체계) 그리고 워 게임 모델(C-체계)을 연동하여 하나의 가상모의 환경이 조성되고, 이는 상위 훈련체계와 C4I 체계 그리고 무기체계와도 연동하는 개념을 보여 주고 있다.

그림 2-38
LVC 체계 운용개념

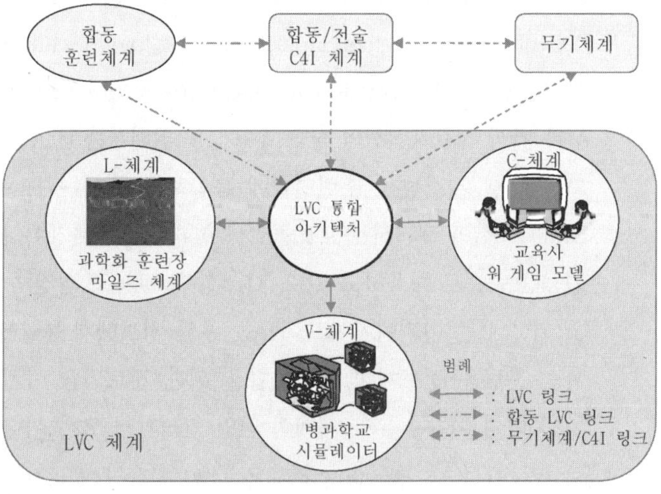

2.4.2.2 LVC 체계의 운용구조

LVC 체계의 운용구조도 체계의 활동분야와 목적에 따라 서로 다르게 구성

그림 2-39
LVC 체계
운용구조

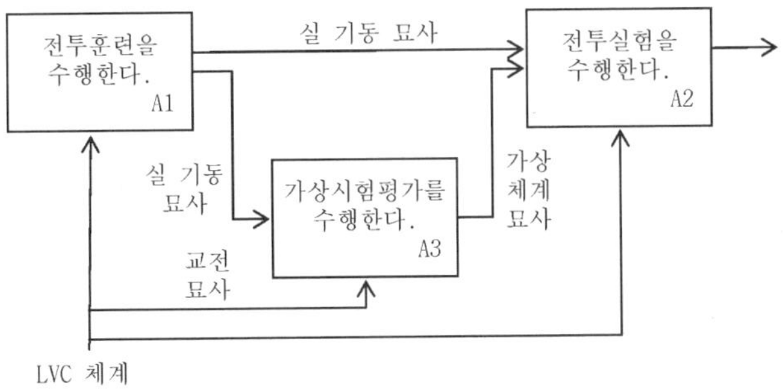

될 수 있다. 예를 들면 〈그림 2-39〉와 같다. 여기에서는 3가지의 주요 운용 과업을 수행한다. 전투훈련 수행, 전투실험 수행, 그리고 가상 시험평가 수행이다. 전투훈련 수행은 L-체계뿐만 아니라, V-체계, C-체계와 연계해서 이루어진다. 전투실험은 C-체계 및 L-체계를 중심으로 수행되며, 시험평가는 V-체계 중심으로 수행된다.

특히, C-체계에 의한 전투실험은 L-체계와 V-체계로부터 각각 실 기동 묘사와 가상체계 묘사를 제공받아 수행된다. V-체계에 의한 가상 시험평가는 L-체계와 C-체계로부터 각각 실 기동 묘사와 교전묘사를 제공받아 수행된다.

2.4.2.3 LVC 체계의 체계구조

LVC 체계는 L-체계, V-체계, C-체계로 이루어진다. 각 체계들은 예를 들면 〈그림 2-40〉에서 보는 바와 같이 네트워크로 구성된다. 체계별로 기능

그림 2-40
LVC 체계
체계구조

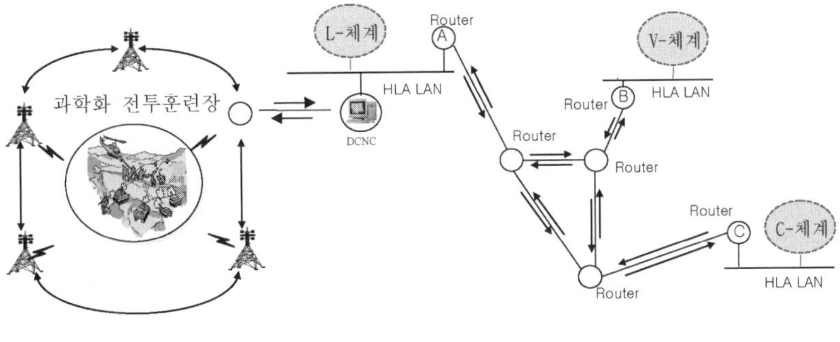

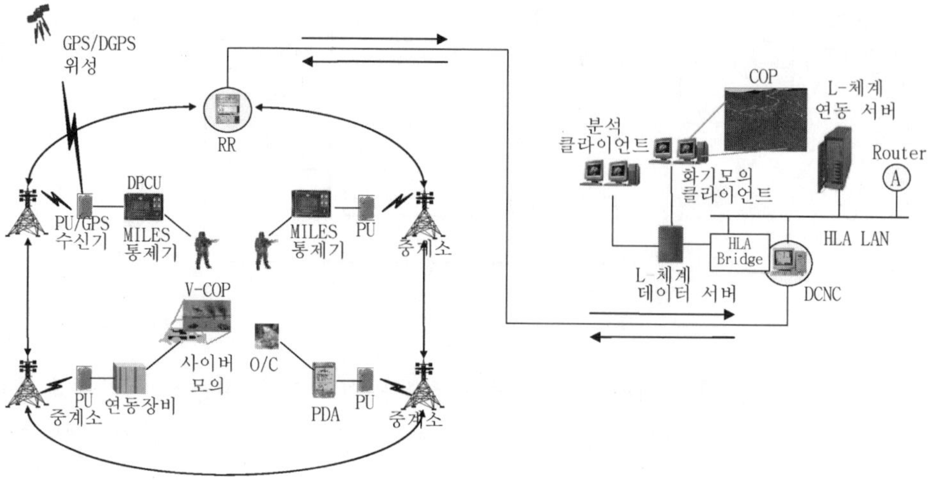

그림 2-41 L-체계 체계구조

및 데이터 서버가 있고, 분석 및 통제를 위한 클라이언트들이 있다. LVC 체계의 각 기능 서버들은 HLA/RTI로 연동되고, 각 체계 내에서는 체계 특성에 따라 각 요소들을 연동한다.

〈그림 2-40〉의 L-체계 체계구조를 상세하게 표현할 수 있는데, 예를 들면 〈그림 2-41〉과 같다. 〈그림 2-41〉의 좌측 부분은 과학화 전투훈련장의 L-체계를 나타내고 우측 부분은 통제센터 체계를 나타낸다. L-체계의 전투훈련장에서는 마일즈 통제기는 PU(Player Unit)와 연동되고, PU는 무선통신을 통해 통신 중계소로 정보를 송신한다. 중계소는 RR(Radio Relay)를 통해 중계소로 송신한다. 통제센터 체계에서는 L-체계 연동 서버는 HLA 랜(LAN)을 기본으로 하고, 데이터 서버와 클라이언트는 HLA 브리지(Bridge)로 연동된다.

한편, 〈그림 2-40〉의 V-체계 체계구조에 대해서도 상세하게 표현할 수 있는데, 예를 들면 〈그림 2-42〉와 같다. V-체계는 HLA에 부합되는 시뮬레이터가 있고 기타 혹은 DIS에 부합되는 시뮬레이터가 있는데, 전자는 HLA 지역 네트워크(LAN)로 상호연동하고, 후자의 경우는 HLA-DIS 게이트웨이(gateway)로 연동한다. 그리고 V-체계의 데이터 서버와 분석 및 3차원 클라이언트와는 HLA 브리지를 통해서 연동한다. 〈그림 2-42〉의 우측 부분에 L-

그림 2-42
V-체계
체계구조

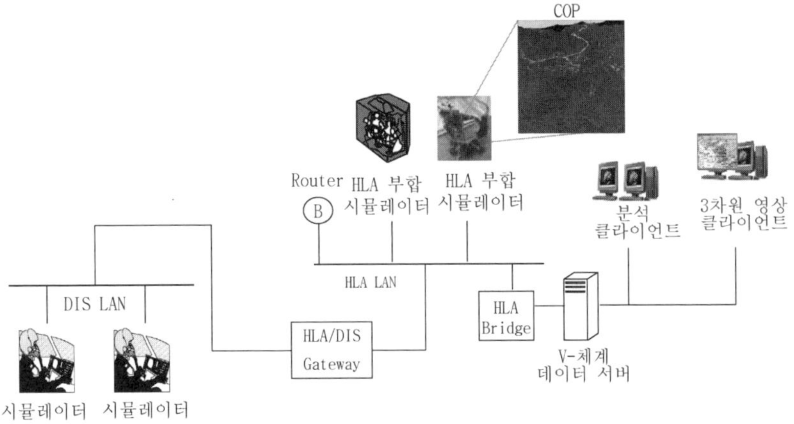

COP(Common Operation Picture)가 있는데, 이는 L-체계와 연동하여 얻은 L-체계의 COP이다.

또한 〈그림 2-40〉의 C-체계 체계구조를 상세하게 표현하면, 〈그림 2-43〉과 같다. C-체계에서도 HLA에 부합되는 모델이 있고, 그렇지 않는 경우가 있다. C-체계가 시뮬레이터와 연동되기도 하는데, HLA에 부합하는 경우에는 HLA 랜으로 연동하고 그렇지 않는 경우는 HLA 브리지를 통해서 연동한다. 그리고 DIS 시뮬레이터와 연동시에는 HLA/DIS 게이트웨이를 통해서 연동한다.

그림 2-43
C-체계
체계구조

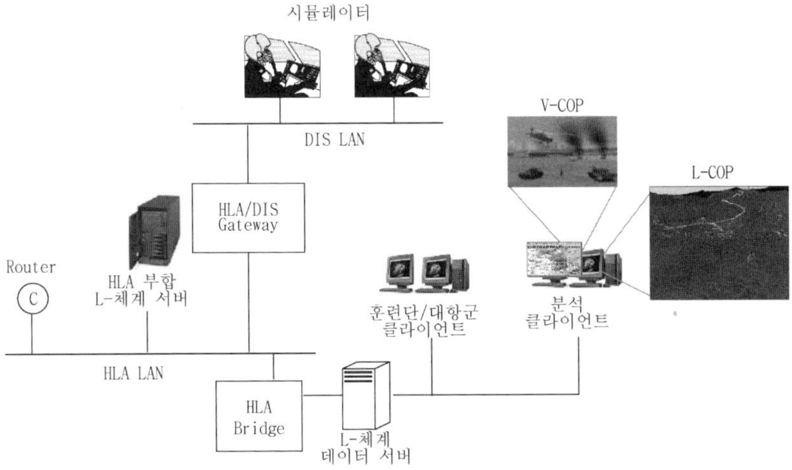

2.4.2.4 LVC 체계의 기술표준 구조

LVC 체계는 각 체계 간의 연동을 통한 상호 운용성 보장이 필요하다. 이를 위해서 LVC-IA 하에서 상호 연동이 되도록 하는데, 이는 기술 표준구조의 상호 운용성 프레임워크 기반으로 관리된다. 상호 운용성 프레임워크에는 여러 가지가 있지만 미 육군의 PEOSTRI(Program Executive Office for Simulation, TRaining & Instrumentation)에서 제안하고 있는 프레임워크가 있다. 〈그림 2-44〉는 미 육군 PEOSTRI의 프레임워크를 보여 준다.

상호 운용성 프레임워크에서 정책, 규격, 시스템 아키텍처, 도구, 모델, 변환기, 하부기반, 데이터 그리고 레파지토리에 대한 사항을 규정하고 있다.

그림 2-44
미 육군 PEOSTRI 상호 운용성 프레임워크

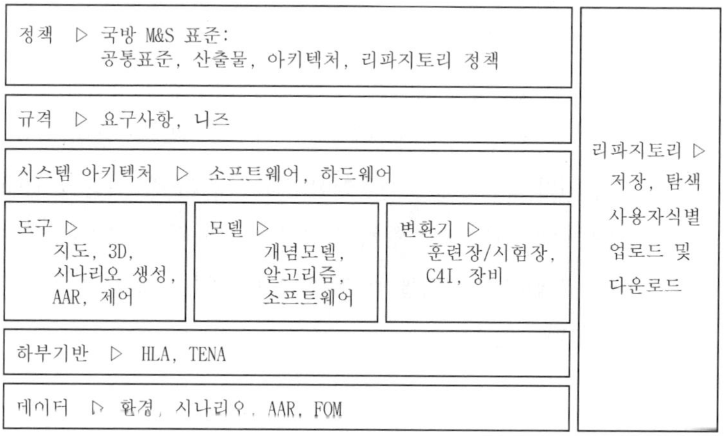

2.5 가상 전투실험소

2.5.1 가상 전투실험소 정의 및 역할

가상 전투실험소는 전투실험을 지원하기 위한 시뮬레이션 체계이다. 전투실험을 통하여 미래 요구능력을 충족시킬 수 있는 체계 운용개념, 신기술,

신체계, 신교리, 신조직 등의 대안들을 반복적으로 실험할 수 있고, 최적의 솔루션을 찾아낸다. 가상 전투실험소에서는 전투를 마치 공학실험실에서 실험을 하듯이 전투실험을 수행하여 전투발전요소를 발전시킬 수 있는 기회를 제공한다.

2.5.2 가상 전투실험소 구성

가상 전투실험소는 컴퓨터 플랫폼, 컴퓨터 네트워크, 미들웨어 컴포넌트, 데이터 저장장치, 영상 디스플레이, 시뮬레이터, 계측장비, 애플리케이션 서버, 애플리케이션으로 이루어지며, 개방 아키텍처에 기초한 형상 재구성이 용이한 시스템으로 구성된다. 이는 맞춤식 실험이 가능하도록 융통성 있는 실험 구성이 가능하다.

컴퓨터 플랫폼은 시뮬레이션으로 전투실험을 지원하는 컴퓨터 자원이다. 이는 규모조정이 가능한 고성능 워크스테이션들로 구성되고, 워크스테이션들은 독립적으로 운용되거나 고성능 컴퓨터 클러스터들로 운용된다.

컴퓨터 네트워크는 전투실험소의 컴퓨터 자산을 네트워크로 연결시켜 상호 연동시킨다. 전투실험실은 고속 인터넷 서비스에 전용 게이트웨이를 통하여 연결된다.

미들웨어 컴포넌트는 서로 다른 종류의 애플리케이션, 프로토콜, 데이터베이스들 간에 상호 운용성을 보장하기 위한 서비스를 제공한다.

데이터 저장장치는 높은 신뢰성을 갖는 대용량 저장장치이다. 전투실험 간에 데이터의 생성, 처리, 저장 및 관리를 위한 장치이다. 데이터 저장장치는 통신망으로 연결되어 높은 처리능력, 예를 들어 최소 1테라 바이트(terabytes) 이상의 처리능력을 가진다.

영상 디스플레이는 가상 전투실험 과정에서 참여 개체 간의 상호작용을 2D와 3D 영상 데이터로 실현할 수 있는 대형 디스플레이 시스템이 있다. 영상 디스플레이는 사용자와 상호작용을 지원한다.

시뮬레이터는 가상 시뮬레이션을 제공한다. 가상 전투실험실에서 최소한 하나 이상의 HILS(Human-In-the-Loop Simulator)를 포함한다. 서로 다른 이

그림 2-45
가상
전투실험소

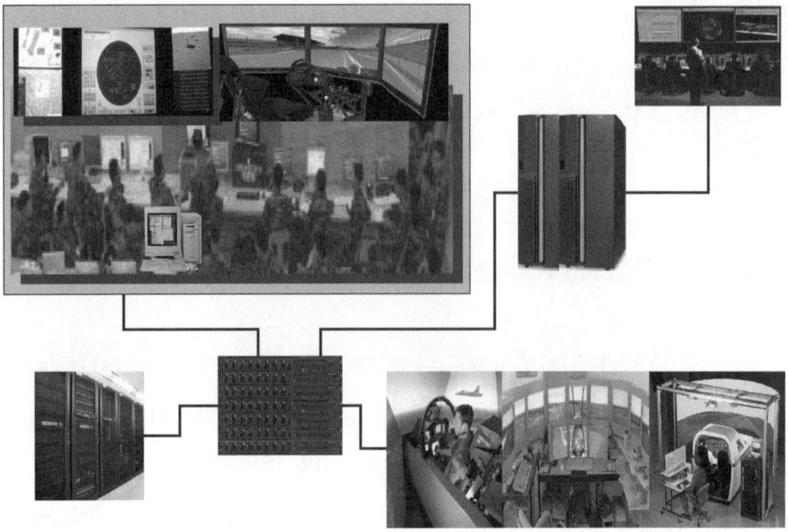

기종의 시뮬레이터를 포함할 수 있다.

계측장비는 통신장비와 함께 실 시뮬레이션과 인터페이스를 제공한다. 이는 동일한 전투실험에서 실 기동, 가상, 구성 시뮬레이션들을 통합하는 데 활용된다.

애플리케이션 서버는 가상 전투실험실이 외부 사용자들의 접근을 제공한다. 군사 특성상 보안을 위해서 외부접근을 방지하기도 하지만 필요시에 외부와의 연계를 할 수 있다.

애플리케이션은 예를 들면, 각 시뮬레이션 모델, 개발 도구와 함께 가상 전투실험실에 호스팅되어 시뮬레이션을 제공한다.

2.5.3 가상 전투실험소 구성 시 원칙

가상 전투실험소 구성은 다음과 같은 설계원칙에 따라 개발되고 있다.

① 유연성

가상 전투실험소는 설계시점에서 예상할 수 없는 기능들을 포함하여 다양한 기능들을 수행해야 한다. 실험소는 변화하는 요구사항 및 용도에 신속하게 대처할 수 있어야 한다.

② 확장성

복잡해지고 높아지는 서비스 요구상황을 표현하기 위해서는 자원들을 추가함으로써 시스템 확장이 용이해야 한다.

③ 지원성

시스템은 확장, 유지 보수가 용이한 상용기술(COTS: Commercial-Off-The-Shelf)에 기반해야 한다.

④ 개방성

가상 전투실험소는 그 시설이 대규모 분산 시스템에 대한 전투실험소의 한 구성요소로서 역할을 수행할 수 있을 때 그 가치가 크게 높아진다. 따라서 시스템은 형상의 큰 변화 없이 유사한 다른 시스템들과 지역 또는 원격통신망을 통해 통신할 수 있어야 한다.

⑤ 복수 형태

복수 형태의 디스플레이 및 상호작용 기술들을 통하여 인간 운영자와 기계 사이의 장벽을 낮출 수 있도록 새로이 개발되는 기술들을 전투실험소 시스템에 사용될 수 있어야 한다. 입력형식은 컴퓨터 자판, 조이스틱, 포인터, 음성 및 형상 인식장치 등이며, 출력형식은 음향, 2D 및 3D 영상 또는 촉각 디스플레이(haptic displays) 등을 포함한다.

⑥ 상호 시험

시스템은 인간 포함 시뮬레이터(HILS: Human-In-the-Loop Simulator), 반자동, 완전 자율 구성요소들의 조합을 통하여 'what-if' 시나리오를 시험할 수 있어야 한다.

연습문제

❶ 워 게임 체계에 대해서 설명하라.

❷ 워 게임의 기본 모의논리에 대해서 설명하라.

❸ 시뮬레이터에 대해서 설명하라.

❹ 실 기동체계에 대해서 설명하라.

❺ LVC 체계 연동기술에 대해서 설명하라.

❻ LVC 체계의 운용구조에 대해서 설명하라.

❼ LVC 체계의 체계구조에 대해서 설명하라.

❽ LVC 체계의 기술구조에 대해서 설명하라.

제3장

모델링 및 시뮬레이션 응용 비즈니스

3.1 소요 분석

소요는 협의의 의미로는 무기체계에 대한 소요로부터 광의의 의미로 교리, 편성, 시설 등 제반 요소들을 포괄하여 야전에서 실제적인 전투력을 발휘할 수 있도록 하는 능력에 대한 소요를 의미한다. 이는 단순한 위협에 대한 비교 분석을 통해서 이루어지는 것이 아니라, 미래 위협에 대하여 어떤 개념으로 어떻게 싸울 것이고, 무엇을 장비해야 하고, 어떻게 편성해야 하는가? 등에 대한 논리적 접근을 통해서 이루어진다.

소요 분석은 미래 위협에 대응하기 위해서 필요한 능력을 도출하는 활동이다. 소요 분석에는 하향식 접근방식과 상향식 접근방식이 있다. 하향식 접근방식은 비전으로부터 개념설정, 그리고 능력 분석을 통하여 소요를 도출하는

그림 3-1
능력분석

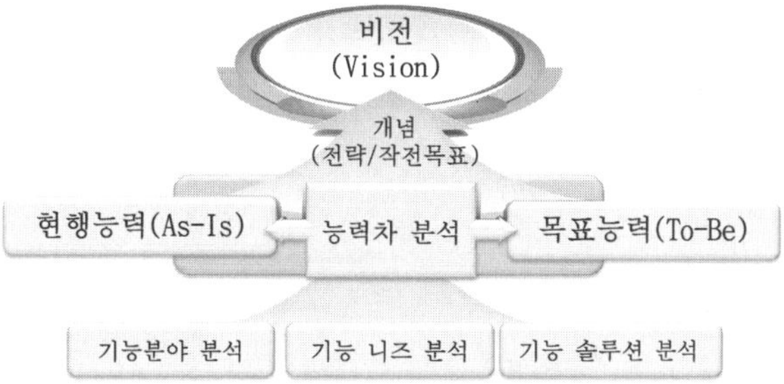

방식이다. 상향식 방식은 특정 대응 위협별로 소요를 도출하는 방식이다. 오늘날에는 대부분 하향식 접근방식을 채택하고 있다. 이는 〈그림 3-1〉에서 보는 바와 같이 개념설정, 능력분석(기능분야 분석, 기능 니즈 분석, 기능 솔루션 분석)으로 이루어지는데 모델링 및 시뮬레이션이 주요 분석 및 검증 수단이 된다.

개념설정에서는 목표를 달성할 수 있는 아이디어를 설정하고 이를 검증할 때 시뮬레이션을 사용한다. 능력분석에서는 기능분야 분석(FAA: Functional Area Analysis), 기능 니즈 분석(Functional Need Analysis), 기능 솔루션 분석(FSA: Functional Solutional Analysis)이 이루어진다. 기능분야 분석 및 기능 니즈 분석에서는 모델을 사용해서 현행능력을 평가하여 전장기능(예를 들면, 전장인식, 지휘통제, 전력운용, 방호, 지속지원) 중에서 취약분야를 분석한다. 기능 솔루션 분석에서는 모델링 및 시뮬레이션 기반의 전투실험을 통하여 최적의 솔루션을 분석한다. 이 솔루션에는 비물자적 솔루션(교리, 조직, 훈련, 시설, 인원 등)이 있는가 하면 물자적 솔루션(무기체계)이 있다.

3.1.1 전투실험

전투실험은 소요도출을 위한 능력분석에서 중요한 역할을 한다. 특히, 능력분석 결과에 의한 능력차이를 극복할 수 있는 솔루션을 분석하는 데 유용하다. 여기서 솔루션은 전투발전 요소를 의미한다.

전투실험은 전투발전 요소들을 분석 평가하는 각종 실험을 지칭한다. 전투발전 요소로서 교리, 조직, 훈련, 물자, 리더십 및 교육, 인력 그리고 시설이

그림 3-2 전투실험에서 모델링 및 시뮬레이션 기술의 활용

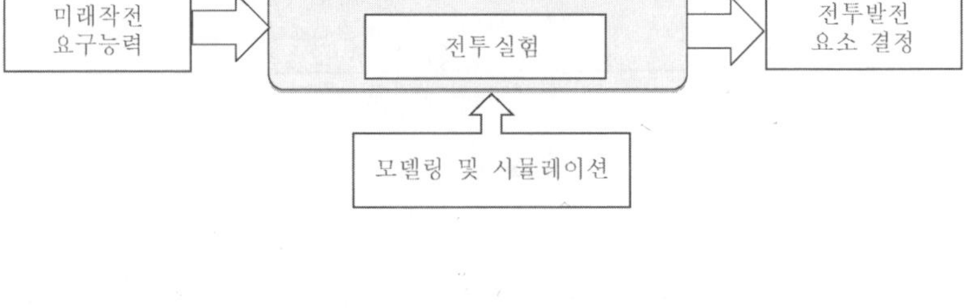

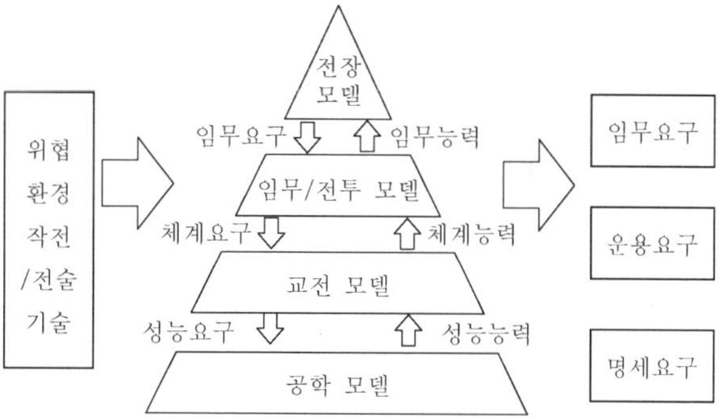

그림 3-3 소요 분석에서 모델링 및 시뮬레이션 기술의 활용

있다. 이를 DOTMLPF(Doctrine, Organization, Training, Material, Leadership and Education, Personnel and Facilities)라고 하기도 한다.

전투실험에서 가장 필수적인 것이 모델링 및 시뮬레이션의 활용이다. 모델링 및 시뮬레이션은 전투실험이 실행되는 동안에 새로운 전투발전 요소에 대한 성능 및 효과를 추정할 뿐만 아니라 능력차이를 극복할 수 있는 전투발전 요소에 대한 대안을 분석하고 검증한다.

전투실험에서는 다양한 모델을 사용한다. 특히, 〈그림 3-3〉에서 보는 바와 같이 전역 모델, 임무/전투 모델, 교전 모델 그리고 공학 모델을 활용한다. 이 모델들을 통하여 능력차이를 극복할 수 있는 대안을 임무수준, 물자(체계) 수준, 그리고 체계의 경우에 하부체계의 성능수준까지 하향식으로 요구대안을 식별한다.

한편, 이 요구대안에 대하여 상향식으로 모델을 사용하여 성능·체계·임무 능력을 예측한다. 즉, 임의 체계 요구사항에 대하여 공학 수준의 모델을 사용하여 향후 성능을 예측할 수 있다. 그 예측 결과는 다시 교전 모델에 입력되어 임의 시나리오에서 체계의 운용효과, 즉 체계능력을 예측한다. 같은 방법으로 이 결과를 임무 모델의 입력으로 사용하고 임무달성도, 즉 임무능력을 예측하기도 한다. 이 과정을 통하여 능력차이를 충족시킬 수 있는 대안을 분석한다.

3.1.2 최적 소요 대안분석

전투실험을 통해서 분석한 대안을 물자 대안과 비물자 대안으로 구분되는데, 분석된 대안 중에서 임무효과, 비용, 위험도, 기타 요소들을 고려하여 최적 소요 대안을 도출한다. 임무효과는 전투실험을 통해서 예측된다. 비용은 획득비용과 운용유지비를 포함한 총 수명주기비용이다. 위험도에는 기술개발의 위험성, 전력화 시기의 충족성, 예산의 가용성 등이고, 기타 요소들에는 연합 및 합동작전의 용이성, 기술적, 경제적 파급효과 등이 있다.

3.2 획득 관리

획득 관리에서는 무기체계 획득의 전 수명주기에 걸쳐 시뮬레이션 모델을 네트워크 공유 환경에서 이해관계자 간의 협업을 촉진시켜 무기체계 획득업무를 발전시킨다. 이를 시뮬레이션 기반 획득(SBA: Simulation Based Acquisition)이라고 한다.

무기체계 획득과정의 체계 요구정의, 연구개발, 시제제작, 시험 및 평가, 생산 등의 과정에 참여하는 이해관계자들이 다양한 시뮬레이션 모델을 사용하여 사전에 그 효과와 성능을 예측하며, 디지털 목업(DMU: Digital Mock-Up)/컴퓨터 가상 프로토타입(virtual prototype) 등을 제작하여 시뮬레이션을 통하여 최적 설계를 하며, 제조 및 생산과 연계한다. 그리고 모델들과 제작된 시뮬레이션 자산들을 재사용하고, 더 나아가서 네트워크 공유환경을 통해서 동시공학적인 협업을 촉진시킨다.

3.2.1 시뮬레이션 기반 획득 비전

시뮬레이션 기반 획득의 비전은 무기체계 획득과정에서 모든 이해관계자들이 시뮬레이션 모델을 적극적으로 활용하며, 통합지원환경에서 IPPD(Integrated

그림 3-4
시뮬레이션 기반 획득 비전

Production and Process Development)를 실현하는 것이다. 통합지원환경에서는 〈그림 3-4〉에서 보는 바와 같이 무기체계 사업팀, 각 군, 업체, 정부 및 학계에 이르기까지 이해관계자들이 무기체계 획득의 전 과정에서 시뮬레이션 모델과 자산을 공유하고 상호 유기적으로 협업한다.

3.2.2 시뮬레이션 기반 획득 목표

시뮬레이션 기반 획득의 목표는 무기체계 획득의 전 수명주기 동안에 모델링 및 시뮬레이션 기술을 적용하여 무기체계 성능향상, 개발기간 단축, 그리고 비용절감을 얻는 것이다.

3.2.2.1 성능 향상

무기체계는 첨단과학기술을 기반으로 사용자 요구에 부합하는 충분한 성능이 발휘되어야 한다. 그래서 개발과정에서 성능달성 위험부담이 따른다. 시뮬레이션 모델 기술은 개발과정의 성능 위험부담을 감소시키고, 공학적 최적화를 통해서 성능을 향상시키기 위한 필수 도구이다. 시뮬레이션 모델을 사용하여 성능 위험감소와 성능향상을 시키는 데에는 다음 3가지 전략으로 이루어진다. 첫 번째, 전투원이 무기체계 설계 개발에 관여토록 하는 것이다. 시뮬레이션을 통해서 군 요구 무기체계를 모의하고, 전투원은 이를 활용하여 작전 모의분석 및 평가를 통해서 요구되는 능력이나 변경사항을 설계팀에게 피드백시킨다. 설계팀은 이를 설계에 반영하여 고성능의 무기체계를 개발하게 된다. 두 번째는 what-if 분석을 수행한다. 일단 모델이 만들어지면 설계과정에서 실제 프로토타입을 사용하지 않고 시뮬레이션을 통해서 신속한 what-if 분석을 하고 그 결과를 설계에 반영한다. 세 번째는 개발과정에서 여러 가지 가정상황 하에서 시뮬레이션을 계속적으로 반복함으로써 최적 설계대안을 얻는다.

3.2.2.2 개발기간 단축

일반적으로 체계개발은 순차적으로 이루어지고 있다. 그러나 시뮬레이션 기반 획득의 무기체계 개발과정에서는 일단 모델을 만들면, 시뮬레이션을 통해서 빠른 시간 내에 요구되는 정보를 얻을 수 있다. 이를 공학자들이 동시에 공유하고 모델을 재사용함으로써 동시공학 활동이 가능하여 개발기간을 단축시킨다.

3.2.2.3 비용 절감

비용은 획득비용과 운용유지비용으로 구분된다. 실제 물리적인 프로토타입 대신에 컴퓨터 가상환경 하에서 가상 프로토타입을 사용하여 시험할 수 있고, 각종 설계 결심을 위한 정보를 제공받을 수 있다. 일단 모델이 만들어지고, 물리적 실험을 통해서 모델의 유용성이 검증되면, 물리적인 프로토타입을 만들지 않더라도 시뮬레이션을 통해서 각종 모의실험이 가능하므로 프로토타입 설계 및 제작비용을 줄인다. 그리고 가상 시험평가도 가능하여 시험평가 비용도 현저히 줄일 수 있다. 이는 획득비용 절감에 기여한다. 그리고 운용유지비용 절감을 위해서는 RAM(Reliability, Availability, Maintainability) 모델을 사용하여 신뢰도, 가용도, 정비도에 대한 시뮬레이션을 통해서 운용비용을 최소화할 수 있는 상쇄분석을 한다.

3.2.3 시뮬레이션 기반 획득 환경

시뮬레이션 기반 획득은 무기체계 획득과정에서의 단순한 시뮬레이션 모델 사용 그 이상이며, 새로운 절차와 공학적 환경을 전제로 하고 있다. 그래서 이를 실현하기 위해서는 잘 정립된 체계획득 프로세스, 통합지원체계 그리고 협업문화가 필요하다.

3.2.3.1 체계획득 프로세스

기존의 체계획득 프로세스는 스토브-파이프식(stove-piped)으로 이루어져 왔다. 각 공학활동의 상호연계가 부족하고 협업이 제한되어 왔다. 시뮬레이션 기반 획득에서는 동시공학적이고, 통합적 프로세스로 이루어진다. 모든 이해관계자가 통합적이고 협동적으로 참여한다.

3.2.3.2 시뮬레이션 기반 획득의 통합지원체계

통합지원체계는 시뮬레이션 기반 획득에서 핵심적인 역할을 수행한다. 시뮬레이션 기반 획득에서는 〈그림 3-5〉에서 보는 바와 같이 무기체계 획득과정에서 시뮬레이션 모델들이 사용된다. 시뮬레이션 모델을 사용하여 다양한 대안을 신속히 평가하여 상호지원하기 때문에 시뮬레이션 모델은 물론이고 그 분석 정보들도 공유된다. 통합지원체계는 시뮬레이션 모델들과 분석정보들의 공유 환경을 제공한다. 체계개발 과정에서 공학자들을 포함한 이해관계자들은 통합지원체계에 접근하여 필요한 시뮬레이션 모델을 재사용하고, 분석정보를 생산, 유포, 사용한다.

시뮬레이션 기반 획득에서는 다양한 이해관계자들 예를 들면, 전투원, 소요기획자, 엔지니어, 사업관리자 등의 유기적 협력이 중요하다. 이에 따라 획득업무의 유기적 협조를 위한 협업문화가 강조된다.

그림 3-5 시뮬레이션 기반 획득에서 시뮬레이션 모델의 활용

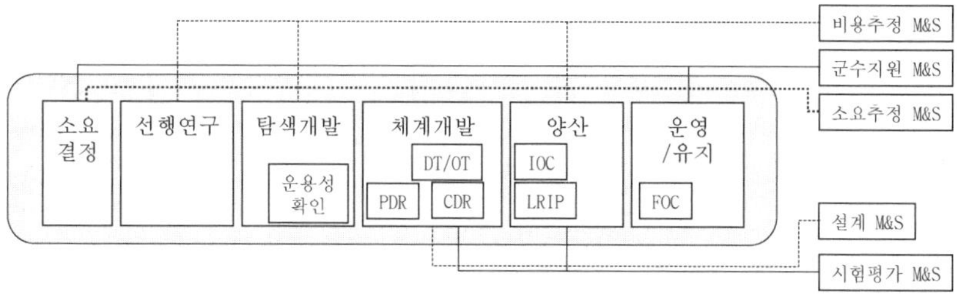

3.3 체계 공학

3.3.1 체계 운용 요구능력 분석

체계 운용 요구능력(ROC: Required Operational Capability) 분석에서는 획득될 체계에 대한 구체적인 운용 시나리오, 작전 요구능력을 분석하여 체계 획득에 대한 체계 요구사항을 수립한다. 여기서 시뮬레이션 모델의 역할은 매우 중요하다. 운용될 시나리오 상에서 요구되는 능력에 대해서 평가하고 최종적으로 확정하는 것이다. 체계 ROC 분석과정은 ① 시나리오 설정, ② 능력 평가, ③ 운용 요구능력 도출로 구분된다.

3.3.1.1 시나리오 설정

시나리오 설정과정에서는 획득될 체계의 운용 시나리오를 설정한다. 운용 시나리오는 〈그림 3-6〉에서 보는 바와 같은 절차로 이루어진다.

그림 3-6 시뮬레이션 기반 체계 운용 요구능력 분석절차

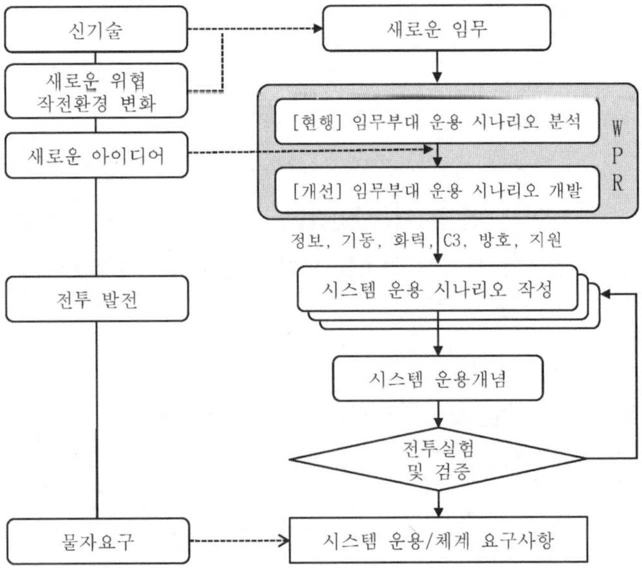

(1) 절차 1 : 임무 식별

목표를 달성하기 위한 임무를 식별한다. 임무는 부대임무와 시스템 임무로 구분된다. 부대임무는 부대가 임의의 위협과 전술적 상황에서 임무 수행절차(이를 부대 지휘절차라고 한다)에 따라 달성해야 할 임무가 된다. 시스템 임무는 부대임무를 달성하기 위해서 시스템에서 제공되어야 할 역할, 기능 등이 된다. 이는 부대임무 수행 간에 제공되는 것이다.

(2) 절차 2 : 현행 부대 운용 시나리오 분석

절차 1에서 식별된 임무를 달성하기 위한 (현행) 부대 운용 시나리오를 분석한다. 여기서 새로운 시스템을 도입할 경우에 발전시킬 수 있는 사항(과업, 활동, 조직, 역할, 그리고 정보 등)을 확인한다. 부대 운용 시나리오는 임무수행과 관련된 다양한 전술적 상황이 있을 수 있기 때문에 여러 개의 운용 시나리오가 있을 수 있다. 예컨대, 공격 운용 시나리오, 방어 운용 시나리오, 주둔 경계 시나리오 등이 될 수 있다.

(3) 절차 3 : 개선부대 운용 시나리오 작성

현행 부대 운용 시나리오에서 확인된 발전사항을 어떻게 발전시킬 것인가를 구상하여 (개선) 부대 운용 시나리오를 작성한다. (개선) 부대 운용 시나리오 작성을 위한 발전 구상은 새로운 아이디어를 바탕으로 전투발전과 군사혁신 차원에서 이루어진다. 이는 고도의 군사 전문지식과 경험, 그리고 혁신적인 사고를 요구한다. 그래서 (개선) 시나리오 작성 시에는 과학적인 사고보다도 직관적 사고가 매우 중요하게 된다.

(4) 절차 4 : 시스템 운용 시나리오 작성

부대 운용 시나리오에서 과업 혹은 활동을 수행하는 데에 있어서 시스템 기능 및 데이터 활용 차원에서 세부적으로 작성한다. 여기서는 체계 개발 시에 구체적으로 어떤 기능이 필요하고, 어느 정도의 기능 성능이 필요할 것인지를 분석할 수 있는 근거가 되도록 관련 사항을 포함시킨다. 시스템 운용 시나리오도 부대 운용 시나리오처럼 여러 개가 존재할 수 있다.

(5) 절차 5 : 시스템 운용개념 설정 및 정제

시스템 운용개념을 설정하는데, 이미 정립된 시스템 운용개념이 존재할 경우에는 단계 4를 바탕으로 더욱 정제하여 발전시킨다. 단계 4와 단계 5는 반복적으로 수행되는데 단계 5를 먼저 하고 단계 4를 할 수도 있다. 시스템 운용개념에서는 시스템에 주어진 임무를 달성하기 위해서 시스템이 어떻게 운용되는지를 명료하게 나타내어야 하다. 여기서 시스템에 주어진 임무는 부대임무로부터 비롯되는데 주로 임무달성을 위한 과업과 활동을 연계해서 구체적인 시스템의 임무가 설정된다. 시스템 운용개념은 시스템 운용 시나리오들을 추상화하여 하나의 포괄적인 내용으로 서술하고, 시스템이 부대임무 달성을 위해서 어떻게 사용되는지를 포괄적이고 명확하게 기술한다.

3.3.1.2 능력 평가

능력 평가과정에서는 앞에서 작성된 개선 부대 운용 시나리오와 시스템 운용 시나리오를 바탕으로 〈그림 3-7〉에서 보는 바와 같이 시뮬레이션 모델을 사용하여 모의실험을 수행한다. 능력 평가과정에서는 설정된 시나리오 상에서 획득될 체계로써 달성할 수 있는 임무 수행능력을 평가하는 것이다. 능력 평가과정에서는 여러 가지의 작전 요구능력에 대한 상쇄분석을 통해서 최적의 작전 요구능력을 도출할 수 있게 된다. 여기서 무기체계(공학) 모델과 교전 모델을 이용해서 체계 요구능력에 대하여 평가할 수 있다.

그림 3-7
체계 운용능력 분석에서 모델 활용

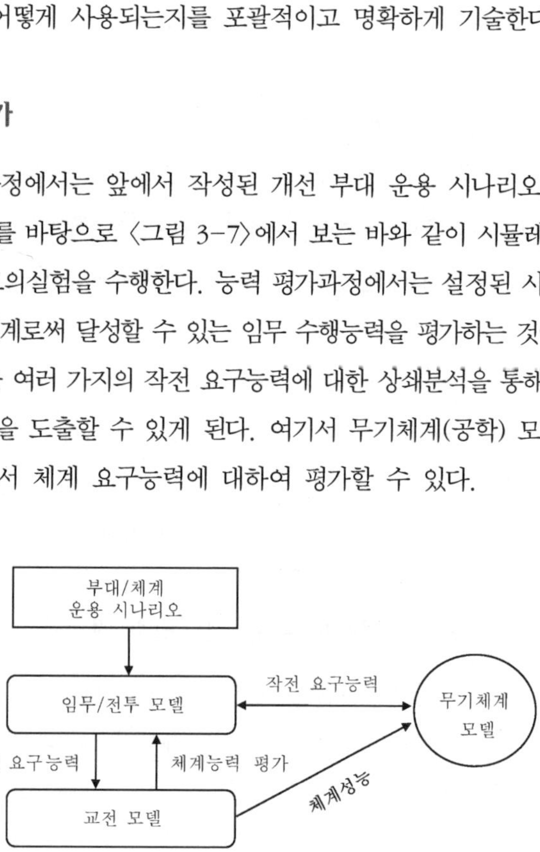

3.3.1.3 운용 요구능력 도출

임무 수행능력 평가의 결과를 바탕으로 최종적으로 획득될 체계에 대한 운용 요구능력을 도출한다. 운용 요구능력은 〈그림 3-8〉에서 보는 바와 같이 위협 특성을 고려하여 전술 운용능력, 체계 기본성능, 체계임무 지속성, 체계 운용 적합성, 환경적응성, 상호 운용성, 전투발전 및 전력화 지원성 분야로 구분하여 도출할 수 있다.

그림 3-8
체계 운용능력 분석에서 능력 도출

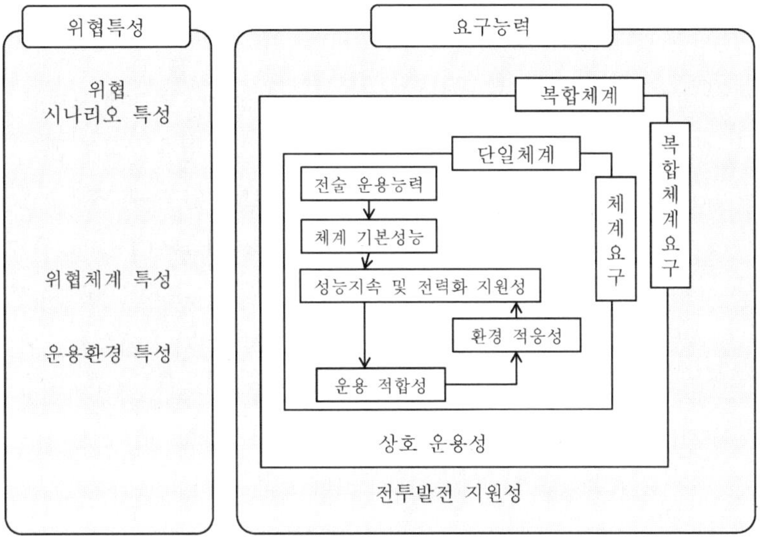

3.3.2 체계 정의

체계 정의 단계에서는 아직까지 체계가 개념적으로 존재하는 것이기 때문에 개발을 위해서는 표현(모델)과 그래픽에 의존한다. 시뮬레이션 모델들이 이러한 기회를 제공한다. 분석되는 환경이 비록 실제 운용환경이 아닐지라도 입증된 가상환경을 사용함으로써 분석의 질을 높여 준다. 가상환경과 디지털 모델은 물리적 프로토타입을 제작하기 이전에 생산품의 모양과 성능 및 비용 정보를 상세하게 제공하고, 결함 및 시간 지연을 감소시키며, 불필요하고 소모적인 일을 감소시킬 수 있다. 특히, CAM/CAD/CAE와 같은 방법은 초기 설계과정에서 사전에 충분히 이해된 생산을 가능하게 하고, 디지털 모델이 포함된 충분한 생산정보는 생산과정에 참여하고 있는 모든 이해관계자에게 상세한 정보를 제공하고 상호 의사소통을 원활하게 해준다. 설계단계에서는 개발이 하부 체계와 구성품 수준으로 옮겨감에 따라 매우 상세한 수준에서 제안된 체계 혹은 하부 체계 구성품에 대한 공학 모델을 사용하여 설계규격을 개발하거나 최적 성능을 추정한다.

3.3.3 체계 설계

설계에서 하드웨어 프로토타입을 구축하기 전에 모델링 및 시뮬레이션을 통하여 여러 가지 설계대안을 반복적으로 평가 분석해 봄으로써, 최적의 설계대안을 도출할 수 있고, 동시에 프로토타입을 구축할 수 있게 해준다. 소위 시뮬레이션 기반 설계(SBD: Simulation Based Design)를 가능하게 해준다.

HW/SWIL(HardWare/SoftWare-In-the-Loop) 시뮬레이션을 사용하여 설계를 평가할 수 있고, 프로토타입을 시험하거나 기술적인 위험이 내재된 문제에 대한 솔루션을 제공한다. 가상 시뮬레이션은 현실적 전장 상황에서 새로운 기술, 체계 개념과 전술을 평가하는 데 사용된다. 이는 단일 시뮬레이터로부터 합성환경에 이르기까지 여러 개의 시뮬레이터가 연결되어 가상 전장을 창출하는 것까지도 포함한다. 특히, 공학 모델은 새로운 기술과 설계에 대한 성능을 추정하고 상쇄분석을 하는 데 사용되며, 교전 모델과 임무/전투 모델은 체계의 임무효과를 추정하는 데 사용된다. 전역/전장 모델은 체계 설계를 위한 시나리오로 제공된다. 이 모델들을 결합하여 개발용 워크벤치를 활용하기도 한다. 워크벤치를 통하여 하나의 가상공간에서 체계 설계대안 혹은 구성품 알고리즘의 성능분석으로부터 효과분석, 임무 성공률까지 분석할 수 있다.

시뮬레이션 기반 설계에서는 체계정의단계, 설계단계 그리고 제조생산단계에 걸쳐서 시뮬레이션 모델을 사용하여 규격 정의, 기능분석 및 할당, 기능 성능분석, 아키텍처 개발 등을 수행하여 최적의 설계안을 고안한다. 그리고 설계 완성 이전에 각종 알고리즘에 대하여 사전에 평가하고 최적의 알고리즘을 도출하기도 한다.

그림 3-9
시뮬레이션 기반 기반설계

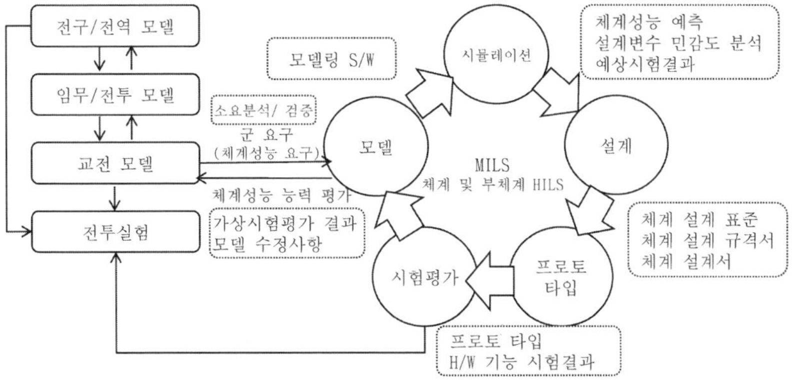

시뮬레이션 기반 설계과정은 〈그림 3-9〉에서와 같이 ① 모델, ② 시뮬레이션, ③ 설계, ④ 프로토타입, ⑤ 시험평가로 이루어진다. 이 과정을 지속적으로 반복하면서 최적 설계를 수행한다.

① **모델** : 모델 단계에서는 개발 체계에 대한 공학 모델을 작성한다. 그리고 〈그림 3-9〉에서 보는 바와 같이 교전 모델, 임무/전투 모델과 연계하여 공학 모델의 알고리즘, 성능 파라미터를 설정한다.

② **시뮬레이션** : 시뮬레이션 단계에서는 작성된 모델에 대하여 소프트웨어로 구현하고 시뮬레이션을 수행한다. 그리고 시뮬레이션을 통하여 체계성능을 예측하고, 설계변수에 대한 민감도 분석을 수행한다. 또한 예상 시험결과를 산출한다.

③ **설계** : 설계단계에서는 시뮬레이션 단계의 시뮬레이션 결과를 바탕으로 최적 설계를 수행하여 체계설계규격서를 작성한다.

④ **프로토타입** : 프로토타입 단계에서는 설계단계에서 작성한 설계규격서를 바탕으로 프로토타입을 만든다. 프로토타입은 HW/SWIL, 체계 시뮬레이터의 형태가 된다.

⑤ **시험평가** : 시험평가 단계에서는 프로토타입, 즉 HW/SWIL 혹은 체계 시뮬레이터를 사용하여 H/W 기능 시험평가를 수행한다. 이러한 시험평가의 결과를 바탕으로 다시 모델 단계에서 모델 수정사항을 식별하여 모델을 갱신시켜 지속적으로 재사용한다.

3.3.4 시험평가

시험평가에 있어서 모델링 및 시뮬레이션은 개발시험과 운용시험에서 활용된다. 개발시험에서는 주로 실제 시험평가를 하기 전에 중요한 시험 부분을 확인하기 위해서 시뮬레이션을 하거나, 부분적인 기술시험을 하는 데 활용된다. 운용시험에서는 실제 장비를 시험평가하고자 할 때 체계 시뮬레이터를 이용하여 시험평가를 할 수 있다. 시뮬레이션을 이용한 시험평가 방식을 시뮬레이션 기반 시험평가(STEP: Simulation based Test and Evaluation Process)라고 한다.

STEP은 모델링 및 시뮬레이션 기술을 활용하여 기존의 시험－수정－시험(test-fix-test) 방식을 〈그림 3－10〉에서 보는 바와 같이 모델－시뮬레이션－수정－시험－반복(model-simulation-fix-test-iterate) 방식으로 전환하여 무기체계 획득활동에서 시험평가의 기능을 향상시키고 비용을 절감한다.

그림 3–10 시뮬레이션 기반 시험평가

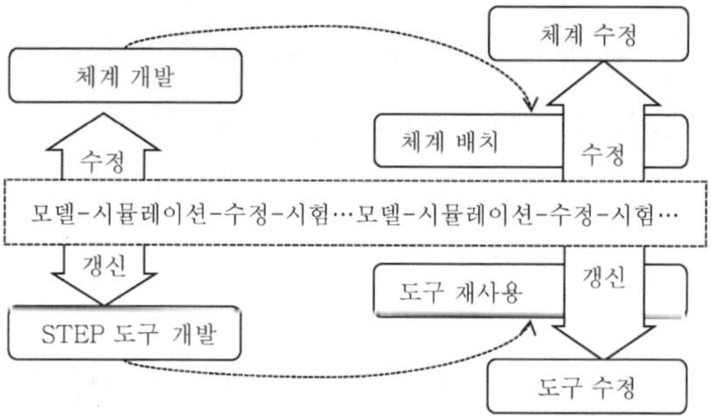

STEP은 ① 모델, ② 시뮬레이션, ③ 수정, ④ 시험과정으로 이루어진다. 먼저, 대상 시험평가 요소에 대하여 모델링을 하고, 시뮬레이션을 통하여 수정하고 시험하는 과정을 반복하게 된다. 그리고 수정 및 시험결과는 다시 모델에 반영된다. 결과가 반영된 모델은 그 이전의 모델에 비해 정제되고 검증되어 충실도(fidelity)가 더 향상된다. STEP에서는 이러한 과정을 반복한다. 대상 체계에 대하여 먼저 모델링을 하고 시뮬레이션, 수정, 시뮬레이션, 수정, 시뮬레이션, 수정, 시험을 반복함으로써 수정사항이 발견되었을 경우에는 이

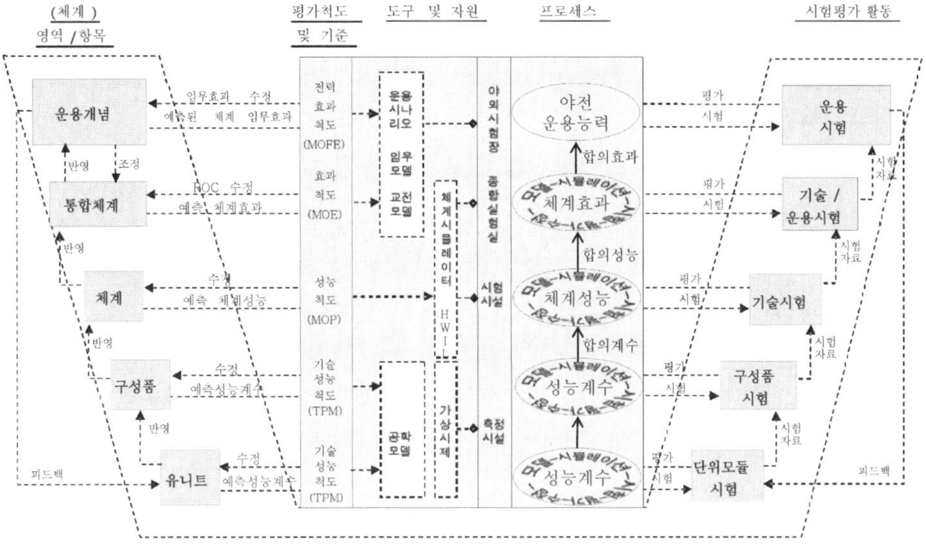

그림 3-11 STEP과 V-모델

수정사항이 모델과 시뮬레이션을 통하여 검증될 수 있다면 수정시간은 실제 야전시험을 통해서 수정하는 것보다도 더 짧은 시간에 더 적은 비용으로 가능해진다.

STEP은 궁극적으로 시뮬레이션, 공학, 관리, 시험 도메인의 서로 다른 독립적인 방법을 통합적으로 적용하는 데 중점을 두고 있다. STEP은 성능계수, 체계성능, 체계효과, 기술위험성, 생존성, 지원성, 신뢰성 등 기타 사항에 대하여 조기에 그리고 수명주기 동안에 지속적으로 모델링 혹은 표현하고 시뮬레이션을 통하여 통찰함으로써 여러 이해당사자의 분야, 예를 들면 요구정의, 획득, 비용분석, 훈련, 사용자들을 지원하게 된다.

STEP에서는 〈그림 3-11〉에서 보는 바와 같이 V-모델과 연계하여 시험평가 활동이 이루어질 수 있다.

V-모델의 개념은 시험평가 영역별로 체계를 하향식으로 운용개념, 통합체계, 체계, 구성품 그리고 유니트로 하향식으로 구분한다. 그리고 시험평가는 상향식으로 단위모듈 시험, 구성품 시험, 기술시험, 운용시험을 순차적으로 시험평가를 하는 것이다. 상향식 평가에 따라 단위 모듈 시험에서 하위 기술

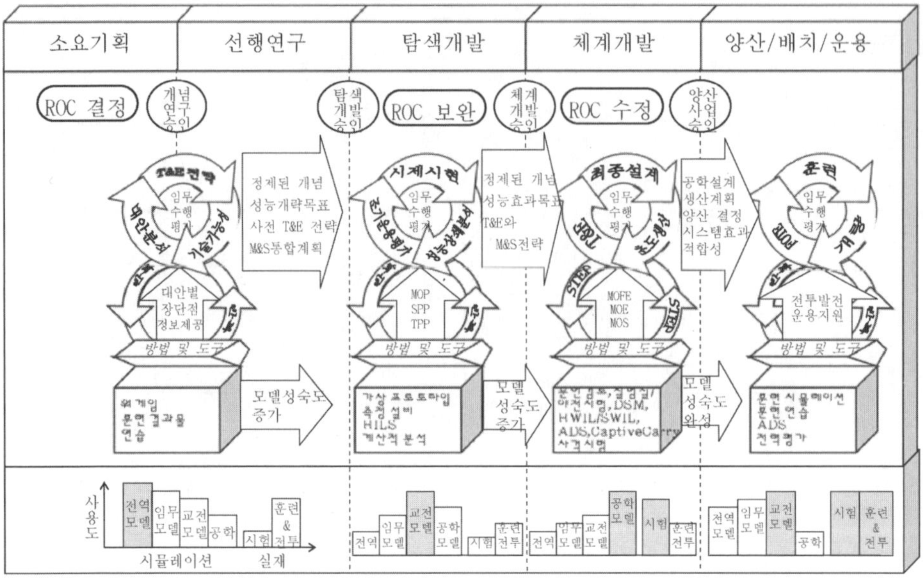

그림 3-12 STEP에서 시뮬레이션 모델의 활용 및 진화

성능척도 요건이 충족되면 구성품을 결합하고, 다시 구성품 시험 요건이 충족되면 상위 체계를 결합한다. 시험평가 활동은 시험평가 기본 프로세스인 모델-시뮬레이션-시험-수정-반복의 과정을 지속적으로 수행하면서 평가기준 요건을 만족시켜 나아가면서 최종적으로 시험평가를 완료한다. 여기서 척도는 하향식 평가영역과 시험평가 활동의 연결고리를 제공하고, 시험평가 도구와 자원은 적절한 시험평가 방법을 제공한다.

STEP에서는 시뮬레이션 자원이 핵심 역할을 수행한다. 〈그림 3-12〉는 무기체계 획득과정에서 STEP을 수행하는 데 필요한 모델링 및 시뮬레이션 도구와 그 사용을 보여 주고 있다. 획득 초기에는 전역 수준의 시뮬레이션 모델을 주로 활용하는데, 시뮬레이션 모델을 사용하여 워 게임, 훈련 등을 실시하여 여러 가지 체계개념 대안을 분석하고 최종적으로 무기체계 개념을 형성하는 데 지원한다. 이 단계에서는 시험평가를 위한 성능 개략 목표수준, 사전 시험평가 전략 그리고 시험평가를 위해서 필요한 계획을 수립한다. 탐색개발 단계에서는 교전 수준의 시뮬레이션 모델을 주로 활용한다. 이를 활용하여 가상 프로토타입, HW/SWIL와 연계하여 체계 임무수행을 평가하고 필요시에는 운용 요구능력을 더욱 발전시킨다. 이 단계에서는 보다 정제된 체계개념이 형성되고 성능효과를 구체적으로 설정한다. 그리고 시험평가를 위해서 시뮬레이션 모델 사용 계획을 구체적으로 수립한다. 체계개발 단계에서는 공학 수준의 모델을 주로 활용한다. 이때 탐색개발 때의 교전수준의 모델과 연계하여 STEP 환경을 조성한다. 이를 이용하여 공학수준의 MOP(Measure of Performance)로부터 MOE(Measure of Effectiveness), MOFE(Measure of Force Effectiveness)를 입체적으로 연결하여 STEP에 적극적으로 적용한다. 물론 여기서는 각 시험평가 항목별로 문헌검토, 실험실/야전시험, 디지털 시뮬레이션, HW/SWIL, 사격시험 등을 할 수 있다. 마지막으로 운용·배치 단계에서는 시험평가를 수행하고 개발과정에서 확보된 시뮬레이션 모델을 활용하여 차후 훈련 혹은 전투 모델을 개발하는 데에 활용한다.

3.3.5 제조

제조 분야에서는 모델링 및 시뮬레이션을 실제 제조를 하기 전에 설계 구현 및 생산능력을 평가하는 데 활용한다. 특히, CAD/CAM을 통하여 요구조건을 만족시키면서 생산 가능한 설계인지를 분석함으로써 제조공정 활동이 이루어지기 전에 사전 오류를 제거하고 비효율적인 반복작업을 줄이며 생산위험을 감소시킨다. 또한, 공장 시뮬레이션을 통하여 생산·제조 과정, 장비, 설비배치, 인원 등에 대하여 사전에 시뮬레이션해 봄으로써 효율적인 생산계획을 수립한다. 창 정비 공정에 대한 시뮬레이션을 통하여 정비능력을 평가한다.

특히, 정보기술과 더불어 모델링 및 시뮬레이션을 사용함으로써 가상 제조(virtual manufacturing) 환경을 제공할 수 있다. 그러면 사용자의 운용 요구를 기하학적 특성과 성능 특성을 포함하는 3차원 가상 시뮬레이션을 사용하여 설계개념으로 전환할 수 있다. 전환된 설계개념은 네트워크로 연결된 생산자의 가상 제조공정 시뮬레이션을 사용하여 제조공정 및 생산을 미리 시뮬레이션할 수 있으므로 시간과 공간 개념을 극복하여 체계개발의 전 과정에서 비용, 일정, 성능/효과, 비용대 효과, 상쇄 분석, 생산관리 등 필요한 분석을 사전에 할 수 있게 된다.

3.3.6 군수지원

군수지원 분야에서 모델링 및 시뮬레이션은 RAM(Reliability Availability Maintainability) 목표값 설정, 군수지원성 분석 시에 활용된다. RAM 목표값 설정을 위해서 OMS/MP(Operational Mode Summary/Mission Profile) 기반의 운용 가용도 계산 모델이나 정교한 시뮬레이션 모델을 활용한다. 그리고 군수지원분석을 위해서 각종 군수 모델을 활용한다. 개발될 체계에 대한 정비계단을 설정하고 정비자산을 계획하며, 운용 가용도를 향상시킬 수 있는 최적 정비계단 설정과 정비자산의 효율적인 운용분석 등에 활용된다.

연습문제

❶ 전투실험에서 모델링 및 시뮬레이션 기술을 활용하는 방법에 대해서 설명하라.

❷ 시뮬레이션 기반 획득에 대해서 설명하라.

❸ 시뮬레이션 기반 설계에서 모델–시뮬레이션–설계–프로토타입–시험평가의 연계성에 대해서 설명하라.

❹ 시뮬레이션 기반 시험평가의 모델–시뮬레이션–수정–시험–반복 방식에 대해서 설명하라.

제2부

모델링 이론과 실제

제4장

확률 기반 모델링

4.1 확률/통계 기초개념

4.1.1 난수 생성방법

난수(random number)는 시뮬레이션에서 많이 사용되며, 확률변수를 생성하는 데에 필수적이다. 난수는 그 단어가 의미하는 것처럼 특정한 배열, 순서 혹은 규칙적 의미를 갖지 않는 연속적으로 존재하는 임의 수의 배열을 말한다. 난수는 숫자를 바구니에 넣고 흔들어서 그 중에서 아무렇게나 추출해서 만들 수도 있고, 기계나 자연현상을 통해서 만들 수도 있으며, 주사위를 아무렇게나 던져서 만들 수도 있다. 난수는 여러 가지 방법들에 의해서 만들 수 있으나 컴퓨터 시뮬레이션에 사용하기 위하여 발생되는 난수(수식에 의해 만들어지는)를 의사(pseudo)난수라고 한다. 의사난수는 다음 조건을 만족해야 한다.

① 발생되는 의사난수는 [0, 1] 사이에 일양(uniform) 분포를 따라야 하고, 서로 독립적이어야 한다.

② 주기성이 없어야 한다.

③ 무규칙성 및 등 확률성을 가져야 한다.

④ 재현성(필요에 따라 같은 난수를 언제든지 만들 수 있을 것)이 있어야 한다.
⑤ 계산시간(발생시간)이 짧아야 한다.

의사난수를 발생시키는 방법에는 중앙 이승법(midsquare method), 선형 합동법(linear congruential generator) 등이 있다.

4.1.1.1 중앙 이승법

중앙 이승법은 폰 노이만(Von Neumann)에 의해 제안된 것으로 아래 식을 이용하여 난수를 발생시킨다.

$$X_{i+1} = X_i^{\,2}, \quad i = 0, \ 1, \ 2, \ \cdots$$

이 방법은 초기 숫자를 제곱하여 얻은 숫자의 중앙 부분에 있는 4자리 숫자를 난수로 사용한다. 난수로 사용된 숫자를 제곱하여 얻은 숫자의 중앙 부분의 숫자를 다음의 난수로 사용하는 것을 되풀이한다.

예를 들어서 $X_0 = 4257$이면 $X_0^{\,2} = 20854789$이다. 여기서 중앙의 4자리 수를 택하면 $X_1 = 8547$이 된다. 이렇게 하여 계속해서 구하게 되는데, 여기서는 (0, 1) 사이의 난수로 사용하기 위해서는 10000으로 나누면 된다.

이 방법의 단점은 초기 숫자의 첫 번째 난수가 영(0)에 가까운 난수가 한번 발생하면 다음에 발생되는 난수도 모두 영에 가까운 값이 된다는 것이다.

4.1.1.2 선형 합동법

선형 합동법은 난수를 발생시키는 데 가장 많이 쓰이는 방법으로 1951년 레머(Lehmer)가 제안한 것으로 다음 식을 이용하여 난수를 발생시킨다.

$$X_{i+1} = (AX_i) \bmod M, \ i = 0, \ 1, \ 2, \ \cdots$$

여기서 A, C, X_0, M은 모두 양수이다. 그리고 $X \bmod M$은 X를 M으로 나눈 나머지를 의미한다. 특히, $0 \le X_0 \le M-1$, $A \langle M$, $C \langle M$ 조건을 만족해야 한다.

예를 들어서 $A = 1327$, $X_0 = 9463$, $C = 25$, $M = 10^5$이면,

$$X_1 = (1327 \times 9463 + 25) \mathrm{mod} 10^5$$
$$= 12557426 \mathrm{mod} 10^5 = 57426$$
$$X_2 = (1327 \times 57426 + 25) \mathrm{mod} 10^5$$
$$= 76204327 \mathrm{mod} 10^5 = 4327$$

만약 (0, 1) 사이의 난수를 원하면 X_i/M, 즉 0.57426, 0.04327 등이 된다.

4.1.2 확률변수 생성방법

확률변수는 시뮬레이션의 내부 확률과정을 모의하는 데 필수적이다. 난수를 사용하여 발생시킬 수 있는데, 그 방법에는 역계산(inverse) 방법, 알고리즘에 의한 방법 등이 있다.

4.1.2.1 역계산 방법

$F(x)$를 누적확률분포라고 하고, r을 (0, 1) 사이의 난수라고 할 때, $F(x)$에 대해 역계산을 취하고 r값을 대입해 줌으로써 확률변수(X)를 구한다.

예를 들면 지수분포 $f(x) = \lambda e^{-\lambda x}$를 고려하자. 그러면 누적확률분포 함수는 $F(x) = 1 - e^{-\lambda x}$이다.

$\ln(1 - F(x)) = -\lambda x$이고, 여기서 $(1 - F(x))$을 r로 두면, $X = -\dfrac{1}{\lambda}\ln r$이다.

그래서 난수 r을 임의로 생성하여 위 식에 대입함으로써 지수분포의 확률변수값을 얻을 수 있다.

4.1.2.2 알고리즘에 의한 방법

확률변수값은 알고리즘으로 발생시킬 수 있다. 알고리즘에 의한 방법이 현실적으로 가장 널리 사용된다. 여기서는 일양분포(uniform) 확률변수, 지수분포(exponential) 확률변수, 표준정규분포(standard normal distribution) 확률변수, 그리고 정규분포(normal distribution) 확률변수 등의 값을 발생시키는 알고리즘에 대해 설명한다.

(1) 일양분포 확률변수

일양분포의 확률밀도함수는 다음과 같다.

$$f(x)=\begin{cases}\dfrac{1}{b-a}, & a<x<b\\ 0, & \text{기타}\end{cases}$$

누적 확률분포함수는 $F(x)=\dfrac{x-a}{b-a}$ 이다.

여기서, $F(x)$ 대신에 (0, 1) 사이의 난수 r을 두면 일양분포 확률변수 $X=a+r(b-a)$이다.

일양분포 확률변수값을 발생시키는 절차는 다음과 같다.

〈단계 1〉 (0, 1) 사이의 난수 r을 발생

〈단계 2〉 $X=a+r(b-a)$

(2) 지수분포 확률변수

지수분포의 확률밀도함수는 다음과 같다.

$$f(x)=\lambda e^{-\lambda x}$$

누적확률분포함수 $F(x)=1-e^{-\lambda x}$ 이고, 지수분포 확률변수 $X=-\dfrac{1}{\lambda}\ln(r)$ (단, r은 (0, 1) 사이의 난수)이다. 이는 역계산 방법과 동일하다.

지수분포 확률변수값을 발생시키는 절차는 역계산 방법에서 설명하는 바와 같다.

〈단계 1〉 (0, 1) 사이의 난수 r을 발생

〈단계 2〉 $X=-\dfrac{1}{\lambda}\ln r$

(3) 표준정규분포 확률변수

표준정규분포의 확률밀도함수는 다음과 같다.

$$f(z) = \frac{1}{\sqrt{2\pi}} e^{-\frac{z^2}{2}}$$

표준정규분포 확률변수값을 발생시키는 방법에는 박스-뮬러(Box-Muller), 브렌트(Brent)에 의한 방법이 있는데 균일비(ratio-of-uniform) 방법이 많이 사용되고 있다. 균일비 방법에 의한 표준정규분포 확률변수값을 발생시키는 절차는 다음과 같다.

〈단계 1〉 (0, 1) 사이의 난수 r_1, r_2를 발생

$$V = \sqrt{\frac{2}{e}}(2r_2 - 1)$$

〈단계 2〉 $Z = \frac{V}{r_1},\ K = \frac{1}{4}Z^2$

〈단계 3〉 if $K < (1 - r_1)$ go to 〈단계 5〉

〈단계 4〉 if $K > \left(\frac{0.259}{r_1} + 0.35\right)$ or $K > -\ln r_1$ go to 〈단계 1〉

〈단계 5〉 확률변수값 (Z) 발생

(4) 정규분포 확률변수

정규분포의 확률밀도함수는 다음과 같다.

$$f(x) = \frac{1}{\sigma\sqrt{2\pi}} e^{\frac{1}{2}\left(\frac{x-\mu}{\sigma}\right)^2}$$

정규분포 확률변수(X)는 표준정규분포 확률변수로부터 구할 수 있는데, 이는 다음 공식에 의해 구해진다.

$$X = \mu + \sigma Z$$

단, μ, σ는 정규분포의 평균과 표준편차이고, Z는 표준정규분포 확률변수이다.

4.1.3 몬테칼로 기법

몬테칼로(Monte-carlo) 기법이란 난수를 사용하여 문제를 해결하는 방법 중의 하나이다. 다음 예를 통하여 몬테칼로 기법을 설명한다.

먼저 K-무기체계를 고려하고 T-표적에 대하여 제압할 확률이 0.7이라고 가정한다. 그러면 다음 단계에 따라 K-무기체계의 표적 제압 여부를 몬테칼로 기법으로 모의할 수 있다.

〈단계 1〉 난수를 발생한다.
〈단계 2〉 난수와 제압확률(0.7)과 비교한다.
〈단계 3〉 난수가 제압확률보다 작을 때 표적 제압사건이 발생한 것으로 간주하고, 클 때는 제압을 하지 못한 것으로 간주한다.
〈단계 4〉 단계 1로 가서 반복한다.

위 단계에 의한 예는 〈표 4-1〉과 같다.

표 4-1 몬테칼로 기법(예 1)

횟 수	난 수	제압확률	모의결과
1	0.56	0.70	제압
2	0.98	0.70	실패
3	0.12	0.70	제압
4	0.71	0.70	실패
5	0.34	0.70	제압
6	0.67	0.70	제압
7	0.46	0.70	제압
8	0.24	0.70	제압
9	0.83	0.70	실패

〈표 4-1〉에서 첫 번째는 발생된 난수가 0.56이고 제압확률 0.7보다 작으므로 제압을 한 것이다. 두 번째의 경우는 발생된 난수가 0.98이고 제압확률 0.7보다 크므로 제압에 실패하였다.

다음은 좀 더 복잡한 상황을 고려해 보자. K-무기체계는 직사 화기로써 시험평가를 실시한 결과 아래의 제원을 획득했다고 가정한다.

- 총 수평오차(σ_x) : 0.8mil
- 총 수직오차(σ_y) : 1.6mil

그리고 탄착점은 정규분포를 따르고 평균 탄착점과 조준점이 일치한다($\mu_x = 0$, $\mu_y = 0$). 이때 K-무기체계로 1,000m 떨어진 정사각형 2×2m 크기의 표적에 대해 사격을 실시한다고 할 때 다음 단계에 따라 모의할 수 있다.

〈단계 1〉 난수를 이용하여 X, Y 성분의 표준정규분포 확률변수값 Z_X와 Z_Y를 생성한다.

〈단계 2〉 수평오차 0.8mil과 수직오차 1.6mil을 적용한 X-축 및 Y-축에 대한 탄착점(X, Y)을 구한다. 여기서 $X=0.8\times Z_X$, $Y=1.6\times Z_Y$이다.

〈단계 3〉 표적의 크기가 2×2m이므로 탄착점 (X, Y)이 표적 내의 위치 여부에 따라 명중 혹은 실패를 판정한다.

위 단계에 의한 예는 〈표 4-2〉와 같다.

표 4-2 몬테칼로 기법(예 2)

횟 수	수평방향 : X-축		수직방향 : Y-축		모의결과
	Z_X	$X=0.8\times Z_X$	Z_Y	$Y=1.6\times Z_Y$	
1	-1.06	-0.848	0.99	1.57	실패
2	0.47	0.367	-0.15	-0.24	명중
3	1.41	1.128	2.32	3.712	실패
4	1.88	1.954	-2.01	-3.216	실패
5	-0.42	-0.336	0.20	0.31	명중
6	1.49	1.192	-1.29	-2.064	실패
7	1.69	1.352	-0.20	-0.48	실패
8	-0.09	-0.072	1.28	2.048	실패
9	1.66	1.328	0.94	1.504	실패
10	1.31	1.048	-0.99	-1.584	실패

여기서 시뮬레이션 결과 10발 중 2발 명중이다. 그래서 모의결과 단발 명중확률=0.2(20%)로 추정할 수 있다. 한편, 이론적 단발 명중확률(P)은 다음과 같이 계산된다.

$$P_X(-1 \le X \le 1) = P_X\left(\frac{-1-\mu_x}{\sigma_x} \le Z_X \le \frac{1-\mu_x}{\sigma_x}\right)$$

$$= P_X\left(\frac{-1}{0.8} \le Z_X \le \frac{1}{0.8}\right)$$

$$= 0.3944 \times 2 = 0.7888$$

$$P_Y(-1 \le Y \le 1) = P_Y\left(\frac{-1-\mu_y}{\sigma_y} \le Z_Y \le \frac{1-\mu_y}{\sigma_y}\right)$$

$$= P_Y\left(\frac{-1}{1.6} \le Z_Y \le \frac{1}{1.6}\right)$$

$$= 0.23405 \times 2 = 0.4681$$

$$P = P_X \times P_Y = 0.7888 \times 0.4681 = 0.3692(36.92\%)$$

여기서, 추정값과 이론값은 차이가 있다. 그러나 모의 횟수를 반복해 갈수록 추정값은 이론값에 가까워진다. 즉, 모의를 반복 수행함으로써 실제에 가까운 값을 얻을 수 있다.

4.2 확률 기반 모델링 방법

확률 기반 모델링은 랜덤(randomness) 특성을 지닌 동적 시스템을 모델링하는 데에 적합하다. 이를 교전상황의 예를 통해서 설명하면 다음과 같다.

4.2.1 기본 결투(fundamental duel) 모델링

4.2.1.1 가정

① 청군 단일 전투원과 홍군 단일 전투원이 일대일로 서로 교전한다. 교전과정은 최초 청군이 홍군에 대해 사격을 실시하고 그 후 홍군이 청군에 대해 교차하면서 사격한다.

② 교전은 청군 혹은 홍군이 제압될 때까지 지속되며 탄의 제한은 없다.

③ 청군의 단발명중확률(SSKP: Single Shot Kill Probability)은 일정하며 P_B이고, 홍군의 SSKP도 일정하며 P_R이다. 여기서, $Q_B = 1 - P_B$, $Q_R = 1 - P_R$이다.

4.2.1.2 모델링 및 해

기본 전투에서는 〈그림 4-1〉에서 보다시피 먼저, 청군과 홍군이 교차하면서 사격하게 되는데, 이 과정에서 청군과 홍군의 제압확률에 관심이 있다면 다음과 같이 모델링하여 계산할 수 있다.

그림 4-1
단순 결투과정

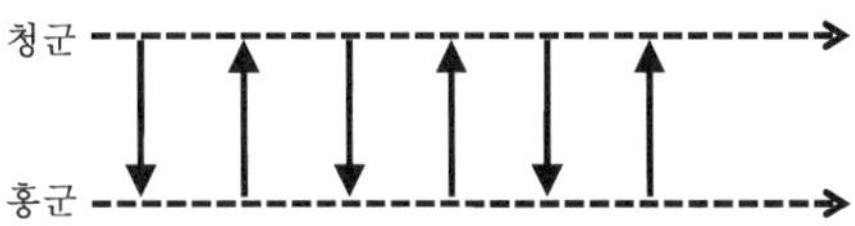

먼저, 청군이 홍군을 제압할 확률은 다음과 같다.

- 청군이 첫 발에 홍군을 제압할 확률 : P_B
- 청군이 둘째 발에 홍군을 제압할 확률 :
  $(1-P_B)(1-P_R)P_B = Q_B Q_R P_B$
- 청군이 셋째 발에 홍군을 제압할 확률 :
  $(1-P_B)(1-P_R)(1-P_B)(1-P_R)P_B = Q_B{}^2 Q_R{}^2 P_B$

따라서 P(청군이 홍군을 제압할 확률)

$$= P_B + Q_B\ Q_R P_B + Q_B{}^2 Q_R{}^2 P_B + \cdots$$

$$= P_B(1 + Q_BQ_R + Q_B{}^2Q_R{}^2 + \cdots)$$
$$= P_B/(1 - Q_BQ_R)$$

한편, 홍군이 청군을 제압할 확률은 다음과 같다.

- 홍군이 첫 발에 청군을 제압할 확률 : $(1-P_B)P_R = Q_BP_R$
- 홍군이 둘째 발에 청군을 제압할 확률 :
  $(1-P_B)(1-P_R)(1-P_B)P_R = Q_B{}^2Q_RP_R$

따라서 P(홍군이 청군을 제압할 확률)

$$= Q_BP_R + Q_B{}^2Q_RP_R + Q_B{}^3Q_R{}^2P_R + \cdots$$
$$= Q_BP_R(1 + Q_BQ_R + Q_BQ_R + \cdots)$$
$$= Q_BP_R/(1 - Q_BQ_R)$$

4.2.2 일반 결투 모델링

4.2.2.1 가정

① 청군 단일 전투원과 홍군 단일 전투원이 일대일로 상호 교전한다. 교전과정은 기본 결투과정과 달리 교차사격이 아니고 사격시간이 확률분포를 따른다.

② 이 과정은 청군 혹은 홍군이 제압될 때까지 지속되며 탄의 제한은 없다.

③ 청군 살상 간 시간(IKT: Inter-Kill Time) $T_B \sim h_B(t)$를 따르고, 누적 확률 분포 함수는 $H_B(t)$이고, 홍군 살상 간 시간 $T_R \sim h_R(t)$를 따르고, 누적 확률분포함수는 $H_R(t)$이다.

4.2.2.2 모델링

일대일 일반 결투과정은 〈그림 4-2〉에서 보다시피 최초 (1, 1) 상태, 즉 청군 및 홍군이 일대일로 상태에 있다가 교전 이후에는 (1, 0), (0, 1), 혹은 (1, 1) 3가지 중 하나의 상태로 전이한다.

그러면, 청군 및 홍군의 제압확률에 관심이 있다면 다음과 같이 모델링하여 해를 구할 수 있다.

그림 4-2
일대일
전투과정

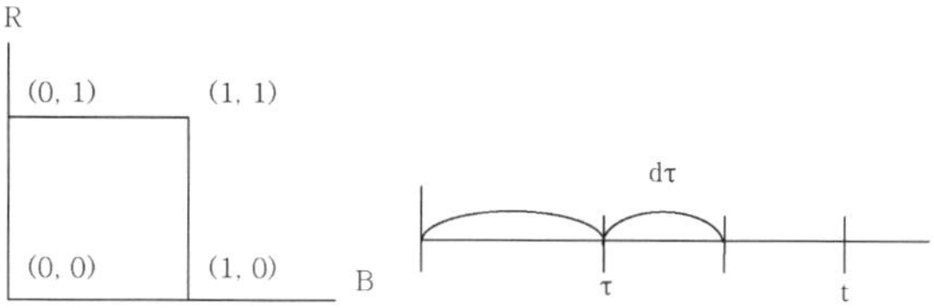

① 경우 1 : (1, 1) → (1, 0)

경우 1은 청군이 승리하는 경우이고 다음과 같이 모델링 해를 구할 수 있다.

$$P_{10}(t) = \int_0^t h_B(\tau)d\tau \cdot H_R^C(t) = \int_0^t h_B(\tau)H_R^C(t)d\tau$$

$$= \int_0^t h_B(\tau)[\int_t^\infty h_R(\varepsilon)d\varepsilon]d\tau$$

② 경우 2 : (1, 1) → (0, 1)

경우 2는 홍군이 승리하는 경우이고 다음과 같이 모델링 해를 구할 수 있다.

$$P_{01}(t) = \int_0^t h_R(\tau)[\int_t^\infty h_B(\varepsilon)d\varepsilon]d\tau$$

③ 경우 3 : (1, 1) → (1, 1)

경우 3은 비기는 경우이다.

$$P_{11}(t) = H_B^C(t) \cdot H_R^C(t) = \int_t^\infty h_B(t)dt \int_t^\infty h_R(t)dt$$

그러면, 청군 및 홍군의 승리확률은 다음과 같다.

$$P(\text{청군 승리확률}) = \lim_{t\to\infty} P_{10}(t)$$

$$P(\text{홍군 승리확률}) = \lim_{t\to\infty} P_{01}(t)$$

4.3 포와슨 프로세스 기반 모델링 방법

포와슨 프로세스 기반 모델링은 사건발생이 무기억성(memoryless) 특성을 지닌 동적 시스템을 모델링하는 데에 적합하다. 이를 일반적 교전상황의 예를 통하여 설명하면 다음과 같다.

4.3.1 가정

① 청군과 홍군은 가시거리 및 사거리 내에서 교전을 실시한다.

② 청군과 홍군은 각각 동일 종류의 무기로 구성되어 있고, 피아무기는 종류가 서로 다를 수 있다.

③ 각 표적에 대해서 균등하게 사격을 실시하고 살상률은 일정하며, 살상 사건은 포와슨(Poisson) 과정을 따른다.

④ 표적이 파괴될 때까지 사격을 실시한다. 파괴된 표적에 대해서는 사격을 실시하지 않고 지체 없이 새로운 표적에 대해 사격을 실시한다.

4.3.2 모델링

모델링을 위해서 다음 사항을 정의한다.

B_0 : 최초 청군의 수

R_0 : 최초 홍군의 수

b : t시간에 청군의 수

r : t시간에 홍군의 수

β : 청군의 살상률

ρ : 홍군의 살상률

$P(b, r, t)$: t 시간에 청군 및 홍군의 수가 (b, r) 상태일 확률

그러면 먼저 $P(b,\ r,\ t+\Delta t)$를 $(t \sim t+\Delta t)$ 동안에 청군과 홍군의 숫자가 각각 (b,r) 상태일 확률은 다음과 같은 방정식으로 나타낼 수 있다.

$$\begin{aligned} P(b,\ r,\ t+\Delta t) = {} & P(b,\ r+1,\ t)\beta b\Delta t(1-\rho r\Delta t) \\ & + P(b+1,\ r,\ t)\rho r\Delta t(1-\beta b\Delta t) \\ & + P(b,\ r,\ t)(1-\beta b\Delta t)(1-\rho b\Delta t) \end{aligned}$$

여기서 $\beta b\Delta t$는 Δt 동안에 청군이 홍군 하나를 제압할 확률이고, $\rho r\Delta t$는 Δt 동안에 홍군이 청군 하나를 제압할 확률이다. 위 식을 다시 정리하면 아래와 같다.

$$\begin{aligned} P(b,\ r,\ t+\Delta t) - P(b,\ r,\ t) = {} & -P(b,\ r,\ t)(\beta b\Delta t+\rho r\Delta t) \\ & + P(b,\ r+1,\ t)\beta b\Delta t \\ & + P(b+1,\ r,\ t)\rho r\Delta t + 0(\Delta t)^2 \end{aligned}$$

양변에 Δt로 나누면 아래와 같다.

$$\begin{aligned} \frac{P(b,\ r,\ t+\Delta t) - P(b,\ r,\ t)}{\Delta t} = {} & -P(b,\ r,\ t)(\beta b+\rho r) \\ & + P(b,\ r+1,\ t)\beta r \\ & + P(b+1,\ r,\ t)\rho r + 0(\Delta t) \end{aligned}$$

이를 양변에 $\Delta t \to 0$을 취하면 식 ①과 같다.

$$\begin{aligned} \frac{dP(b,\ r,\ t)}{dt} = {} & -(\beta b+\rho r)P(b,\ r,\ t) + \beta r P(b,\ r+1,\ t) \quad \cdots\cdots\cdots ① \\ & + \rho r P(b+1,\ r,\ t) \end{aligned}$$

한편, 경계선에서의 상태, 즉 $(b,\ 0)$, $(0,\ r)$일 때를 살펴보면

$P(b,\ 0,\ t+\Delta t) = P(b,\ 1,\ t)\beta b\Delta t + P(b,\ 0,\ t)$이고, 다시 정리하면

$P(b,\ 0,\ t+\Delta t) - P(b,\ 0,\ t) = P(b,\ 1,\ t)\beta b\Delta t$이다.

이를 양변에 Δt로 나누고 $\lim \Delta t \to 0$을 취하면 식 ②와 같다.

$$\frac{dP(b,\ 0,\ t)}{dt} = \beta b P(b,\ 1,\ t) \quad \cdots\cdots\cdots\cdots\cdots\cdots\cdots ②$$

마찬가지로

$P(0,\ r,\ t+\Delta t) = P(1,\ r,\ t)\rho r\Delta t + P(0,\ r, t)$이고,

다시 정리하면

$P(0,\ r,\ t+\Delta t)-P(0,\ r,\ t)=P(1,\ r,\ t)\rho r\Delta t$이다.

양변을 Δt로 나누고 $\Delta t\rightarrow 0$을 취하면 아래 식 ③과 같다.

$$\frac{dP(0,\ r,\ t)}{dt}=\rho r P(1,\ r,\ t) \quad \cdots\cdots\cdots\cdots\cdots\cdots\cdots\cdots \text{③}$$

한편, 제한조건은 다음과 같다.

$$P(B_0,\ R_0,\ 0)=1 \quad \cdots\cdots\cdots\cdots \text{④}$$
$$P(b,\ r,\ 0)=0, \quad \text{for} \quad (b,\ r)\neq(B_0,\ R_0)$$
$$P(b,\ r,\ t)=0, \quad \text{for} \quad b>B_0 \quad \text{or} \quad r>R_0$$

4.3.3 해법

①, ②, ③식과 ④의 제한조건을 지수형 란체스터 방정식이라고 부르기도 한다. 구체적인 해법은 무척 복잡하다. 그래서 다음과 같이 시뮬레이션 기법으로 해를 구할 수 있다.

우선 $\varphi(b,\ r,\ t)$를 시간 t까지 청군 및 홍군 모두 손실이 없이 지속될 확률로 정의한다. 그러면,

$$\varphi(b,\ r,\ t+\Delta t)=\varphi(b,\ r,\ t)(1-\beta b\Delta t)(1-\rho r\Delta t)\text{이다.} \quad \cdots\cdots \text{①}$$

즉, $t\sim t+\Delta t$까지 양측 모두 손실이 발생하지 않을 확률은 t 시간까지 모두 손실이 없고, 또한 Δt 시간 동안 양측 모두 손실이 발생하지 않을 확률의 곱과 같다. 이를 정리하면,

$\varphi(b,\ r,\ t+\Delta t)-\varphi(b,\ r,\ t)=-(\beta b\Delta t+\rho r\Delta t)\varphi(b,\ r,\ t)+0(\Delta t)^2$이다.

이를 다시 양변에 Δt로 나누어 주면

$$\frac{\varphi(b,\ r,\ t+\Delta t)-\varphi(b,\ r,\ t)}{\Delta t}=-(\beta b+\rho r)\varphi(b,\ r,\ t)+0(\Delta t)\text{이다.}$$

양변에 $\Delta t\rightarrow 0$을 취하면 아래 식 ②와 같다.

$$\frac{d\varphi(b,\ r,\ t)}{dt} = -(\beta b + \rho r)\varphi(b,\ r,\ t) \quad \cdots\cdots\cdots\cdots\cdots\ ②$$

$$\frac{d\varphi(b,\ r,\ t)}{dt} + (\beta b + \rho r)\varphi(b,\ r,\ t) = 0$$

이를 풀면 $\varphi(b,\ r,\ t) = e^{-(\beta b + \rho r)t}$이다.

이 식은 t 시간까지 청군 및 홍군의 손실이 없을 확률이므로 t 시간까지 청군 혹은 홍군의 손실이 있을 확률은 $1-\varphi(b,\ r,\ t) = 1-e^{-(\beta b + \rho r)t}$임을 알 수 있다.

따라서 청군 혹은 홍군의 손실이 발생하는 시간 t는 지수분포를 따르고 이때 평균은 $\frac{1}{\beta b + \rho r}$임을 알 수 있다. 또한 손실이 발생했을 때 청군 손실일 확률은 $\frac{\rho r}{\beta b + \rho r}$이고 홍군 손실일 확률은 $\frac{\beta b}{\beta b + \rho r}$가 된다. 따라서 해법절차는 다음과 같다.

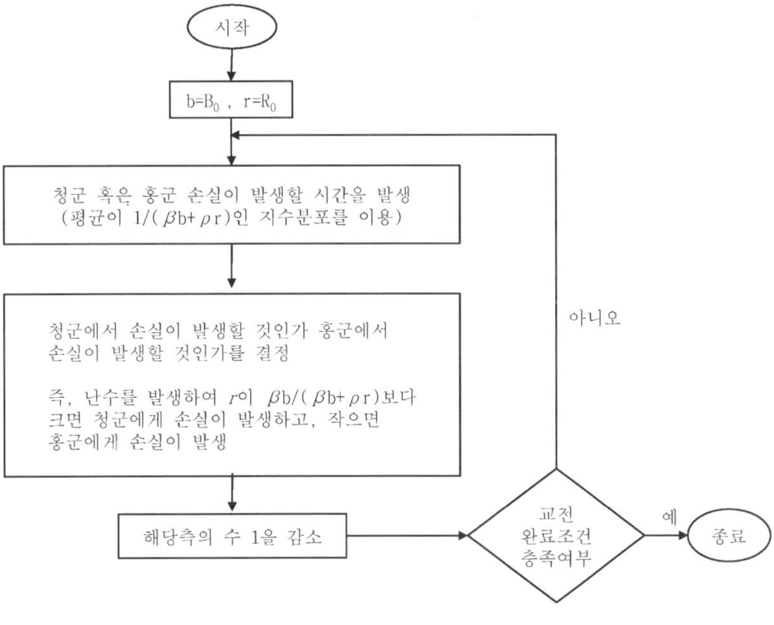

그림 4-3 포와손 프로세스 기반 모델링 해법 절차

연습문제

❶ 선형 합동법에 의한 의사난수를 생성할 수 있는 프로그램을 작성하고 100개의 의사난수를 생성하라.

❷ 일양분포, 지수분포, 표준정규분포의 확률변수값을 생성하는 프로그램을 작성하고 각각 100개의 확률변수값을 생성하라.

❸ (4.1.3)에서 표적의 크기가 1.5×1.5m인 경우에 〈표 4-2〉를 사용하여 시뮬레이션하는 프로그램을 작성하고 200회 한 이후에 이론적인 값과 비교하라.

❹ 포와슨 프로세스 기반 모델링 해법절차를 응용해서 교전 시뮬레이션 모델 프로그램을 작성하라.

제5장

이산형식 모델링

5.1 사건 중심 모델링 방법

5.1.1 모의논리

사건 중심 모델링 방법은 대상 시스템을 사건 계획 월드뷰(event scheduling worldview)로 파악하여 모델링하는 것이다. 시스템의 진행과정을 일련의 조건부 사건 혹은 독립적인 사건의 연속적인 발생으로 이루어진다는 시각으로 파악하는 것이다.

모의논리는 모든 사건의 발생시각(epoch)을 사건목록(event list or table)에서 관리하면서, 사건 흐름의 순서에 따라 가장 최근의 사건을 선택하여 시계를 그 시간만큼 전진시키고, 동시에 사건을 실행시킨다. 사건 실행 후에는 미래 사건을 발생시킨다. 이러한 방식대로 종료 조건이 만족할 때까지 계속 진행하게 된다.

사건 중심 모델링에서는 3가지의 데이터 구조가 필수적인데, 상태변수(state variable), 사건목록(event list), 그리고 시뮬레이션 시계(clock)이다. 상태변수는 시스템의 상태를 묘사하고, 사건목록은 미래에 발생할 사건들을 시간 순차적으로 관리한다. 그리고 시뮬레이션 시계는 모의 진행시점을 나타낸다. 이러한 전개방식은 아무리 복잡한 시스템일지라도 매우 상세하게 묘사할 수 있으며 다양한 사건을 묘사할 수 있는 융통성을 지니고 있다. 그러나 시스템의 요소를 각각의 독립적인 사건으로 구성하는 것이 어렵고, 구현 시에 별개의 사건을 시뮬레이션 프로그램으로 작성하는 데에는 숙달된 프로그래머의 능력이 요구된다는 단점이 있다.

5.1.2 모델링 및 해법

사건 중심 모델링에 대한 예를 보여 주기 위해서 다음과 같은 간단한 교전 시스템을 가정한다.

5.1.2.1 가정

① 청군은 1대의 탱크와 2대의 대전차 무기로 구성되고 홍군은 4대의 탱크로 구성된다.

② 각 무기에 대한 단발 명중 확률은 다음과 같다.

- 청군 탱크가 홍군 탱크를 명중시킬 확률 : 0.4
- 청군 대전차 무기가 홍군 탱크를 명중시킬 확률 : 0.8
- 홍군 탱크가 청군 탱크를 명중시킬 확률 : 0.4
- 홍군 탱크가 청군 대전차 무기를 명중시킬 확률 : 0.3

③ 탄이 표적에 명중되면 살상된 것으로 간주된다.

④ 홍군과 청군은 가시거리 내에서 어느 한쪽이 전멸될 때까지 교전을 실시한다.

⑤ 각 무기들은 표적을 획득하여 사격을 실시하는데 표적 획득시간 Ta, 첫 번째 발 사격시간 T_1, 두 번째 발 사격시간 T_2, … 이다. 즉,

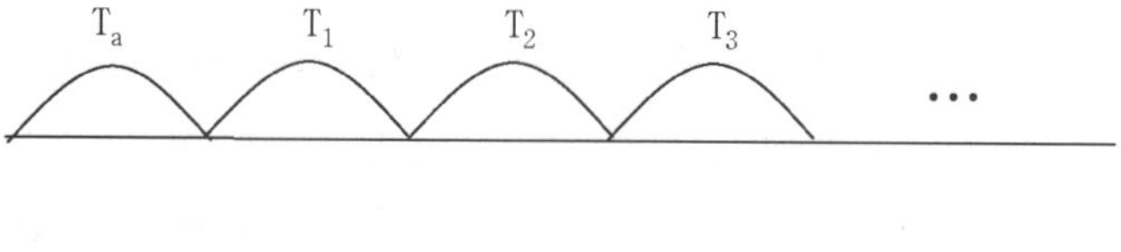

⑥ 청군 대전차 무기의 표적 획득시간 Ta, 개별 사격시간 T_1, T_2, … 그리고 청군, 홍군 전차가 표적을 획득하여 첫 번째 발이 발사된 시간, 즉 (Ta+

T_1)은 아래 확률 밀도함수를 따른다.

$$즉,\ f_1(t) = \begin{cases} 1/C + (t-M)/C^2, & M-C < t < M \\ 1/C + (M-t)/C^2, & M < t < M+C \end{cases}$$

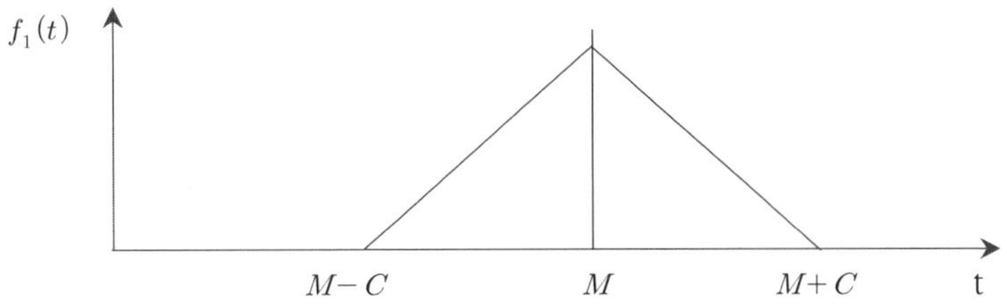

여기서, 대전차 무기의 표적 획득시간 Ta, 사격시간 T_1, T_2, …의 각 확률분포에 대한 M, C는 각각 5, 3이고, 청군과 홍군 전차들이 표적을 획득하여 첫 번째 탄을 발사하는 시간(Ta + T_1)의 확률분포에 대한 M과 C는 각각 4, 2이다. 이들을 누적 확률분포 함수로 나타내면 〈그림 5-1〉과 같다.

⑦ 청군과 홍군 전차의 두 번째 탄 이후의 재사격시간 T_2, T_3, …의 확률 밀도함수는 다음과 같다.

즉, $f_2(t) = 1/(b-a)$

여기서, 청군 전차의 사격시간 T_2, T_3, T_4, … 분포에 대한 a, b는 각각 1, 3이고, 홍군 전차의 사격시간 T_2, T_3, T_4, … 분포에 대한 a, b는 각각 2, 4이다.

이 분포에 대한 누적 확률분포 함수는 〈그림 5--2〉와 같다.

그림 5-1
$f_1(t)$ 의 누적 확률분포

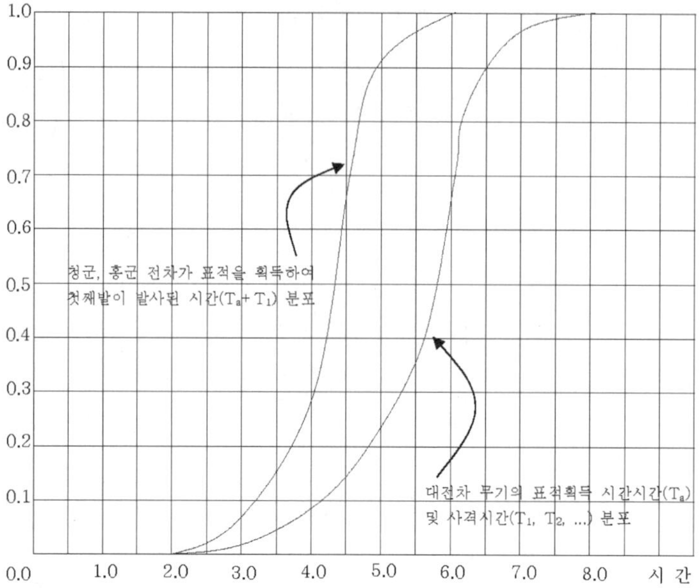

그림 5-2
$f_2(t)$ 의 누적 확률분포

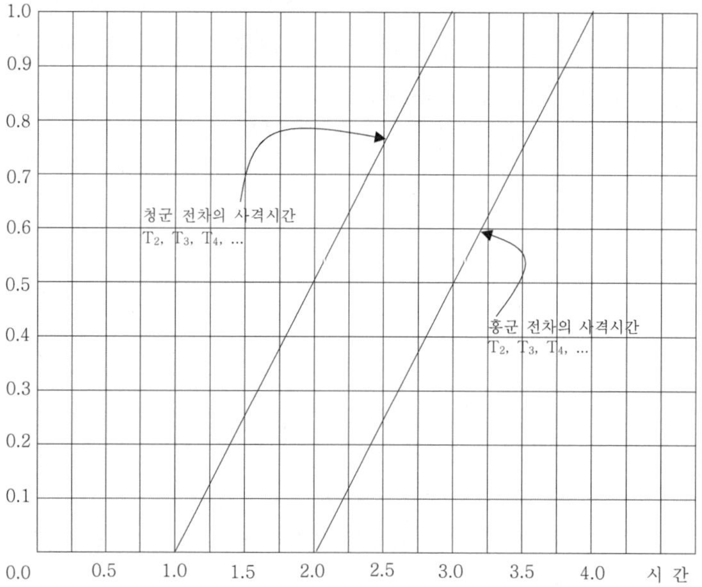

⑧ 표적 획득 시 홍군 전차는 청군 대전차 무기에 대해 우선적으로 사격하며 그 외 각 무기는 균등하게 사격을 실시한다.

⑨ 표적이 파괴될 때까지 사격을 실시하며 파괴된 표적에 대해서는 사격을 실시하지 않는다.

5.1.2.2 모델링 및 해법

위의 가정사항을 바탕으로 한 모의논리는 다음과 같다.

〈단계 1〉 모든 전투원(청군 전차, 대전차, 홍군 전차)의 초기 사건 및 시간을 예정하여 사건목록표에 등록한다.

〈단계 2〉 사건목록으로부터 가장 최근에 발생될 사건을 찾아내고 시계를 그 시간만큼 전진시킨 후에 사건을 실행한다. 실행 결과에 따른 교전 상황을 갱신시키고 다음 예정 사건을 발생시켜 사건목록에 등록한다.

〈단계 3〉 종료 조건이 만족할 때까지 〈단계 2〉를 반복한다.

여기서, 상태변수는 표적획득 A(Acquire)와 사격 F(Fire)로 구분하고 모의논리에 따른 해법의 예를 〈표 5-1〉의 사건목록을 중심으로 설명하면 다음과 같다.

먼저 초기사건과 시간을 예정하는데, B_1에 대하여 홍군 중에서 몬테칼로 기법으로 표적을 획득한다. 예를 들어 난수(0.1)를 발생시켜 0.0에서 0.25 미만이면 R_1, 0.25에서 0.5 미만이면 R_2, 이러한 방식으로 획득한 표적을 설정한다.

표 5-1 사건 중심 모델링 사건목록표

시 계		0			4.0		
무기구분	표시	표적	사건시간	상태	표적	사건시간	상태
청군 전차	B_1	R_1	4.5	A+F			
청군 대전차 무기	B_2	R_2	4.0	A			
청군 대전차 무기	B_3	R_4	5.2	A			
홍군 전차	R_1	B_2	5.5	A+F			
홍군 전차	R_2	B_3	6.0	A+F			
홍군 전차	R_3	B_3	4.2	A+F			
홍군 전차	R_4	B_2	4.9	A+F			

(보기) A : 획득사건(상태), F : 사격사건(상태)

그리고 B_1의 경우는 가정(⑥)에 의하면 표적을 획득함과 동시에 첫 번째 탄이 발사되므로 (Ta+T_1) 시간에 A+F(획득 및 사격) 상태가 된다. 그 시간은 〈그림 5-1〉로부터 구한다. 구하는 방법은 먼저 제4장에서 설명된 확률변수 생성 방법 중에서 역계산(inverse) 방법으로 난수를 먼저 발생(예를 들면 0.3)시키고 해당 확률변수(여기서는 4.0)를 찾는다. 그러면 4.0 시간에 B_1이 R_1을 획득하여 첫 번째 사격이 완료되는 시점이 된다. 그리고 상태는 A+F(획득+사격) 상태가 된다.

같은 방식으로 〈표 5-1〉의 B_1에서 R_4까지 차례대로 표적생성, 사건시간 발생 그리고 상태정의를 예정하여 기록한다. 이 과정이 끝나면 초기화가 완료된다. 다음은 사건목록에서 가장 최근의 사건 발생시간(여기서는 4.0)을 찾아서 그 시간 만큼 시뮬레이션 시계를 전진시키고 해당 사건을 수행한다. 여기서는 B_1이 R_1을 사격한 경우인데 그 결과를 실행한다. 실행방법은 B_1의 R_1에 대한 살상확률이 0.4이므로 몬테칼로 기법으로 난수(여기서는 0.3)를 발생시켜 제압여부를 결정한다(여기서는 제압). 이와 같은 방식으로 종료조건이 만족될 때까지 계속된다.

5.2 활동 중심 모델링 방법

5.2.1 모의논리

활동 중심 모델링 방법은 활동 주사(activity scanning) 월드 뷰에 기반을 두고 있다. 활동 주사 월드 뷰는 시스템의 진행을 일련의 활동의 연속으로 이루어진다는 식으로 파악하는 것이다. 활동은 과정 중심 시뮬레이션과 달리 일단 자원이 활동의 실행을 위해 할당되면 그 활동이 끝날 때까지 돌려주지 않는다. 활동을 두 개의 그룹으로 구분한다. 하나는 조건활동(conditional activity)이며, 또 다른 하나는 묶인 활동(bounded activity)이다. 조건활동은 그 활동의 실행을 위해서 자원이 필요한데 아직까지 자원이 충족되지 않은 활동을 의미하고, 묶인 활동은 그 활동의 실행에 필요한 자원이 충족되어 실행을 대기하고 있는 것을 말한다.

모의논리에서 먼저 묶인 활동 중에서 가장 최근의 활동을 찾아내어 실행시키고, 또한 묶인 활동의 종료 후 자원이 다시 되돌려질 때, 조건활동 중에서 자신에게 필요한 자원이 가용하면 이를 가짐으로써 묶인 활동으로 전이시킨다. 이러한 과정을 종료 조건이 만족할 때까지 반복하게 되는 것이다.

활동 중심 모의 모델링에서는 대상 시스템에 대하여 활동대기들을 모델링하고 이를 바탕으로 모의논리에 따라 모의된다. 활동대기 모델링 절차는 다음과 같다.

〈단계 1〉 시스템의 개체(entity)를 정의한다. 시스템의 개체는 체계를 이루는 구성요소로서 대부분이 실제적인 것이지만 추상적인 것(예를 들어 체계가 수행하고자 하는 일)일 수도 있다.

〈단계 2〉 시스템이 수행하고자 하는 일의 순서에 따라 각 개체가 취하는 활동을 정의한다. 각 개체가 취하는 활동의 시점과 종점 간, 즉 활동기간은 상수 혹은 확률변수일 수 있다. 그리고 개체의 서로 다른 활동 간에는 어떠한 이유에서든지 대기하게 된다. 대기시간 역시 상수 혹은 확률변수 또는 0이 될 수 있다. 0에 해당되는 경우에는 인접 활동 간에 지연시간이 없다는 의미이다.

〈단계 3〉 각 개체의 활동(activity)을 네모로, 그리고 대기(queue)를 원으로 표시하여 단일 개체의 활동과 대기를 활동순서에 따라 서로 연결하여 연결고리를 구성한다. 이때 활동과 활동 간에는 반드시 대기하도록 구성하여야 한다.

〈단계 4〉 시스템의 모든 개체에 대하여 〈단계 3〉과 같은 방법으로 활동－대기 연결고리를 구성한다.

〈단계 5〉 모든 개체의 활동－대기 연결고리를 체계가 수행하고자 하는 일의 순서에 따라 종합적으로 연결하여 체계의 단일 활동－대기 연결고리를 구성한다. 이때도 마찬가지로 활동과 활동 간에는 반드시 대기하도록 구성되어야 한다.

5.2.2 모델링 및 해법

5.2.2.1 가정사항

활동 중심 모델링의 예를 설명하기 위하여 다음 상황을 가정한다. 항공 부대는 현재 H 기종의 헬기를 보유하고 있다. H 헬기의 엔진은 M_1형이다. 그런데 M_1 엔진은 구형이어서 고장이 자주 발생하여 H 헬기의 전투 가용 대수가 감소하여 부대 전투력을 저하시키고 있다. 따라서 부대는 새로운 엔진 M_2형으로 교체할 계획 중에 있다. 만약 H 헬기의 엔진을 M_2 엔진으로 모두 교체할 때는 정비문제를 충분히 고려해야 할 것이다. 정비는 다음 가정 및 절차에 의하여 이루어진다.

① H 헬기는 기체, 항법장치 그리고 엔진으로 구성된다. H 헬기의 기체와 항법장치는 충분히 오랜 기간 동안 높은 신뢰도를 유지한다. 그래서 오직 엔진 고장이나 엔진의 정기점검 때에만 헬기가 정비창으로 보내어지고 그 외에는 항상 부대에 배치되어 작전가능 상태에 있다.

② 최초 H 헬기의 고장시간은 다음과 같다.

H_1	H_2	H_3	H_4	H_5	H_6	H_7	H_8	H_9	H_{10}
8	16	9	20	11	14	12	12	15	15

③ M_2 엔진은 고장이 나거나 정기점검 때만 기체로부터 분리되어 정비된다. 어떠한 원인에 의해서 분리 정비되더라도 엔진이 기체에 재조립될 때까지의 절차는 동일하다.

④ 고장난 엔진은 기체로부터 분리되어 가용한 엔진(예비 엔진 혹은 수리된 엔진)에 의해 교체 재조립된다. 이 조립작업은 부대 정비팀에 의해 이루어진다. 그런데 분리된 기체에 예비 엔진이 없으면 수리된 엔진이 도달하여 가용할 때까지 대기 후에 엔진이 가용할 때 재조립된다.

⑤ 고장난 엔진은 모두 창정비소로 보내져 특수 정비팀에 의해 수리를 받게 되고 수리 후에는 다시 부대 정비창으로 보내진다. 그러면 부대 정비팀이 엔진을 기체에 재조립하여 정비를 완료한다. 단, 부대 정비팀은 고장난

엔진을 수리할 수 없고 오직 기체로부터 엔진을 분리하거나 재조립만 할 수 있다.

그리고 정비정책에 대한 데이터는 다음과 같다.

① A 항공 부대는 M_2형 엔진으로 교체된 10대의 H 헬기를 보유하고 있다. 그리고 2대의 M_2 엔진을 예비로 보유하고 있다.

② 부대 정비팀은 1개 팀이고 정비 1개 팀이 고장난 엔진을 기체로부터 분리 혹은 재조립하는 데 소요되는 시간은 1/2일이다. 재조립작업이 분리작업보다 우선한다.

③ M_2형 엔진이 R일 때 고장날 확률은 다음과 같다(또한 정기점검은 20일이다).

고장 발생일 (R)	고장날 확률	누적확률	고장 발생일 (R)	고장날 확률	누적확률
1	0.0000	0.0000	14	0.0956	0.3632
2	0.0000	0.0000	15	0.1024	0.4656
3	0.0000	0.0000	16	0.1024	0.5680
4	0.0002	0.0002	17	0.0961	0.6641
5	0.0007	0.0009	18	0.0848	0.7489
6	0.0019	0.0028	19	0.0706	0.8195
7	0.0048	0.0076	20	0.0557	0.8752
8	0.0104	0.0180	21	0.0418	0.9170
9	0.0194	0.0374	22	0.0299	0.9469
10	0.0325	0.0699	23	0.0204	0.9673
11	0.0486	0.1185	24	0.0132	0.9805
12	0.0663	0.1848	25	0.0195	1.0000
13	0.0828	0.2676			

④ 창정비소의 특수 정비팀의 수는 2개이고, 1개 정비팀이 고장난 엔진을 수리하는 데 임의의 시간이 소요될 확률은 다음과 같다.

정비 소요일(t)	확 률	누적확률
1	0.125	0.125
2	0.125	0.250
3	0.125	0.375
4	0.125	0.500
5	0.125	0.625
6	0.125	0.875
7	0.125	1.000

그리고 1개의 특수 정비팀은 1개의 엔진만 수리하며 동시에 2개 이상을 수리할 수 없다. 한편, 부대에서 정비창으로 고장난 엔진 혹은 수리된 엔진을 운반하는 데 각각 1/2일이 소요된다. 운반수단은 충분히 가용하다고 가정한다.

5.2.2.2 모델링 및 해법

위 문제에 대하여 다음 절차에 따라 활동대기 모델을 구성하여 개체와 활동을 식별할 수 있다.

(1) H 헬기 정비체계의 개체

H 헬기 정비체계의 개체는 다음과 같이 정의할 수 있다.

- H 헬기
- 부대 정비팀
- M_2 엔진
- 특수 정비팀

(2) 각 개체의 활동 정의 및 활동대기 연결고리를 구성

① H 헬기

H 헬기의 활동은 작전 수행, 엔진 분리, 엔진 조립으로 나눌 수 있다.

이들의 활동대기 연결고리를 다음과 같이 구성할 수 있다.

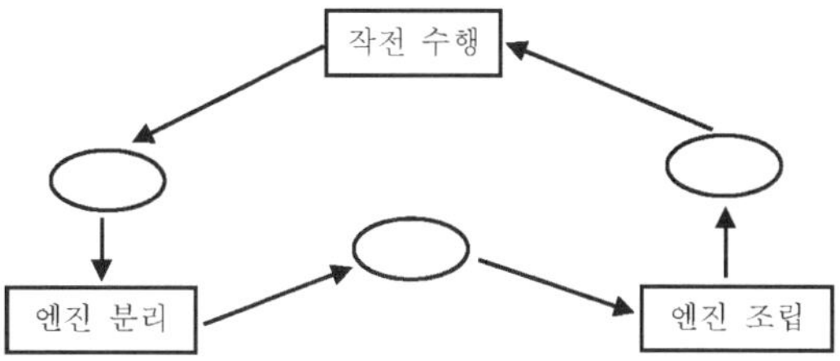

② 부대 정비팀

부대 정비팀의 활동에는 엔진 분리, 엔진 조립이 있고 활동대기 순서도는 다음과 같다.

③ M2 엔진

M2 엔진의 활동은 6가지로 나눌 수 있다. 즉, 작전 수행, 엔진 분리, 엔진 수송, 엔진 수리, 엔진 이송, 엔진 조립이며 이것을 활동대기 연결고리로 나타내면 다음과 같다.

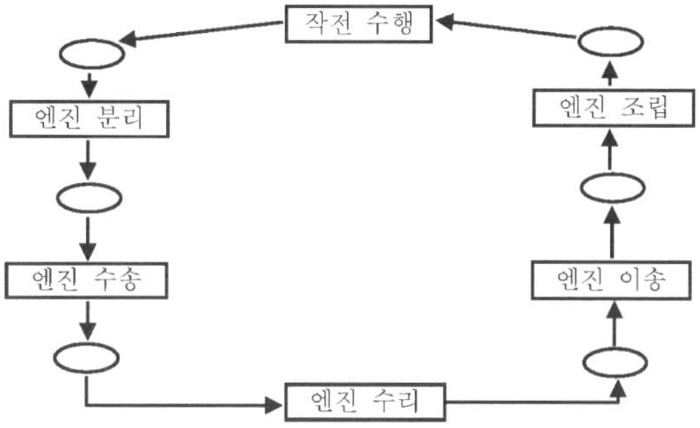

④ 특수 정비팀

특수 정비팀은 엔진을 수리한다.

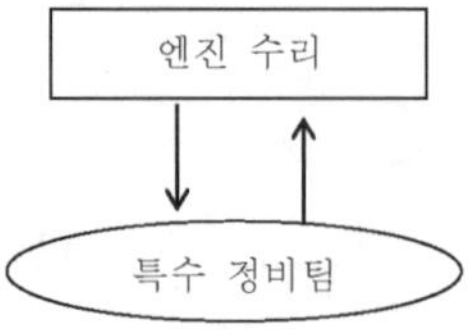

(3) H 헬기 정비체계의 단일 활동대기 연결고리 완성 및 활동 구분

위에서 구분한 개체와 해당 활동을 연결고리로 형성하면 다음과 같다.

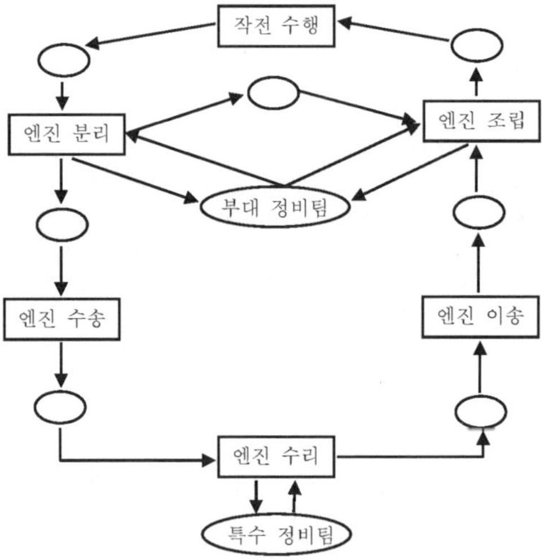

그리고 각 개체별 활동은 다음과 같이 구분된다.

- H 헬기 : 작전 수행, 엔진 분리, 엔진 조립
- M_2 엔진 : 엔진 분리, 엔진 수송, 엔진 수리, 엔진 이송, 엔진 조립, 작전 수행
- 부대 정비팀 : 엔진 분리, 엔진 조립
- 특수 정비팀 : 엔진 수리

위 활동대기 모델을 바탕으로 모의논리에 따른 해법은 다음과 같다.

먼저 활동 모델에서 식별된 활동을 중심으로 해법을 설명하기 위해서 아래 기호를 정의한다.

- H 헬기 10대 : H_1, H_2, H_3 …
- H 헬기의 본체(엔진을 제외한 부분) : HB_1, HB_2 …
- M_2 엔진 : M
- 부대 정비팀 : R_1
- 제조 공장 특수 정비팀 : S_1, S_2
- 활동 및 대기

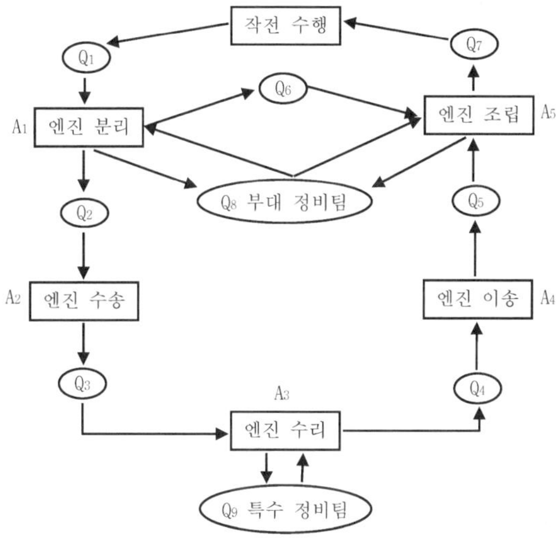

그러면 모의논리는 다음과 같다.

〈단계 1〉 초기 시간을 예정하여 모든 활동에서 묶인 활동을 식별하여 사건목록표에 등록한다.

〈단계 2〉 사건목록으로부터 최근에 발생된 사건을 찾아내고 시뮬레이션 시계를 그 사건 시간만큼 전진시킨 후에 사건을 실행한다. 실행 결과에 따라 조건활동과 묶인 활동을 갱신시키고 사건시간을 예정하여 사건목록에 등록한다.

〈단계 3〉 종료 조건이 완료될 때까지 〈단계 2〉를 반복한다.

모의논리에 따른 해법은 다음과 같다. 〈표 5-2〉는 활동 중심 사건목록을 나타낸다. 최초에 모든 활동은 조건활동이 되고 대기 Q_5에는 예비엔진(M) 2개, 그리고 Q_8에는 부대 정비팀(R_1)이 한 팀, Q_9에는 특수 정비팀(S_1, S_2)이 두 팀이 있다. 그리고 헬기는 9대가 가동 중이다. 그러면 먼저 가정(5.2.2.1 가정사항의 ②)로부터 최초 고장 발생시간은 8로 예정되어 있다. 이 시점에서 모든 활동 중에서 묶인 활동은 A_1이다. A_1이 활성화되면서 부대 정비팀이 투입되고 엔진과 기체(HB_1)가 분리된다. 그리고 완료되는 시점은 8.5로 예정하고 사건목록에 등록한다. 이후 8.5시간과 다음 헬기 고장 예정시간 중에 가장

표 5-2 활동 중심 모델링 사건목록표

T	Q_1	A_1	Q_2	A_2	Q_3	A_3	Q_4	A_4	Q_5	Q_6	A_5	Q_7	Q_8	Q_9	A_6
모의 시간	분리 대기	엔진 분리 (1/2일)	수송 대기	엔진 수송 (1/2일)	수리 대기	수리	이송 대기	이송 (1/2일)	조립 대기 (엔진)	조립 대기 (헬기)	엔진 조립 (1/2일)	dum- my	부대 정비팀	특수 정비팀	가용 헬기
8		HB_1+ M+ R_1 (8.5)							M M					S_1 S_2	9대
8.5				M (9)					M		HB_1 +M +R_1 (9)			S_1 S_2	9대
9		HB_3+ M+ R_1 (9.5)				M+ S_1 (11)			M					S_2	9대
9.5				M (10)		M+S_1 (11)					HB_3 +M (10)			S_2	9대
10						M+S_1 (11) M+ S_2 (13)							R_1		10대
11		HB_5+ M+ R_1 (11.5)				M+ S_2 (13)		M (11.5)						S_1	9대
11.5				M (12)		M+ S_2 (13)					HB_5 +M +R_1 (12)			S_1	9대

최근 시간만큼 전진시키면서(여기서는 8.5) 사건을 수행한다. 이와 같은 방법으로 계속하여 종료조건이 만족될 때까지 계속한다.

5.3 과정 중심 모델링 방법

5.3.1 모의논리

과정 중심 모델링 방법은 과정 상호작용(process interaction) 월드 뷰에 기반을 두고 있다. 과정 상호작용 월드 뷰는 시스템의 진행을 일련의 과정(process) 혹은 단계(step)의 연속으로 이루어진다는 시각으로 파악하는 것이다. 그래서 모의논리에서는 각 과정을 조건 부분(conditional segment)과 실행 부분(action segment)으로 나누고, 조건 부분은 실행 부분의 실행 여부를 결정하게 된다. 예를 들어 어떤 과정이 실행되기 위해서는 자원이 필요하고, 이 자원이 충족되면 그 과정이 실행되고, 실행 후에는 자원을 돌려준다고 할 때, 자원관리는 조건 부분에서 이루어지고, 과정 실행은 실행 부분에서 이루어지게 된다. 그리고 시뮬레이션의 시간 관리를 위해서 2개의 사건목록(event list), 즉 현재 사건목록(CEL: Current Event List)과 미래 사건목록(FEL: Future Event List)을 관리한다. 현재 사건목록에는 현재 시간부로 실행되어야 할 사건을 관리하며, 미래 사건목록에는 미래 발생될 사건들을 관리한다. 시뮬레이션이 진행됨에 따라 먼저 미래 사건목록의 각 사건들을 검색하여 가장 최근에 발생되는 사건을 현재 사건목록으로 이동하게 되고, 다시 현재 사건목록을 검색하여 조건을 충족할 경우 사건을 실행하게 된다.

과정 중심 시뮬레이션은 사건 중심 방식에서 사건목록을 통하여 사건을 관리하는 것과 달리 과정(process) 개념으로 사건을 진행시키는 데 차이가 있다. 과정은 사건의 연속 혹은 여러 가지 활동을 포함하는 개념으로 이해될 수 있으며 과정의 실행을 위해서 자원이 필요한 경우가 있고 이 경우에 과정 실행을 종료한 후에는 자원을 되돌려 준다.

5.3.2 모델링 및 해법

5.3.2.1 가정

과정 중심 모델링에 대한 예를 보이기 위해서 아래와 같이 세차시설이 2개 있는 세차장을 고려한다. 세차장에 차가 도착하여 세차를 실시하고 출발하는 과정은 다음과 같다고 가정한다.

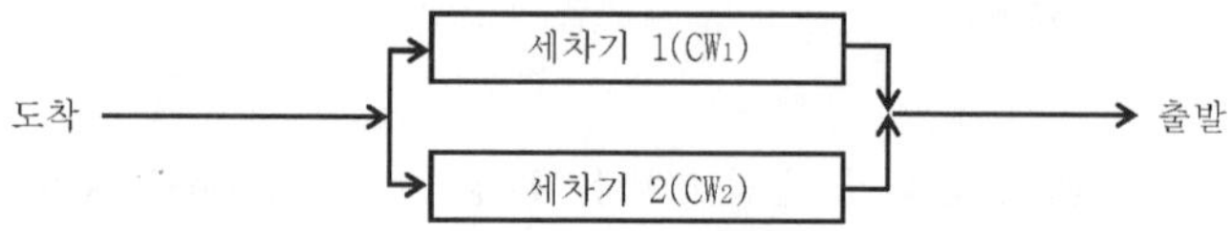

그리고 세차와 관련하여 다음을 가정한다.

① 도착한 순서에 따라 세차를 실시한다.

② 만약 세차기 1과 세차기 2가 모두 가용하면 세차기 1에서 우선 세차 서비스를 받는다.

③ 차의 도착시간과 세차시간은 다음과 같다.

- 차 도착시간 : 3, 8, 9, 14, 16, 22
- 세차시간 : 세차기 1(8), 세차기 2(10)

과정 중심 시뮬레이션을 실행하기 위해 자원과 과정을 정의하면 다음과 같다.

- 자원 : 세차시설(세차기 1 : CW_1, 세차기 2 : CW_2)
- 과정 : 도착(C_1, C_2, C_3, …) / 세차 서비스(S_1, S_2, S_3, …)

5.3.2.2 모델링 및 해법

위 가정을 바탕으로 모의논리는 다음과 같다.

〈단계 1〉 모든 과정에 대하여 가용자원을 고려하여 초기사건 시간을 예정하여 사건목록표(여기서는 현재 사건목록, 미래 사건목록)에 등록한다.

〈단계 2〉 사건목록으로부터 가장 최근에 발생될 사건을 찾아 시계를 그 시간까지 전진시킨 후에 사건을 실행한다. 실행 결과에 따라 현재 사건목록과 미래 사건목록을 갱신한다.

〈단계 3〉 종료 조건이 완료될 때까지 〈단계 2〉를 반복한다.

모의논리에 따른 해법은 다음과 같다. 〈표 5-3〉은 과정 중심 사건목록을 나타낸다. 최초 가용자원은 세차기 2대(CW_1, CW_2)이다. 그리고 시간 3에 차량이 도착하는데 우선 이를 미래 사건목록에 등록한다. 그 후에 자원(세차기)이 가용

표 5-3 과정 중심 모델링 사건목록표

시뮬레이션 시계	현재 사건목록 (CEL)	가용자원	큐에 대기하는 과정	미래 사건목록 (FEL)
0	null	CW_1, CW_2	none	(C_1, 3)
3	(C_1, 3)	CW_1, CW_2	none	(S_1, null, 3) (C_2, 8)
3	(S_1, null, 3)	CW_2	none	(S_1, CW_1, 11) (C_2, 8)
8	(C_2, 8)	CW_2	none	(S_1, CW_1, 11) (S_2, null, 8) (C_3, 9)
8	(S_2, null, 8)	none	none	(S_1, CW_1, 11) (S_2, CW_2, 18) (C_3, 9)
9	(C_3, 9)	none	none	(S_1, CW_1, 11) (S_2, CW_2, 18) (S_3, null, 9) (C_4, 14)
9	(S_3, null, 9)	none	(S_3, null, *)	(S_1, CW_1, 11) (S_2, CW_2, 18) (C_4, 14)
11	(S_1, CW_1, 11)	none	none	(S_2, CW_2, 18) (C_4, 14) (S_3, CW_1, 19)
14	(C_4, 14)	none	(S_4, null, *)	(S_2, CW_2, 18) (S_3, CW_1, 19) (S_3, null, 14) (C_5, 16)

하므로 현재 사건목록에 등록한다. 그리고 다음 시간 8에 또 다른 차량이 도착하는데 이는 미래 사건목록에 등록한다. 현재 사건목록과 미래 사건목록에서 가장 최근에 발생하는 사건은 현재 사건목록(C_1, 3)이다. 그래서 시뮬레이션 시계를 3까지 전진시키고 사건을 수행한다. 즉, 세차를 시작한다. 세차시간이 8이므로 11에 사건 완료가 예정된다. 그래서 이를 미래 사건목록(S_1, CW_1, 11)에 등록한다. 이와 같은 방법으로 계속해서 종료 조건이 만족될 때까지 계속한다.

5.4 DEVS 기반 모델링 방법

5.4.1 DEVS

DEVS(Discrete EVent system Specification) 형식론은 1976년 B. P. Zeigler에 의해 제안된 집합론에 근거한 이산 사건 모델링 틀(framework)이다. DEVS 형식론에서는 시스템 이론을 근간으로 모델을 표현할 수 있는 수학적 수단을 제공한다. DEVS 형식론에는 시스템 구성요소를 나타내는 원자 모델(atomic model)과 여러 모델을 합쳐서 새로운 모델을 구성할 수 있는 결합 모델(coupled model)이 있다. 이 두 가지 종류의 모델을 사용하여 복잡한 시스템을 계층적으로 표현할 수 있다. DEVS로 모델링되면 DEVSim[7]과 같은 소프트웨어로 해법을 구한다.

5.4.2 원자 모델

원자 모델은 기본 모델로서 개별 시스템에 대한 시간 순차적인 시스템의 동작을 표현한다. 원자 모델은 〈그림 5-3〉과 같이 비쥼 모델과 7개의 튜플(Tuple)로 이루어진 명세(specification)로 표현된다.

7) 김탁곤. "합동분석 모델개발을 위한 DEVS 기술적용". 한국과학기술원 연구보고서, 2006. 1.

그림 5-3
DEVS 원자 모델

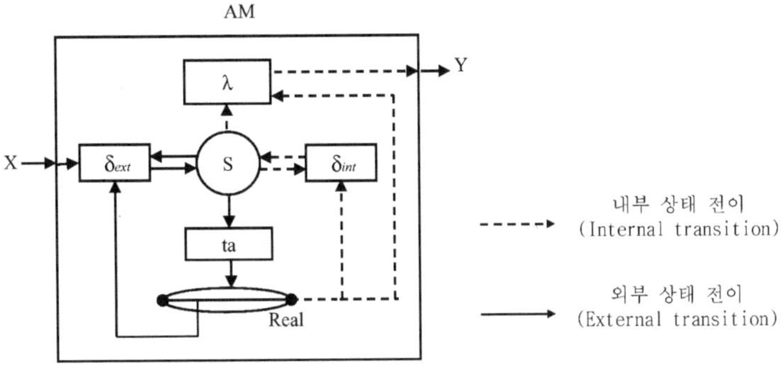

AM = < X, S, Y, δ_{ext}, δ_{int}, ta, λ >

X : 입력사건 집합(input event set)
Y : 출력사건 집합(output event set)
S : 상태 집합(states set)
δ_{ext} : Q × X → S ; 외부상태전이함수(external transition function)
Q={(s,e)|s ∈ S, 0 ≤ e ≤ ta(s)} ; total state of AM
δ_{int} : S → S ; 내부상태전이함수(internal transition function)
λ : S → Y ; 출력함수(output function)
ta : S → Real + ; 시간전진함수(time advance function)

입력사건 집합(X)은 외부에서 모델로 들어올 수 있는 모든 사건의 집합이다. 출력사건 집합(Y)는 모델에서 외부로 내보내는 모든 사건의 집합이다. 상태 집합(S)은 모델이 가질 수 있는 모든 상태의 집합이다. 임의 시점에서 모델은 하나의 상태에 머무르게 된다. 이때 이전 상태에서 현재 상태(s)로 전이한 시점을 기준으로, 현재 상태에 머물고 있는 시간을 경과 시간(elapsed time) e라고 한다. 하나의 상태에는 그 상태에서 머물 수 있는 최대 시간이 정해져 있는데, 이 값은 시간 전진 함수(ta)에 의해서 계산된다. 그래서 0 ≤ e ≤ ta(s) 범위에 있게 된다. 현재 상태(s)와 현재 상태에 머문 시간(e)을 합쳐서 모델의 전체 상태(Q)라고 한다.

외부 상태전이 함수(δ_{ext})는 외부에서 입력사건이 발생했을 대, 내부 상태를 변화시키기 위한 함수이다. 입력사건이 발생했을 때, 모델은 하나의 전체 상태에 있게 되고, 각 경우에 대해서 어떤 상태로 이동할 것인지를 기술한 함수가 외부 상태 전이 함수이다. 외부로부터 아무런 사건이 발생하지 않고, 현 상태에 머물 수 있는 시간이 다 경과하면(e = ta(s)), 내부 상태 전이에 의해서 다른 상태로 이동하게 된다.

내부 상태 전이 함수(δ_{int})는 내부 상태 전이가 발생했을 경우, 어떤 상태에서 어떤 상태로 전이할 것인지를 기술한 함수이다. 내부 상태 전이가 발생하기 바로 직전에 현 상태에서의 출력이 먼저 발생하게 된다. 출력함수(λ)는 현 상태에서 어떠한 출력을 발생할 것인지를 기술하는 함수이다.

원자 모델의 모의논리는 다음과 같다.[8)]

〈단계 1〉 원자 모델은 한번에 1가지 상태(s∈S)에 머물고 있다.

〈단계 2〉 한 상태(s∈S)에 최대로 머물 수 있는 시간은 시간전진 함수 ta(s)에서 정의한다.

〈단계 3〉 한 상태에서 다른 상태로 전이하면, 경과시간을 0으로 초기화하고, 시간전진 함수로부터 그 상태에 머물 수 있는 시간을 구한다.

〈단계 4〉 한 상태(s∈S)에 머물고 있을 때(0≤e≤ta(s)), 외부 입력사건이 발생하면 외부 상태 전이 함수(δ_{ext})에 의해서 다른 상태로 이동하게 된다.

〈단계 5〉 한 상태에 머물 수 있는 시간동안 외부 입력이 없이 모두 경과하면(e=ta(s)), 출력함수(λ)에 의해 출력을 내보내고, 내부 상태 전이 함수(δ_{int})에 의해서 다른 상태로 이동하게 된다.

〈그림 5-4〉는 원자 모델의 예이다. 〈그림 5-4〉에서의 원자 모델 Shooter는 입력사건으로 allocate, impact를 가지고 있고 모델 내부로 향하는 화살표로 표현된다. 출력사건 fire는 모델 밖으로 향하는 화살표로 표현된다. 모델의 상태는 동그라미로 표현되며, 상태의 이름이 표시된다.

모델의 외부 상태 전이는 두 상태 간의 실선 화살표로 표현된다. 외부 상태 전이는 입력사건에 의해서 발생되므로, 실선 화살표 위에는 입력사건을 표시한다. 〈그림 5-4〉에서는 모델의 상태가 ALERT(혹은 DETECT, FIRE)일 경우, 입력 impact가 발생하면 DEMISE 상태로 전이하도록 모델링되어 있다.

8) 상게서.

그림 5-4
원자 모델 예

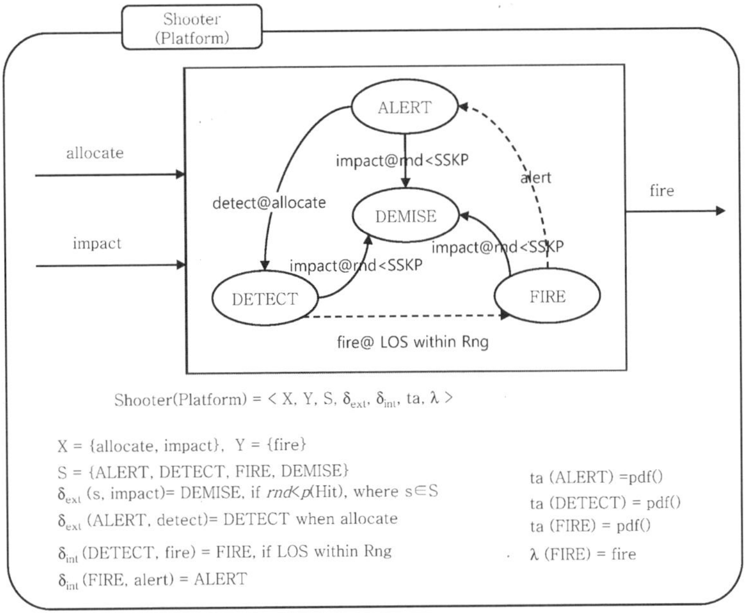

모델의 내부 상태 전이는 두 상태 간의 점선 화살표로 표현한다. 내부 상태 전이는 출력사건을 동반하므로 점선 화살표 위에 발생되는 출력사건을 표시한다. 만약 존재하지 않는다면 표시하지 않아도 된다. 어느 특정 조건이 되었을 경우에만 상태 전이를 하도록 표시해야 하는 경우도 있다. 이것을 표현하기 위해 상태 전이 화살표 위에 @ 기호로 조건을 기술한다. 〈그림 5-4〉에서는 모델의 상태가 DETECT이고 내부 상태 전이가 일어날 경우, 사격가능거리(Rng)에 있고 가시선 형성(LOS: Line of Sight)이 이루어졌을 때 출력사건 fire를 발생시키고 FIRE 상태로 전이된다는 의미이다.

5.4.3 결합 모델

결합 모델은 여러 모델을 내부적으로 연결하여 만든 모델이다. 내부 구성요소가 되는 모델은 원자 모델일 수도 있고, 다른 결합 모델일 수도 있다. 따라서 모델들을 계속 합쳐서 더욱 큰 시스템을 표현할 수 있게 된다. 다음 〈그림 5-5〉는 결합 모델의 명세이다.

그림 5-5
결합 모델 명세

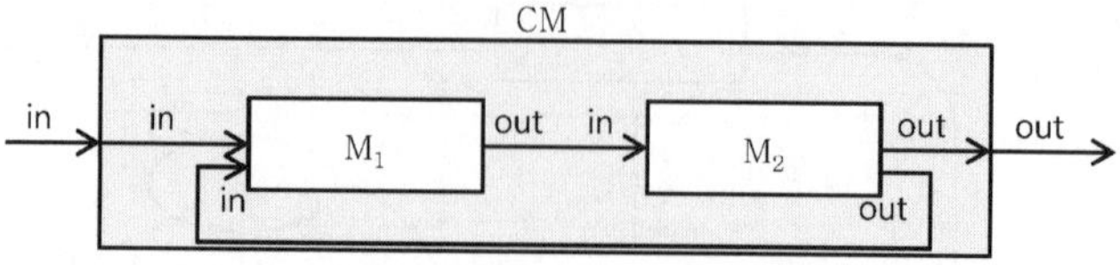

CM = < X,Y,D,EIC, EOC, IC, SELECT>

X : 입력사건 집합(input events set) Y : 출력사건 집합(output events set)

M : 내부 구성모델 집합(set of all component names)

$EIC \subseteq CM.X \times \cup_i M_i.X_i$: 외부 입력 연결관계(external input coupling relation)

$EOC \subseteq \cup_i M_i.Y_i \times CM.Y$: 외부 출력 연결관계(external output coupling relation)

$IC \subseteq \cup_i M_i.Y_i \times \cup_i M_i.X_i$: 내부 연결관계(internal coupling relation)

$SELECT : 2^M - \varnothing \rightarrow M$: 우선순위 지정함수(select function)

결합 모델은 3개의 집합(X, Y, M)과 3개의 관계(EIC, EOC, IC), 하나의 우선순위 지정함수 함수(SELECT)로 이루어져 있다. 입력사건 집합(X), 출력사건 집합(Y)은 앞서 설명한 원자 모델과 동일하다.

내부 구성요소 모델의 집합(M)은 내부적으로 포함하고 있는 모델의 집합이다. 3개의 관계는 결합 모델의 입·출력과 내부 구성요소 혹은 구성요소 모델 사이의 연결관계를 표현한다.

외부 입력 연결관계(EIC)는 결합 모델의 입력사건과 내부 구성요소 모델의 입력사건 사이의 연결관계를 나타낸다. 만약 서로 연결되어 있다면, 결합 모델로 입력사건이 발생할 경우, 연결된 내부 구성요소 모델들의 입력사건이 발생한 것으로 간주하는 것이다. 즉, 사건을 단순히 전달하는 역할을 한다. 이러한 역할 때문에 입·출력 포트라고도 한다. 따라서 외부 입력 연결관계는 결합 모델의 입력 포트와 내부 모델의 입력 포트를 연결한 것이 되고, 입력 포트에 사건이 발생하면, 그 연결 통로를 따라서 내부 모델로 사건이 전달되는 형식으로 이해할 수 있다.

외부 출력 연결관계(EOC)는 내부 구성요소 모델의 출력사건과 결합 모델의 출력사건을 연결한 것이다. 내부 구성요소 모델에서 발생한 출력사건이 결합 모델의 출력사건으로 변환되어 외부로 전달된다.

내부 연결관계(IC)는 내부 구성요소 모델 사이의 입·출력을 연결한 것이다. 내부 구성요소 모델의 출력사건이 다른 구성요소 모델의 입력으로 전달된다.

그림 5-6
결합 모델 예

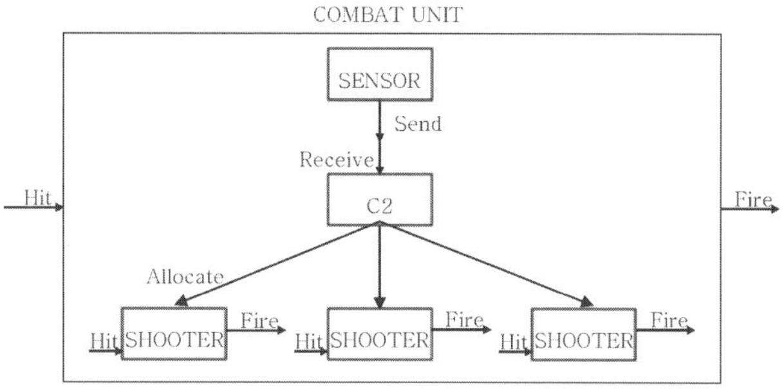

우선순위 지정함수(SELECT)는 내부 구성요소 모델 사이의 우선순위를 결정해 주는 함수이다. 만약 두 모델이 같은 시간에 사건이 발생하면, 두 모델 중 어느 모델 사건을 처리할 것인지를 정해 주는 함수이다.

다음 〈그림 5-6〉은 결합 모델의 예이다. 이 결합 모델 COMBAT UNIT는 내부적으로 모델 SENSOR, C2, SHOOTER로 구성되어 있다.

5.5 페트리 네트 기반 모델링 방법

페트리 네트(Petri-nets)는 1962년 칼 아담 페트리(Carl Adam Petri)의 박사 학위논문의 이론에서 비롯되었다. 1990년도에 들어와서 컴퓨터 분야를 비롯한 생산 공정 등 많은 부분에 적용 가능성이 확인되면서 널리 사용되고 있다. 이는 다음과 같은 특징이 있다.

① 이산 사건 시스템의 구조와 동적과정을 나타내고 그래픽 표현을 제공한다.
② 동시적 비동기적 사건들의 선후관계와 구조적 상호작용을 파악할 수 있다.
③ 통신, 통제, 정보 흐름을 잘 나타내고, 체계의 실행가능 여부를 평가해 주며, 체계 복잡성을 가시화시켜 준다.
④ 분석, 검증, 성능평가를 위한 수학적 도구를 제공한다.

5.5.1 페트리 네트 기본 개념

5.5.1.1 페트리 네트 구성요소

페트리 네트는 아래와 같이 4가지의 구성요소, 즉 4-튜플(tuple)로 이루어져 있다.

$$C = \langle P, T, I, O \rangle$$

여기서, P는 플레이스의 집합, T는 트랜지션의 집합, I는 입력함수 그리고 O는 출력함수를 나타낸다.

플레이스는 시스템에서 트랜지션이 일어나기 위한 조건을 나타내는데, 원(○)으로 표시한다. 트랜지션은 어떤 동작 혹은 사건이 일어나는 것을 나타내며, 막대(|)로 나타낸다. 입력함수는 트랜지션의 전제 조건(precondition)이 되며, 출력함수는 트랜지션이 실행된 후의 상태 변화를 나타낸다. 이들을 구체적으로 정의하면 다음과 같다.

$P = \{p_1, p_2, p_3, \cdots p_n\}$는 플레이스의 유한 집합, $n \geq 0$

$T = \{t_1, t_2, t_3, \cdots t_m\}$는 트랜지션의 유한 집합, $m \geq 0$

$I : T \rightarrow P$는 입력함수로 트랜지션으로부터 플레이스들의 백(Bag)으로 사상

$O : T \rightarrow P$는 출력함수로 트랜지션으로부터 플레이스들의 백으로 사상

여기서, 백(Bag)에 대하여 추가적으로 설명할 필요가 있다. 백은 집합 개념과 유사하지만, 집합에서는 그 구성요소의 반복적인 발생을 허용하지 않고 백에서는 허용하는 것이 차이점이다.

페트리 네트 C에 대하여, 예를 들면

$$C = \langle P, T, I, O \rangle$$
$$P = \{p_1, p_2, p_3, p_4, p_5\}$$
$$T = \{t_1, t_2, t_3, t_4\}$$

일 때, 입력함수와 출력함수를 다음과 같이 나타낼 수 있다는 것이다.

$I(t_1) = \{p_1\}$	$O(t_1) = \{p_2, p_3, p_5\}$
$I(t_2) = \{p_2, p_3, p_5\}$	$O(t_2) = \{p_5\}$
$I(t_3) = \{p_3\}$	$O(t_3) = \{p_4\}$
$I(t_4) = \{p_4\}$	$O(t_4) = \{p_2, p_3\}$

그림 5-7
페트리 네트
구성

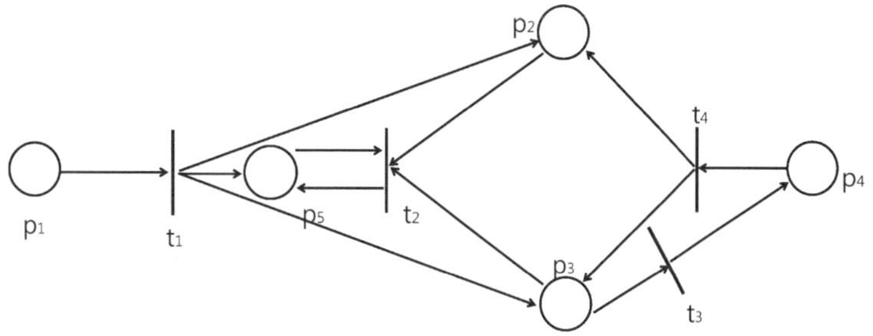

그리고 $I(t_1)=\{p_1\}$은 t_1의 입력(input) 플레이스가 p_1임을 의미하고, $O(t_1)=\{p_2, p_3, p_5\}$는 t_1의 출력(output) 플레이스가 p_2, p_3, p_5임을 의미한다. 다른 것도 마찬가지이다. 이들을 그래프로 나타내면 더욱 쉽게 이해할 수 있다. 플레이스를 원으로 나타내고, 트랜지션을 막대기로 나타내며, 입력함수와 출력함수에 의한 입출력 관계를 고려하여 이를 유향 연결선으로 연결하면, 위의 페트리 네트 C를 〈그림 5-7〉과 같은 그래프로 표시할 수 있다.

5.5.1.2 페트리 네트 구조의 토큰과 마킹

페트리 네트 구조로 시스템의 상태와 상태 전이를 나타내기 위하여 토큰이라는 개념을 도입하고 이를 플레이스에 임의 양의 정수개만큼 존재시킨다. 그리고 토큰을 점(·)으로 표시한다. 그러면 시스템의 상태를 플레이스 내의 토큰의 수로 표시할 수 있게 되고 시스템의 상태 변화도 토큰의 개수의 변화로 표시할 수 있다. 이렇게 시스템의 상태를 플레이스 내의 토큰의 수로 표시한 것을 마킹(Marking) μ이라고 하는데 이는 다음과 같이 정의된다.

마킹 μ는 플레이스 집합(P)으로부터 양의 정수 N으로 사상하는 함수,

$$\mu : P \rightarrow N$$

마킹 μ를 고려한 페트리 네트를 마킹 페트리 네트라고 하고 이를 다음과 같이 표시한다.

$$N=\langle P, T, I, O, \mu \rangle$$

이를 그래프로 표시하면 〈그림 5-8〉과 같다.

그림 5-8
Marked 페트리 네트의 구성

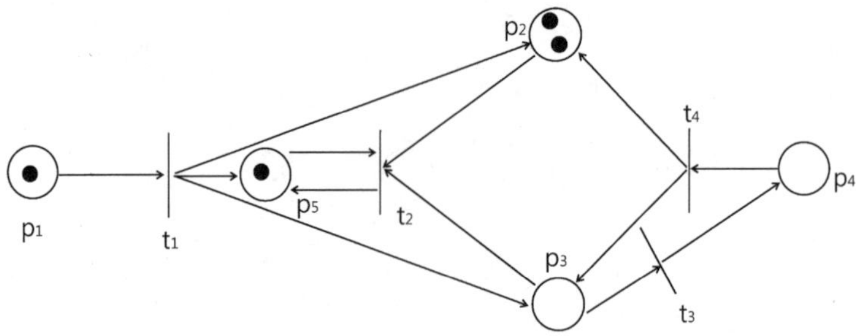

〈그림 5-8〉에서 나타난 상태, 마킹 $\mu=(1, 2, 0, 0, 1)$임을 알 수 있다.

5.5.1.3 페트리 네트의 점화에 의한 상태 전이

시스템의 실행은 트랜지션의 작동을 의미하는데, 이때 트랜지션이 그의 실행 전제조건이 모두 만족되어 실제로 동작을 일으키는 것을 점화(firing)라고 한다. 구체적으로 트랜지션이 점화되기 위한 전제조건은 해당 트랜지션의 모든 입력 플레이스 내에 1개 이상의 토큰이 존재할 때이다. 이렇게 트랜지션이 점화 가능한 상태로 된 것을 활성화되었다고 한다. 예를 들면, 〈그림 5-8〉에서 트랜지션 t_2의 입력 플레이스가 p_2, p_3, p_5이고, p_2, p_3, p_5가 모두 하나 이상의 토큰을 갖고 있다면 t_2는 활성화될 수 있다는 것이다. 이 그림에서는 t_1만이 활성화됨을 알 수 있다.

그래서 임의 트랜지션 $t_j \in T$가 활성화된다는 것은 모는 $p_i \in P$에 대하여 아래 조건을 만족하는 경우이다.

$$\mu \geq \#(p_i, I(t_j)),\ i=1, 2, 3, \cdots, n(\text{플레이스의 개수})$$
$$j=1, 2, 3, \cdots, m(\text{트랜지션의 개수})$$

여기서 $\#(p_i, I(t_j))$는 트랜지션 t_j의 입력 플레이스의 수를 의미한다. 따라서 반드시 활성화된 트랜지션만이 점화가 가능하게 되며, 결국 토큰이 플레이스에 상주하면서 트랜지션의 점화를 통제한다고 할 수 있다.

일단 트랜지션에서 점화가 되면 그 트랜지션의 해당 입력 플레이스로부터 토큰을 제거하고, 동시에 출력 플레이스로 토큰을 이동하여 새로운 토큰을

그림 5-9
갱신된 Marked 페트리 네트

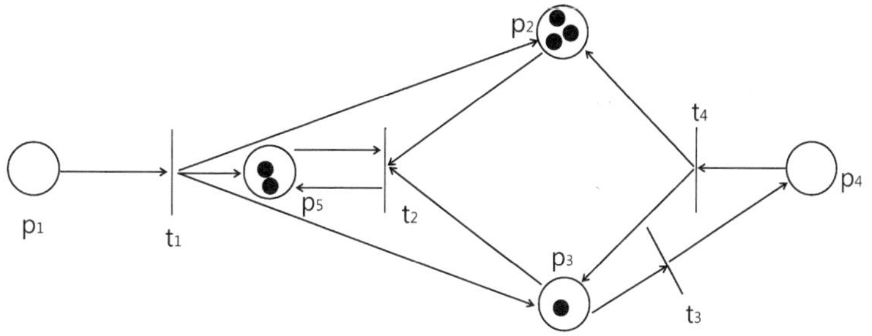

부여하게 된다. 그러면 시스템의 상태, 즉 마킹 μ'는 다음과 같다.

$$\mu' = \mu - \#(p_i,\ I(t_j)) + \#(p_i,\ O(t_j)),\ \text{for}\ \ \forall p_i$$

예를 들면 〈그림 5-8〉에서 t_1에서 점화되었다면, 마킹 페트리 네트는 〈그림 5-9〉와 같이 갱신된다.

〈그림 5-9〉에서는 t_2와 t_3가 활성화될 수 있는데, 여기서 플레이스 p_3을 주목할 필요가 있다. 만약 p_3에 있는 토큰 1개를 트랜지션 t_2에 지정할 것인가 혹은 t_3에 지정할 것인가 하는 것이 문제이다. 이러한 것을 교착상태(deadlock)라고 하고, 이때 페트리 네트는 교착상태되었다고 한다. 왜냐하면 만약 t_2에 지정하면 t_2만이 활성화될 것이고, 그렇지 않고 t_3에 지정하면 t_3만이 활성화되기 때문이다. 교착상태가 발생되는 경우에는 실행을 멈추든지 혹은 우선순위를 부여하여 토큰을 정해 주어야 한다. 그리고 페트리 네트가 이와 같은 교착상태 없이 진행될 때 실연(liveness)이라고 한다.

한편, 시스템의 특성에 따라 임의 플레이스에는 토큰이 양의 정수 k개를 넘지 못하도록 하는 경우가 있는데, 이를 k-묶음(bound)되었다고 한다. 그리고 상태 전이로 토큰의 증감이 일어날 때, 외부로부터 유입되거나 혹은 외부로 빠져나감 없이 진행되는 것을 보전(conservation)이라고 한다.

페트리 네트의 트랜지션 중에 최소한 하나 이상이 활성화된다면 이 실행은 지속적으로 진행되고, 더 이상의 활성화된 트랜지션이 존재하지 않는 경우 실행은 중지된다.

페트리 네트 기반 모델링의 모의논리는 다음과 같다. 페트리 네트 C=〈P, T, I, O〉에서 최초 마킹 μ_0가 주어지면, 활성화된 트랜지션에서 먼저 점화되고 이로 인하여 최초 마킹 μ_0에서 새로운 마킹 μ_1으로 갱신한다. 그리고 갱신된 마킹 μ_1에서 활성화된 트랜지션이 존재한다면 이를 점화하게 된다. 이렇게 상태 갱신으로 새롭게 활성화되는 트랜지션이 존재하는 한 이 과정은 계속되면서 실행하게 된다. 만약 활성화된 트랜지션이 존재하지 않는다면 트랜지션은 점화될 수 없고 이때 실행은 중지하게 된다.

5.5.2 컬러 페트리 네트

컬러 페트리 네트는 순수 페트리 네트의 토큰에 컬러(color) 개념을 도입하여 모델링 능력을 향상시킨 것이다. 여기서 컬러의 의미는 토큰에 식별성을 부여한다는 의미이다. 순수 페트리 네트에서 토큰은 모두 동일한 종류의 것이지만 컬러 페트리 네트에서는 토큰에 컬러, 즉 서로 다른 형태의 토큰을 도입하는 것이다. 컬러 토큰 개념을 도입함으로써 임의 트랜지션에서 입력 플레이스로부터 들어오는 입력 아크와 출력 플레이스로 나가는 출력 아크에 각각 서로 다른 종류의 토큰 개수를 설정할 수 있게 되어 모델링 파워를 더욱 향상시켜 준다. 순수 페트리 네트에서는 트랜지션이 실행될 때 입력 플레이스로부터 오직 하나의 토큰만 제거하고 출력 플레이스에도 하나의 토큰만 부여하고 있지만 컬러 페트리 네트에서는 여러 개 그리고 여러 종류의 토큰을 제거하고 또한 추가할 수 있다. 이는 모델링 시에 사전조건과 사후조건을 보다 융통성 있게 설정할 수 있다는 의미이다.

컬러 페트리 네트에서 플레이스에 컬러 집합(color set) 개념이 도입된다. 컬러 집합은 여러 가지 종류의 토큰으로 이루어진다. 예를 들면, 보급품이라는 컬러 집합을 생각해 보자. 그러면 토큰은 1종, 2종 등이 된다. 그리고 'color 보급품=1종, 2종'으로 표시한다. 컬러 페트리 네트에서는 플레이스 내에 존재하는 토큰들은 컬러집합으로 표시한다. 예를 들어서 플레이스 p_1 내에 1종 보급품 2개와 2종 보급품 1개가 있다면 〈그림 5-10〉과 같이 표시할 수 있다.

그림 5-10
컬러 페트리 네트의 플레이스 표현(예)

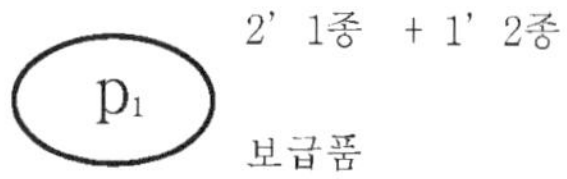

여기서, p_1은 플레이스 이름이고 보급품은 컬러 집합 이름이다. 그리고 p_1 플레이스 내에 컬러 집합 '보급품'의 원소(토큰)로서 1종 보급품이 2개, 2종 보급품이 1개 있다는 의미이다.

트랜지션은 네모상자로 표시된다. 이름은 상자 안에 기록된다. 아크는 입력 아크와 출력 아크가 있는데 입력 아크 상에는 트랜지션을 활성화시키기 위한 입력 플레이스 컬러 집합의 토큰 조합으로 명시한다. 출력 아크 상에는 트랜지션이 활성화되어 실행되었을 때 출력 플레이스에서 생성될 토큰 조합을 명시한다. 컬러 페트리 네트에서는 모든 입력 플레이스에 입력 아크에 명시된 숫자만큼 채울 수 있을 정도의 토큰이 존재할 때 트랜지션이 활성화되어 점화(firing)된다. 실행된 후에는 입력 아크에 명시된 토큰 조합의 숫자만큼 입력 플레이스에서 제거하고 출력 아크에 명시된 토큰 조합의 숫자만큼 출력 플레이스에 생성시킨다. 〈그림 5-11〉은 컬러 페트리 네트에 대한 예를 보여주고 있다.

〈그림 5-11〉은 보급품 포장 프로세스를 모델링하여 나타낸 것이다. 보급품 1종 포장과 2종 포장이 있고, 1종 포장을 통하여 1종 컨테이너 1개를 만들어 내는데 이를 위해서는 4개의 빈 박스와 1개의 1종 꾸러미가 필요하다는

그림 5-11
컬러 페트리 네트

```
Color 박스 = with 빈박스;
Color 보급품 = with 1종 꾸러미 | 2종 꾸러미;
Color 컨테이너 = with 1종 컨테이너 | 2종 컨테이너;
```

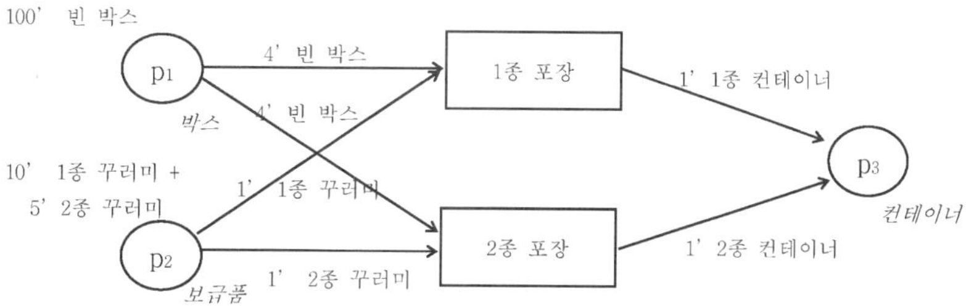

그림 5-12 변수를 이용한 컬러 페트리 네트

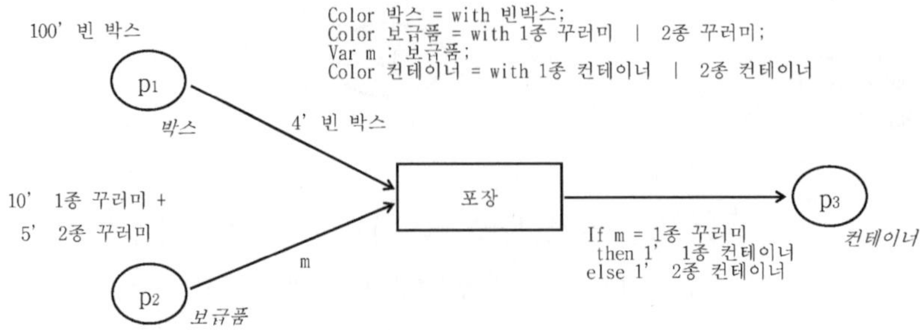

의미이다. 그리고 2종 컨테이너 1개를 만들기 위해서는 4개의 빈 박스와 1개의 2종 꾸러미가 필요하다는 의미이다.

컬러 페트리 네트에서는 특별히 변수(variable)라는 개념이 도입된다. 변수는 시스템을 더욱 융통성 있게 모델링하기 위해서 아크에 첨부되어 있다. 변수는 컬러 집합에 관한 것으로서 아크 표현에서 마치 컬러 집합처럼 사용된다. 변수를 사용하면 〈그림 5-11〉을 〈그림 5-12〉와 같이 간결하게 모델링할 수 있다. 여기서 '보급품'이라는 컬러 집합에 대하여 m이라는 변수를 부여했다. 이를 'var m : 보급품'으로 표시하였다.

또 다른 개념으로 경계함수(guard function)라는 것을 도입하고 있다. 이는 참 혹은 거짓(boolean) 표현으로 트랜지션에 첨부되어 있다. 경계함수는 입력 아크와 연관하여 트랜지션이 활성화되기 위한 추가 조건을 나타낸다. 경계함수가 있는 트랜지션의 경우는 비록 모든 입력 플레이스에 충분한 토큰이

그림 5-13 경계함수를 사용한 컬러 페트리 네트

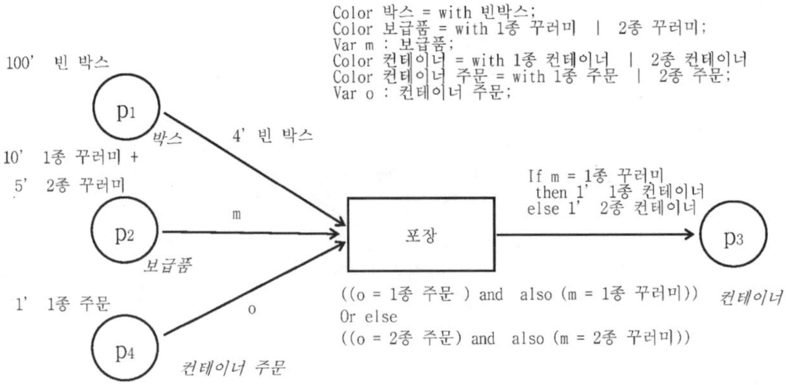

존재하여 활성화될 조건이 충족되더라도 경계함수가 사실이 되지 않으면 활성화되지 않는다. 〈그림 5-13〉은 경계함수를 사용한 예를 보여주고 있다.

이와 같이 컬러 페트리 네트는 보다 강력한 모델링 파워를 제공한다. 그리고 그래픽 모델링과 수학적 형식론을 동시에 제공하고, 모델에 대한 해석적 분석 능력도 제공하여 이산 시스템 모델링에 널리 사용되고 있다.

연습문제

❶ 사건, 활동, 과정을 구분하여 설명하라.

❷ 사건 중심 시뮬레이션을 〈표 5-1〉을 근간으로 20단위 시간까지 실시하라.

❸ 활동 중심 시뮬레이션을 〈표 5-2〉를 근간으로 20단위 시간까지 실시하라.

❹ 과정 중심 시뮬레이션을 〈표 5-3〉을 근간으로 20단위 시간까지 실시하라.

❺ 사건 중심 시뮬레이션, 활동 중심 시뮬레이션, 과정 중심 시뮬레이션을 DEVS로 표현하라.

❻ C4I, 센서-슈터체계, 군수체계 중에서 하나를 택하여 컬러 페트리 네트를 사용하여 모델링 하라.

제6장
연속형식 모델링

연속형식 모델링을 하는 데에는 미분 방정식을 사용한다. 미분 방정식은 시스템의 시간 연속적인 변화를 잘 표현해 준다. 미분 방정식을 사용하여 교전을 모델링한 것을 일반적으로 란체스터(Lanchester)형 전투 모델이라고 하기도 한다. 이산형식 모델링의 경우는 모의논리를 바탕으로 해법을 찾지만 연속형식 모델링은 이산형식 모델링과 달리 정확한 해를 제공한다.

6.1 기본 모델링 방법

연속형식 기본 모델링 방법을 설명하기 위해서 다음을 가정한다.

① 청군과 홍군은 가시거리 및 사거리 내에서 교전을 실시한다.

② 청군과 홍군은 각각 동일 종류의 무기로 구성되어 있고, 피아 무기는 종류가 다를 수 있다.

③ 피아는 상대방 무기의 위치, 그리고 무능화 상태를 알 수 있으며 표적을 제압한 후 즉시 새로운 표적을 획득하여 교전한다.

④ 사격은 표적들에 대해 균등하게 실시한다.

앞의 가정 하에서 교전과정은 미분 방정식으로 다음과 같이 모델링된다.

$$\frac{db}{dt} = -\rho r$$

$$\frac{dr}{dt} = -\beta b, \quad r, b, t > 0, \quad b(0) = B_o, r(0) = R_0$$

여기서,

b : t 시간에 청군의 수

r : t 시간에 홍군의 수

ρ : 홍군의 살상률

β : 청군의 살상률

이를 란체스터 기본 방정식이라고 한다. 란체스터 기본 방정식의 해에는 시간변수를 제외한 해와 시간종속 해가 있다.

시간변수를 제외한 해는 다음과 같다.

$$\beta({B_0}^2 - b^2) = \rho({R_0}^2 - r^2)$$

한편, 시간종속 해는 다음과 같다.

$$b = \frac{1}{2}\left(B_0 - \sqrt{\frac{\rho}{\beta}}R_0\right)e^{-\sqrt{\beta\rho}t} + \frac{1}{2}\left(B_0 + \sqrt{\frac{\rho}{\beta}}R_0\right)e^{-\sqrt{\beta\rho}t}$$

$$r = \frac{1}{2}\left(R_0 - \sqrt{\frac{\beta}{\rho}}B_0\right)e^{-\sqrt{\beta\rho}t} + \frac{1}{2}\left(R_0 + \sqrt{\frac{\beta}{\rho}}B_0\right)e^{-\sqrt{\beta\rho}t}$$

이 방정식은 워 게임에서 전력손실을 평가할 때 사용된다.

6.2 전술 상황별 모델링 방법

기본 교전 모델을 바탕으로 다양한 전술상황을 묘사하기 위한 여러 가지 형태의 모델이 있다. 〈표 6-1〉은 다양한 형태의 교전 모델을 보여주고 있다.

표 6-1 전술상황별 연속형식 교전 모델

모 형	모형의 수학적 의미	시간변수제거한 해	적용상황
$\frac{db}{dt}=-\rho r$ $\frac{dr}{dt}=-\beta b$	청군의 손실률은 오직 홍군의 수에 비례하고 또한 홍군의 손실률도 청군의 수에 비례한다.	$\beta(B_0^2-b^2)$ $=\rho(R_0^2-r^2)$ $b \triangleq b(t)$ $r \triangleq r(t)$	직접화기 교전 (제곱 법칙 방정식)
$\frac{db}{dt}=-\rho br$ $\frac{dr}{dt}=-\beta br$	청군의 손실률은 청군 및 홍군 수의 곱에 비례하고 홍군의 손실률도 홍군 및 청군 수의 곱에 비례한다.	$\beta(B_0-b)$ $=\rho(R_0-r)$	간접화기 교전 (선형 법칙 모형)
$\frac{db}{dt}=-\rho br$ $\frac{dr}{dt}=-\beta b$	청군의 손실률은 청군 및 홍군 수의 곱에 비례한다. 그러나 홍군의 손실률은 오직 청군의 수에 비례한다.	$\frac{\rho}{2}(R_0{}^2-r^2)$ $=\rho(B_0-r)$	게릴라전(혼합 법칙 모형) 청군이 방어지역에서 방어를 실시하고 홍군이 기습 공격을 한다.
$\frac{db}{dt}=-\rho b$ $\frac{dr}{dt}=-\beta r$	청군의 손실률은 청군의 수에 홍군의 손실률은 홍군의 수에 비례한다.	$\beta\ln\frac{B_0}{b}=\rho\ln\frac{R_0}{r}$	교전 초기에 상대 표적을 획득하는 능력보다 서로 상대방에 가장 취약한 상황이다(로그 법칙 모형).
$\frac{db}{dt}=-\rho r+C$ $\frac{dr}{dt}=-\beta b+D$	청군의 손실률은 홍군의 수에 비례하고 홍군의 손실률은 청군의 수에 비례한다. 또한 청군은 C의 비율로 증가하고 홍군은 D의 비율로 증가한다.		청군 및 홍군은 직접화기로 이루어 교전을 실시한다. 한편, 청군은 단위 시간 내에 C 비율로 증강 투입되고 홍군은 D 비율별로 증강 투입된다. 〈증강투입〉
$\frac{db}{dt}=-\rho r$ $\frac{dr}{dt}=-\beta b-SGHC$	S: 청군항공기(단위시간당) 출격수 G: 출격항공기의 생존율(분수) H: 장착 무장의 투하 성공률(분수) C: 청군 항공기에 의한 홍군의 손실수		청군 및 홍군은 직접화기 교전을 실시하고 동시에 청군의 항공기가 홍군에게 공격을 실시한다. 〈항공지원〉
$\frac{db}{dt}=-\rho r-E(b)$ $\frac{dr}{dt}-\beta b-E(r)$	$E(b)$: 단위 시간 내에 홍군 포병지원 사격에 의한 청군의 손실률 $E(r)$: 단위 시간 내에 청군 포병지원 사격에 의한 홍군의 손실률		청군 및 홍군 직접화기 교전을 실시하고 상호 포병화력지원을 받는다. 〈포병화력지원〉

6.3 확장 모델링 방법

확장 모델은 기본 모델에서 확장한 것이다. 이를 설명하기 위해서 다음을 가정한다.

6.3.1 가정

① 청군과 홍군의 기갑부대가 교전을 실시한다. 기갑부대는 접적부대와 예비부대로 구분된다. 접적부대는 상대방과 접적상태에서 상호 피해를 준다. 교전이 진행되는 동안에 예비부대는 일정한 비율로 접적부대로 부대를 투입한다. 투입비율은 예비부대의 크기에 비례하고 투입시간에 반비례한다.

그림 6-1
청군 및 홍군의 기갑전

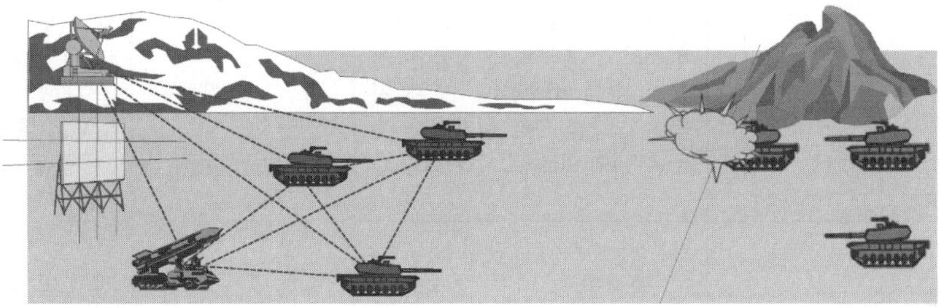

② 청군 및 홍군 부대의 최초 재원은 〈표 6-2〉와 같다.

표 6-2 청군 및 홍군 기갑부대 재원

청 군		홍 군	
청군 접적부대	4,000명	홍군 접적부대	4,000명
청군 예비부대	1,600명	홍군 예비부대	1,500명
청군 평균투입시간	60시간	홍군 평균투입시간	60시간
청군 교전 평균살상시간	55시간	홍군 교전 평균살상시간	30시간
청군 부대의 살상확률	1.1%	홍군 부대의 살상확률	2.5%

6.3.2 모델링

청군/홍군 접적부대의 시간에 따른 변화율을 미분 방정식으로 나타내면 다음과 같다.

$$db_e/dt = -\rho r_e + \gamma_b \quad \cdots\cdots ①$$

$$dr_e/dt = -\beta b_e + \gamma_r \quad \cdots\cdots ②$$

여기서,

b_e : 청군 접적부대　　r_e : 홍군 접적부대

β : 청군 살상률　　ρ : 홍군 살상률

γ_b : 청군 투입률　　γ_r : 홍군 투입률

즉, 청군 접적부대의 시간당 변화율은 ①식에서와 같이 홍군 접적부대의 규모와 살상률에 따라 감소하고 청군 투입률에 따라 증가하는 것을 나타낸다. 홍군 접적부대도 마찬가지이다. 위 식 ①, ②에서 살상률은 부대의 살상확률에 비례하고, 평균살상시간에 반비례한다. 투입률은 예비부대의 규모에 비례하고 평균투입시간에 반비례한다. 이들을 식으로 나타내면 다음과 같다.

$$\beta = P_b / T_b \quad \cdots\cdots ③$$

$$\rho = P_r / T_r \quad \cdots\cdots ④$$

$$\gamma_b = b_r / \tau_b \quad \cdots\cdots ⑤$$

$$\gamma_r = r_r / \tau_r \quad \cdots\cdots ⑥$$

여기서,

P_b : 청군 부대의 살상확률　　P_r : 홍군 부대의 살상확률

T_b : 청군 교전 평균살상시간　　T_r : 홍군 교전 평균살상시간

b_r : 청군 예비부대　　r_r : 홍군 예비부대

τ_b : 청군 평균투입시간　　τ_r : 홍군 평균투입시간

6.3.3 해

①, ②, ③, ④, ⑤, ⑥을 미분 방정식으로 해를 구할 수도 있지만, 일반적으로 컴퓨터를 이용하여 근사해를 구한다. 근사해를 구하는 방법 중에 널리 알려진 것으로 런지-쿠타(Runge-Kutta) 방법이 있다. 이는 다음과 같다.

$$\frac{dy}{dx} = f(x, y, z)$$

$$\frac{dz}{dx} = g(x, y, z)$$

위 방정식에 대하여 x, y, z의 초기값을 x_0, y_0, z_0라 하고 이때 f, g 함수값의 초기값을 f_0, g_0라고 하면 $x^* = x_0 + h$에서 y, z의 근사해는 다음과 같이 구한다.

$$k_1 = hf_0$$

$$l_1 = hg_0$$

$$k_2 = hf\left(x_0 + \frac{1}{2}h,\ y_0 + \frac{1}{2}k_1,\ z_0 + \frac{1}{2}l_1\right)$$

$$l_2 = hg\left(x_0 + \frac{1}{2}h,\ y_0 + \frac{1}{2}k_1,\ z_0 + \frac{1}{2}l_1\right)$$

$$k_3 = hf\left(x_0 + \frac{1}{2}h,\ y_0 + \frac{1}{2}k_2,\ z_0 + \frac{1}{2}l_2\right)$$

$$l_3 = hg\left(x_0 + \frac{1}{2}h,\ y_0 + \frac{1}{2}k_2,\ z_0 + \frac{1}{2}l_2\right)$$

$$k_4 = hf(x_0 + h,\ y_0 + k_3,\ z_0 + l_3)$$

$$l_4 = hg(x_0 + h,\ y_0 + k_3,\ z_0 + l_3)$$

x^*에서 y의 근사치 : $y_0 + \frac{1}{6}(k_1 + 2k_2 + 2k_3 + k_4)$

x^*에서 z의 근사치 : $z_0 + \frac{1}{6}(l_1 + 2l_2 + 2l_3 + l_4)$

이를 이용하여 근사해를 구하여, 청군 부대와 홍군 부대의 결과를 나타내면 〈그림 6-2〉와 같다.

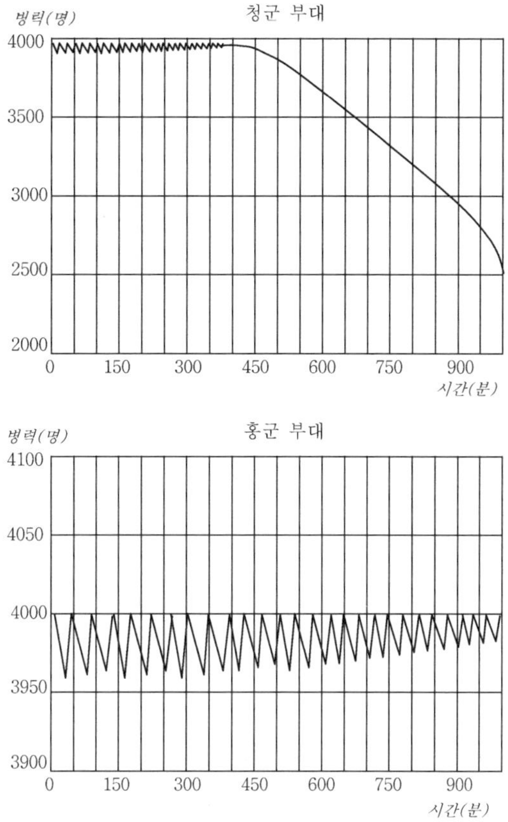

그림 6-2 청군 및 홍군 부대의 교전 결과 그래프

6.4 대부대 교전 모델링 사례

본 절에서는 대부대 전투상황을 연속형식 모델링에 의한 란체스터형 방정식으로 모형화한 사례를 소개한다.

6.4.1 가정

① 최초 청군과 홍군은 t=0에 〈그림 6-3〉에서 보는 바와 같이 I, II 지역에서 각각 B_{10}, B_{20}, R_{10}, R_{20}의 병력으로 교전을 실시한다.

② 홍군은 교전 후 t = T_1 시간에 예비병력을 I 지역에 a의 비율로 투입하기 시작한다.

③ 홍군은 t = T_2 시간에 또한 예비병력을 II 지역에 k의 비율로 투입하기 시작한다.

④ 홍군은 t = T_3 시간에 지역 I의 병력을 지역 II로 c 비율로 이동시킨다. (단 예비병력은 II 지역으로만 d 비율로 투입한다)

⑤ 청군은 t = T_4 시간에 적이 II 지역으로 이동한다는 정보에 따라 I 지역의 병력을 II 지역으로 g의 비율로 이동한다.

⑥ $T_1 < T_2 < T_3 < T_4$이다.

⑦ 교전은 직접화기로 실시한다.

그림 6-3
병력 배치도

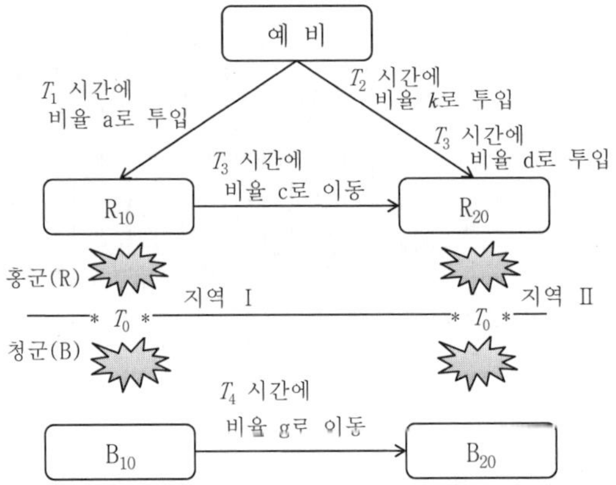

6.4.2 모델링 및 해법

시간별 각 지역에서 발생하는 교전을 란체스터형 방정식을 사용해서 모델링하기 위해서 아래 기호를 정의한다.

b : t 시간에 청군의 수

r : t 시간에 홍군의 수

β : 청군의 살상률

ρ : 홍군의 살상률

그리고 편의상 아래와 같이 소규모 교전을 구분한다.

시간대역	전투시간	소규모 전투이름	
		I 지역	II 지역
1	$0 \sim T_1$	I_1	II_1
2	$T_1 \sim T_2$	I_2	II_2
3	$T_2 \sim T_3$	I_3	II_3
4	$T_3 \sim T_4$	I_4	II_4
5	$T_4 \sim \text{t}$	I_5	II_5

그러면 지역별 시간 대역별 모델은 다음과 같다.

구 분		1	2	3	4	5
		$0 \sim T_1$	$T_1 \sim T_2$	$T_2 \sim T_3$	$T_3 \sim T_4$	$T_4 \sim \text{t}$
I 지역	모형	I_1 전투 $\frac{db}{dt}=-\rho r$ $\frac{dr}{dt}=-\beta b$	I_2 전투 $\frac{db}{dt}=-\rho r$ $\frac{dr}{dt}=-\beta b+a$	I_3 전투 $\frac{db}{dt}=-\rho r$ $\frac{dr}{dt}=-\beta b+a$	I_4 전투 $\frac{db}{dt}=-\rho r$ $\frac{dr}{dt}=-\beta b-c$	I_5 전투 $\frac{db}{dt}=-\rho r-g$ $\frac{dr}{dt}=-\beta b-c$
	초기치	$b(0)=B_{10}$, $r(0)=R_{10}$	I_1 전투로부터 $b(0)=b(T_1)$ $r(0)=r(T_1)$	I_2 전투로부터 $b(0)=b(T_2)$ $r(0)=r(T_2)$	I_3 전투로부터 $b(0)=b(T_3)$ $r(0)=r(T_3)$	I_4 전투로부터 $b(0)=b(T_4)$ $r(0)=r(T_4)$
II 지역	모형	II_1 전투 $\frac{db}{dt}=-\rho r$ $\frac{dr}{dt}=-\beta b$	II_2 전투 $\frac{db}{dt}=-\rho r$ $\frac{dr}{dt}=-\beta b$	II_3 전투 $\frac{db}{dt}=-\rho r$ $\frac{dr}{dt}=-\beta b+k$	II_4 전투 $\frac{db}{dt}=-\rho r$ $\frac{dr}{dt}=-\beta b+c+d$	II_5 전투 $\frac{db}{dt}=-\rho r+g$ $\frac{dr}{dt}=-\beta b+c+d$
	초기치	$b(0)=B_{20}$ $r(0)=R_{20}$	II_1 전투로부터 $b(0)=b(T_1)$ $r(0)=r(T_1)$	II_2 전투로부터 $b(0)=b(T_2)$ $r(0)=r(T_2)$	II_3 전투로부터 $b(0)=b(T_3)$ $r(0)=r(T_3)$	II_4 전투로부터 $b(0)=b(T_4)$ $r(0)=r(T_4)$

연습문제

❶ 기본 교전 모델(란체스터 기본 방정식)의 시간 종속해와 런지-쿠타(Runge-Kutta) 방식의 근사해를 구하는 프로그램을 작성하고 그 결과를 상호 비교하라.

❷ 직접화기 교전과정을 연속형식 모델링 방법으로 모델을 작성하고 최초 청군과 홍군의 수와 살상률에 따른 전투결과를 계산하는 프로그램을 작성하라.

제3부

시뮬레이션 이론과 실제

제7장

객체지향 시뮬레이션

7.1 객체지향 기본개념

객체지향 기술은 최신 소프트웨어 개발기술로서 실세계에 존재하는 물리적 혹은 개념적 개체와 대응되는 객체를 추출하고 이들의 상관관계를 파악하여 객체 중심으로 모델링하여 소프트웨어를 구현하는 기술이다. 오늘날 대부분의 컴퓨터 언어(예 : C++, Java 등)는 객체지향 소프트웨어를 구현하는 데에 적합한 프로그래밍 환경을 제공한다.

객체지향 기술에서 중요한 개념으로는 객체, 메시지, 그리고 클래스가 있다. 이를 객체지향 기반요소라고 한다. 객체는 고유 식별성이 있고 속성과 행위를 가지고 있다. 고유 식별성을 가진다는 의미는 유일하게 존재한다는 것이다. 메시지는 객체에 전달되어 객체가 사전에 정의된 행위에 따라 응답하도록 하는 것이다. 클래스는 객체의 집합이며 객체 생성을 위한 형판(template)으로써 객체 인스턴스(instance)를 위한 그 속성과 행위를 정의한다.

객체지향 기술을 사용하여 구현한 시뮬레이션을 객체지향 시뮬레이션이라고 한다. 객체지향 시뮬레이션은 객체지향 기술에서 제공되는 장점, 즉 소프트웨어의 재사용성, 확장성, 유지보수성을 지니게 된다. 오늘날 대부분의 시뮬레이션은 객체지향 기술을 사용하여 개발되고 있다.

7.2 객체지향 기반요소

7.2.1 객체

객체(object)란 데이터 구조와 그 데이터 구조 위에서 수행할 수 있는 행위(혹은 함수)들을 가진 소프트웨어의 가장 기본적인 단위를 말한다. 객체는 실세계의 개체와 무척 자연스럽게 대응시킬 수 있다. 왜냐하면 실세계의 개체는 상호간 명확한 경계와 의미를 갖는 물리적, 개념적 혹은 추상적인 유일한 존재로 간주되고, 이는 상태와 행위를 가지고 상호작용을 통해 행위를 유발시키기 때문이다. 따라서 실세계의 개체단위를 소프트웨어 객체로 1 : 1 대응시킬 수 있다. 그래서 실세계를 파악하는 시각과 이를 구현하는 시각의 차이를 극복할 수 있게 하여 자연스러운 소프트웨어 설계 및 구현을 할 수 있다. 이것이 객체지향 기법의 뛰어난 장점 중의 하나이다. 객체는 추상화, 캡슐화 그리고 정보 은닉화의 특성을 가지고 있다.

그림 7-1 실세계 개체와 소프트웨어 객체의 대응

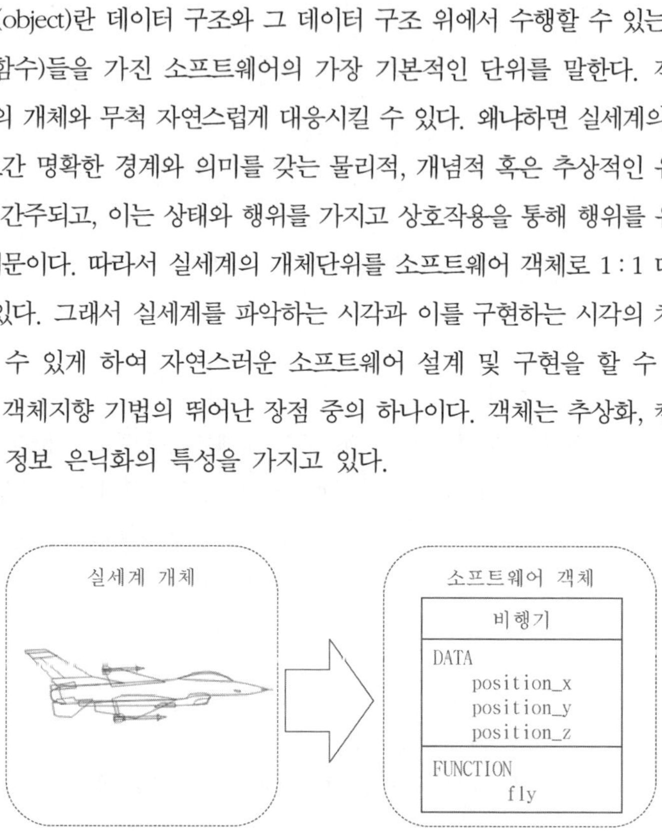

7.2.2 메시지

객체와 객체 간의 정보 교환은 메시지(message)의 교환으로 이루어진다. 임의 객체에 메시지를 보내면 메시지를 수신한 객체는 그의 대응 클래스에서 정의된 절차에 따라 응답하게 된다.

예를 들면, aMissile이라는 객체에 대하여 점(120, 125) 방향으로 〈사격하라(fire)〉라는 메시지를 보낸다고 하면, C++의 경우 aMissile.fire (120, 125)라고 표시되는데, 이는 곧 aMissile 객체의 대응 클래스에 이를 수행하는 절차가 정의되어 있어야만 함을 알 수 있다. 그리고 aMissile 객체는 메시지의 매개 변수(parameter)를 참조하여 (120, 125) 지점으로 이동(행위)하게 된다.

7.2.3 클래스

클래스(class)는 유사한 객체들의 집합 혹은 객체 인스턴스의 데이터 구조와 행위를 정의하는 형틀(template)이라고 할 수 있다.

동일한 클래스에서 생성된 객체는 동일 속성과 행위를 가지고 있다. 예를 들면, '갑' 승용차, '을' 승용차, '병' 승용차라는 객체에 대하여 이들은 하나의 클래스, 즉 승용차라는 클래스로부터 생성될 수 있다. 만약 승용차 클래스의 데이터 구조에 속도, 배기량 그리고 승차인원이 정의되고, 행위에 '주행하다', '정지하다', '승차하다' 그리고 '하차하다'라고 정의되어 있다면, 〈그림 7-2〉와 같은 자료구조와 절차를 공유하게 된다.

그림 7-2
클래스와 객체

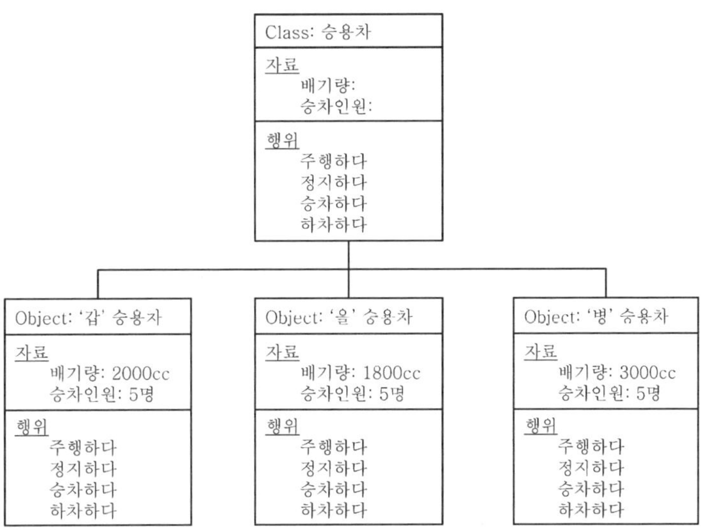

7.2.4 클래스 관계성 및 다이어그램

클래스 관계성은 기본적으로 상속관계, 포함관계, 연관관계로 구분한다. 상속관계는 상위 클래스의 속성과 행위를 하위 클래스가 상속을 받는 관계이다. 예를 들면, 자동차가 상위 클래스라면, 승용차, 화물차가 하위 클래스가 된다. 포함관계는 상위 클래스가 하위 클래스를 포함하는 경우이다. 자동차의 경우에 자동차가 상위 클래스라고 하면 차체, 엔진, 구동장치가 하위 클래스로서 포함관계가 된다. 그 외의 관계를 연관관계라고 한다.

한편, 객체지향에서는 〈표 7-1〉에서와 같이 다양한 다이어그램을 제공하여 객체지향 모델링을 지원한다.

표 7-1 객체지향 모델링 다이어그램

다이어그램	설 명
사용 사례도	사용자/시스템의 사용사례를 표현
클래스 관계도	클래스의 관계(예 : 상속관계, 포함관계, 연관관계)를 표현
순서도	시간순서에 따른 클래스(객체)들의 상호작용(메시지 교환)을 표현
협력도	클래스 간의 상호 관계를 표현
상태전이도	개별 클래스의 상태전이를 표현
컴포넌트도	컴포넌트의 관계성을 표현
배치도	컴포넌트/시스템의 지역적 배치를 표현

7.3 객체지향 시뮬레이션 구성 및 실행

객체지향 시뮬레이션은 기존의 시뮬레이션과는 달리 객체지향 기반요소를 바탕으로 객체지향 패러다임에 따라 시뮬레이션을 구현하는 것이다.

객체지향 패러다임에서는 실세계의 개체와 개체 간의 상호작용을 객체와 객체 간의 메시지 교환으로 파악하고, 실 시스템이 각 개체들 간의 상호작용

그림 7-3
객체지향
시뮬레이션
프로그램 구조

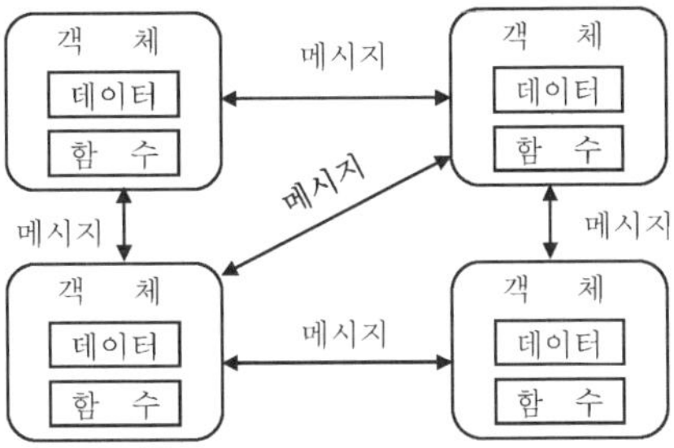

을 통해 작동되는 것과 같이 객체지향 시뮬레이션에서도 객체와 객체 간의 메시지 전달방식으로 작동하는 것이다.

객체지향 시뮬레이션은 객체지향 언어에 의해 구현되는데, 객체지향 언어는 절차적 언어에서 제공되는 순차, 분기, 반복이라는 구현구도와 완전히 다른 객체, 클래스, 추상화(abstraction), 정보 은닉화(information hiding), 상속성(inheritance), 다형성(polymorphism), 그리고 조립성(composition) 등의 속성을 제공한다.

7.4 객체지향 시뮬레이션 구현 사례

7.4.1 BAGSim 개발

BAGSim(BAttle Group Simulation Model) 개발목적은 두 가지이다. 첫 번째 목적은 대대급 이하의 기갑 및 대 기갑전의 전차전술 운용효과를 분석하기 위한 분석도구로 사용하고자 하는 것이다. 예를 들어서 한반도 지형에서 아군 전차부대와 적군 전차부대 간의 기갑교리에 따른 부대편성과 전술 운용 시에 전차 운용효과와 상호피해 및 생존율을 분석하는 데 활용하는 것이다. 여기서 부대편성은 단차, 소대, 중대가 되고, 전술 운용에는 공격, 방어, 역습, 제파식 공격 등이 있다. 두 번째 목적은 차세대 전차를 개발할 때 체계개념분석을 위한 도구로 활동하기 위한 것이다. 전차의 위협에는 적 전차, 헬기, ATGM(Anti-Tank Guided Missile)이 있고 이를 제압하기 위한 각종 무장과 자체 방호를 위한 능동방어, 수동방어, 탐지 및 센서 장치 등이 있다. 차기 전차는 이러한 위협에 효과적으로 대응하기 위하여 새로운 체계를 구성하거나 성능을 획기적으로 향상시킬 것이다. 이를 위한 각종 설계대안을 평가하고 최적 성능을 도출하는 데 분석도구로 활용하는 것이다. 예를 들어 각종 탐지 디바이스 효과분석, 능동방어 효과분석, 장갑 및 탄 성능향상 효과분석, 수동 장전 체계와 자동장전 체계의 효과분석, 특수탄 효과분석, 포탄의 수 및 정확도에 따른 효과분석 등이 있다.

7.4.2 모델 개발절차

BAGSim은 객체지향 기반의 진화적 방법으로 개발되었다. 시뮬레이션 도메인을 논리적으로 표현하기 위해서 FDMS(Funtional Description of Mission Space)를 사용하였다. FDMS는 국방 모델링 및 시뮬레이션 분야에서 시뮬레이션 구현과 독립적으로 문제영역을 표현하는 데 표준을 제공한다. FDMS의 기본 어휘는 임무, 과업, 행동, 개체, 행위, 상태, 조건 그리고 상호작용으로 이루어진다. 이는 전투행위를 개체와 행동 중심으로 추상화하여 구조적으로 표현해 주기 때문에 객체지향 패러다임과 자연스럽게 연계된다. 아래 〈그림 7-4〉는 FDMS를 바탕으로 하는 모델 개발절차를 보여주고 있다. 〈그림 7-4〉에서 보다시피 시뮬레이션 영역에 대해서는 FDMS로 표현하고 이를 통하여

그림 7-4
모델 개발절차

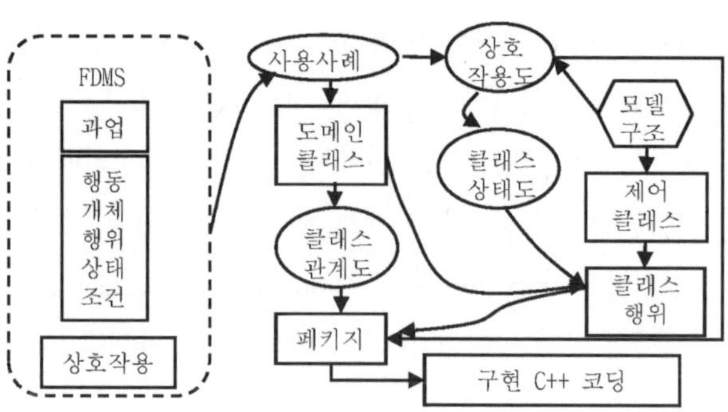

사용사례를 도출한다. 사용사례로부터 클래스와 상호작용도를 작성하고 최종적으로 모듈을 구성한 후에 시뮬레이션을 구현한다.

7.4.3 모델 구조

모델 구조는 〈그림 7-5〉에서 보는 바와 같이 메인 프로세스, 사용자 인터페이스, 전처리 그리고 후처리로 구분된다.

그림 7-5
모델 구조

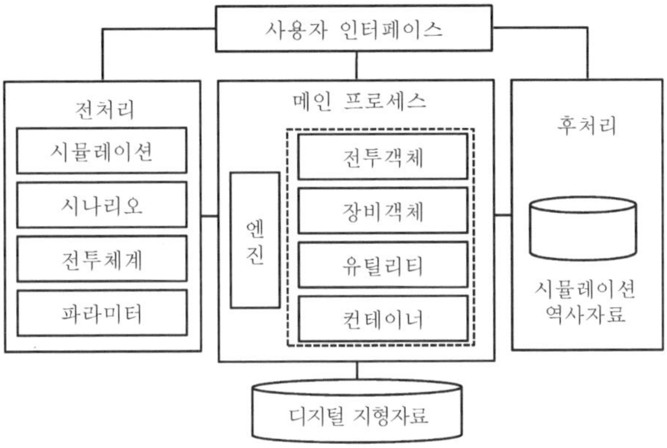

메인 프로세스는 시뮬레이션 엔진, 컨테이너 객체, 전투객체, 장비객체, 유틸리티로 이루어져 있다. 시뮬레이션 엔진은 전투 시나리오에서 각 전투객체의 과업수행 주기에 따라 발생되는 사건을 예정하고 그 예정시간을 스케줄링하여 시뮬레이션 시간을 전진시키면서 사건을 실행시킨다. 컨테이너 객체는 시뮬레이션에 참여하는 모든 전투객체를 포함하여 전투객체 간의 인터페이스를 제공한다. 전투객체는 시뮬레이션 영역의 주요 객체로서 시뮬레이션 수행 주체가 된다. 장비객체는 무기체계, 장비, 구성품을 나타내는 객체이고, 유틸리티는 공통 기능을 제공하는 유틸리티 모임이다.

사용자 인터페이스는 자료 입출력을 위한 그래픽 인터페이스를 제공하고 시뮬레이션 실행 간에 디지털 지형자료와 전투 시각객체를 사용하여 실시간 애니메이션을 제공한다.

전처리는 시뮬레이션 진행을 위한 시뮬레이션 자료, 전투 시나리오 설정을 위한 시나리오 자료, 무기체계 성능과 특성자료를 포함하는 전투객체 자료 그리고 환경 및 구성품 성능 파라미터에 관련된 각종 자료에 대한 입력을 관리한다.

후처리는 시뮬레이션 진행의 역사자료와 승률, 무기체계별 상호살상비율, 무기체계별 생존 혹은 피해상태(완전파괴, 기동제한, 화력제한 등), 무기체계별 시간대별 손실 대수 및 손실 교환율, 발사한 탄과 피탄 결과, 무기체계별 우군 오인 살상률 등을 산출한다.

7.4.4 전투 시나리오 및 개념모델

BAGSim에서 모의되는 전투개체는 전투전차, 지휘전차, 정찰헬기, 공격헬기, 대전차 미사일 그리고 유인체이다. 이들은 임의 전장지역에서 청군과 홍군 부대로 편성되어 교전을 수행한다. 전장지역은 디지털 지형자료(DTED: Digital Terrain Elevation Data) 레벨 II를 사용해서 묘사되는데, 이는 한반도를 100m 간격으로 바둑판처럼 격자로 구성하고 각 격자점의 지형고도를 데이터베이스로 제공하고 있다. 전장 환경에서는 주간, 야간, 조도, 안개, 우천 효과가 고려된다. 전투제대는 청군과 홍군이 각각 전차와 헬기를 소대급에서 중대급까지로 편성하고, ATGM과 유인체는 개별 대수로 구성된다.

각 전투개체는 FDMS에서 정의된 과업수행주기에 따라 교전을 수행한다. 지휘 전차의 과업수행주기는 탐색, 표적할당, 표적선택, 포구지향, 조준, 발사, 명중판단으로 이루어지고, 전투전차는 탐색, 표적선택, 포구지향, 조준, 발사 그리고 명중판단으로 이루어진다. 지휘전차는 예하에 전투전차를 지휘하고 표적을 위협 우선순위별로 할당하게 된다. 정찰헬기는 헬기의 종류에 따라 탐색, 표적할당으로 이루어지거나(경무장 정찰헬기), 탐색, 표적할당, 표적선택, 표적지향, 조준-발사-명중판단으로 이루어진다(중무장 정찰헬기).

공격헬기는 탐색, 표적할당, 표적선택, 표적지향, 조준-발사-명중판단으로 이루어진다. 정찰헬기도 마찬가지로 예하에 공격헬기를 지휘하고 표적을 위협 우선순위별로 할당한다.

전술기동은 디지털 지형자료를 근간으로 하는 바둑판 격자점으로만 기동한다. 전술기동로는 사용자가 지정하거나 기동로 생성방법에 따라 자동적으로 생성된다.

전술형태는 공격, 방어, 제파식 공격이 있다. 최초 교전은 임의 전술형태에 따라 청군과 홍군이 각각의 제대 편성으로 배치되어 시작되고 교전 중에 각 개체는 과업수행주기에 따라 전술행동을 한다.

교전 결과로 상호손상을 일으키고 종료 조건(예를 들어 모두 제압, 임의 시간 및 공간에 도달했을 때)이 만족되면 종료된다.

7.4.5 요구정의 및 사용사례

시뮬레이션 개발 요구정의를 위해서 사용사례를 사용한다. 사용사례도는 FDMS로부터 하나 혹은 여러 개의 개체에서 제공되는 기능 혹은 행동을 도출하여 사용사례로 식별하여 나타낸다. 사용사례는 시뮬레이션이 무엇을 모의하는가를 표현하는 형상단위이기도 하다.

BAGSim에서의 사용사례는 〈그림 7-6〉에서 보는 바와 같이 시뮬레이션

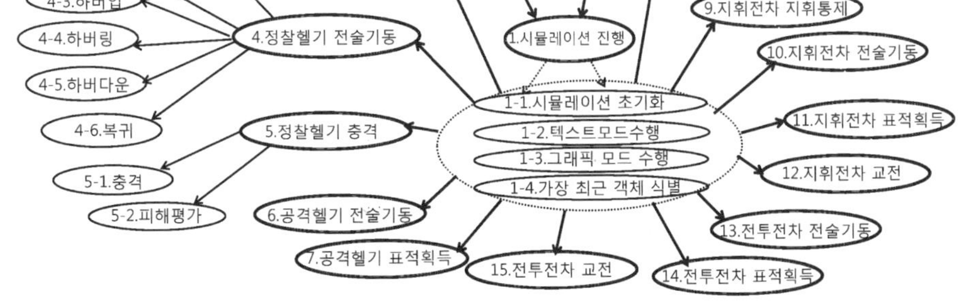

그림 7-6 사용 사례도

엔진과 관련된 사용사례, 헬기임무 수행과 관련된 사용사례, 전차임무 수행과 관련된 사용사례로 구분된다.

〈그림 7-6〉에서 보는 바와 같이 주요 사용사례(사용사례 번호 0~15까지)와 세부 사용사례가 있는데, 주요 사용사례는 과업과 밀접하게 관련되어 있고, 주요 사용사례별 세부 사용사례는 객체행동과 연관성이 있다.

7.4.6 분석 및 설계

분석 및 설계에서는 사용사례와 모델구조를 사용하여 UML(Unified Modeling Language) 다이어그램으로 정적 모델과 동적 모델로 구분하여 작성하였다. 그리고 개별 클래스별로 상태전이도를 작성하여 모듈이 구성되도록 하였다. 정적 모델은 클래스 관계도를 사용하여 정적 특성을 표현한 것이고, 동적 모델은 상호 작용도를 사용하여 동적 특성을 표현한 것이다. 특히, 상호 작용도에서 순서도는 시간진행에 따른 진행과정을 나타내어 주고 있어 전체적인 면에서 시뮬레이션 진행을 잘 표현해 주고 있다. 여기서는 정적 모델에서의 클래스도와 동적 모델에서의 순서도를 중심으로 설명한다.

7.4.6.1 정적 모델

정적 모델은 클래스 구성관계를 표현한다. 클래스는 사용사례로부터 도출되고, BAGSim에서는 총 8개의 주요 클래스, CBAGWin(윈도 객체로서 사용자 인터페이스 제공), CSimEngine(시뮬레이션 엔진 클래스로서 사건 스케줄링과 시뮬레이션 시계 전진 및 사건 집행), CTimer(시스템 타이머를 호출하여 실시간 애니메이션 지원), CSOContainer(지휘전차, 전투전차, 정찰헬기, 공격헬기 클래스를 포함하는 메타 클래스), CCommandVehicle(지휘전차 클래스), CFightVehicle(전투전차 클래스), CScoutHelicopter(정찰헬기 클래스), CAttackHelicopter(공격헬기 클래스)가 있고 이들의 관계는 〈그림 7-7〉과 같다.

CBAGWin 클래스는 각종 그래픽 사용자 인터페이스를 제공한다. 예를 들

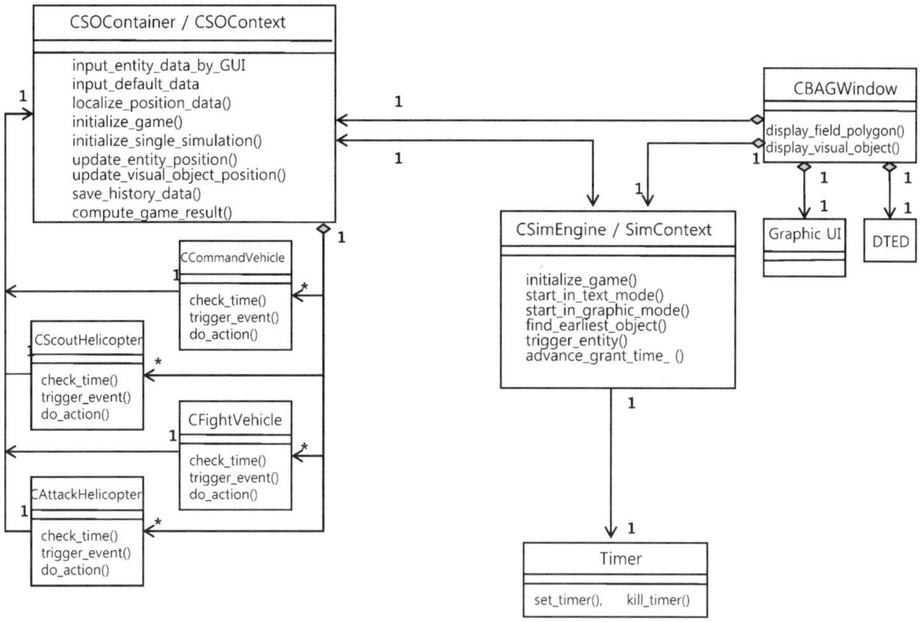

그림 7-7 클래스 관계도

면 메뉴, 대화상자, 클라이언트 영역 등을 제공하여 시뮬레이션 입력, 결과 전시, 애니메이션을 제공한다. CBAGWin 클래스는 CSimEngine 클래스와 CSOContainer 클래스를 포함한다.

CSimEngine는 사용자가 메인 윈도의 사용자 인터페이스를 통하여 시뮬레이션을 직접 제어(예를 들면, 시뮬레이션 실행)한다. CSOContainer는 다시 CEScoutHelicopter, CEAttackHelicopter, CECommandVehicle, CEFightVehicle를 포함한다. 물론 CBAGWin이 이들을 직접 포함할 수도 있지만 CSOContainer를 통하여 facãde 패턴에 따라 객체 간의 인터페이스를 효율적으로 제공하기 위한 것이다. 한편, CSimEngine 클래스는 CTimer 클래스를 포함하여 시뮬레이션 엔진에서 시스템 시간을 주기적으로 호출하도록 한다.

7.4.6.2 동적 모델

BAGSim 시뮬레이션은 객체 간의 메시지를 상호 호출함으로써 수행된다. 동적 모델은 이들 클래스 객체 간의 상호작용을 표현하고 시뮬레이션이 진행되는 동안에 클래스 객체들 사이의 메시지 교환을 나타낸다. 〈그림 7-8〉은 동적 과정을 순서도로 표현하고 있다.

먼저, 사용자는 주화면(CBAGWin)을 통하여 메뉴 및 대화상자를 팝업시켜, 시뮬레이션을 위한 자료를 입력한다(input_entity_data_by_GUI).

예를 들면, 시뮬레이션 데이터, 시나리오 데이터, 전투객체 데이터, 파라미터 데이터 등이다. 필요시에는 디폴트 자료를 사용할 수 있도록 한다(input_default_data). 한편, 모의하고자 하는 전장지역에 따라 객체의 좌표체계가 달라지는데 이를 위하여 지역좌표로 변환한다(localize_position_data). 자료입력이 완료되면, 시뮬레이션 엔진객체(CSimEngine)에게 메시지(start)를 호출하여 시뮬레이션이 개시되도록 한다. 엔진객체는 매크로 객체(CSOContainer)의

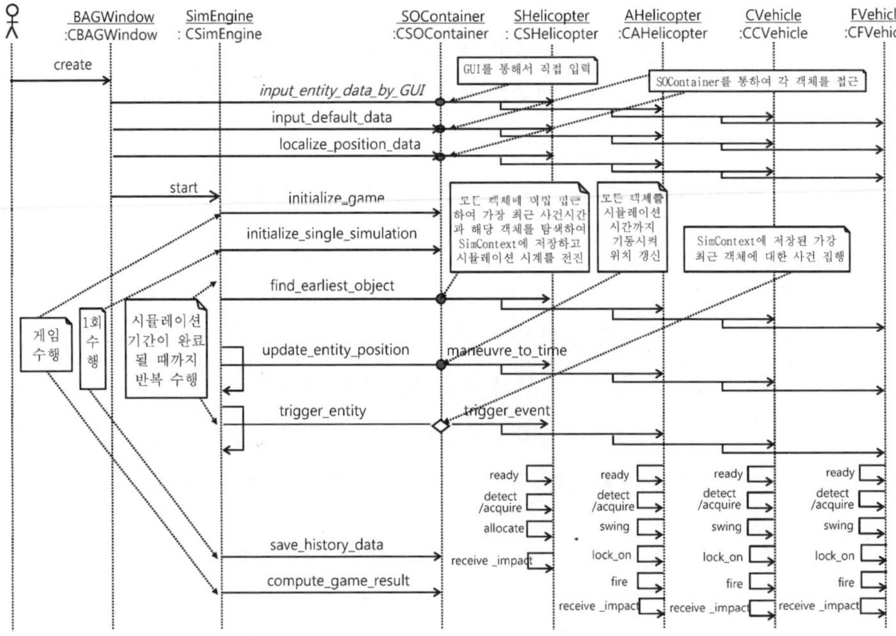

그림 7-8 순서도

전체 게임 초기화 메시지(initialize_game)를 호출하여 초기화한다. 이 초기화는 시뮬레이션 역사 자료를 저장하기 위한 초기화이고, 각종 시뮬레이션 디폴트 자료에 대한 초기화이다. 이후에는 다음의 과정을 반복하게 된다.

시뮬레이션 엔진(CSimEngine)은 매크로 객체(CSOContainer)에게 1회 시뮬레이션을 위한 초기화를 한다(initialize_single_simulation). 여기서 매크로 객체는 지휘전차, 전투전차, 정찰헬기, 공격헬기에 대한 포인트를 가지고 있어 포함관계를 유지하고 이들 멤버 객체에 대한 공동접근이 가능하고 각 객체들에게 공통으로 필요한 기능을 수행한다.

시뮬레이션 엔진은 매크로 객체를 통해 각 객체에 접근하여 가장 최근에 발생할 예정사건을 가지고 있는 객체를 찾아낸다(find_earliest_object). 모든 객체는 3가지 종류의 예정사건을 가진다. 교전활동 사건(표적탐색, 표적획득, 사격 등), 생존여부 사건(타 객체로부터 받은 충격, 생존, 무력화 등) 그리고 기동수행 사건(기동, 정지, 하버업, 하버링, 하버다운 등)이다. 여기서 최근 발생 예정사건을 찾아낼 때 교전활동 사건시간과 생존여부 사건시간을 모두 고려해야 한다. 왜냐하면, 예를 들어서 임의 전차가 헬기에 의해 충격된 사건이 예정되어 있는데, 이후에 예정된 자신의 사격사건을 스케줄할 경우는 인과성 오류가 발생하기 때문이다.

그리고 모든 객체의 위치를 그 시간까지 갱신시키고(update_entity_position) 시뮬레이션 시간을 전진시키면서 해당 객체에게 사건을 수행하도록 메시지를 보낸다(trigger_entity). 여기서 시뮬레이션 엔진이 매크로 객체에게 이 메시지를 보내면, 매크로 객체는 다시 각 객체에게 각각 maneuver_to_time과 trigger_event 메시지를 보내어 기동 전진하고 사건을 수행한다. 그러면 메시지를 접수한 객체는 자신의 상태전이도에 따라 사건을 실행한다. 객체가 사건을 수행한 이후에 자신의 다음 사건을 예정하게 된다. 이렇게 하여 1회의 시뮬레이션이 완료되면 시뮬레이션 역사자료를 저장하게 된다(save_history_data). 이러한 과정을 여러 회 반복하여 시뮬레이션 역사자료를 수집한 후에 시뮬레이션 결과를 분석하여 필요한 결과자료를 생산한다(compute_game_result).

실시간 애니메이션을 위해서는 위의 순서도에서 타이머 객체(CTimer)를 추가적으로 사용한다. 타이머 객체는 일정시간 간격으로 엔진을 호출하고 엔진은 일정시간 간격까지 연속적으로 사건을 스케줄링하여 시뮬레이션 시계를 전진시킨다.

7.4.7 구현

BAGSim은 C++로 구현되었고, PC 윈도우 환경에서 실행된다. 〈그림 7-9〉는 실행과정의 스넵샷을 보여주고 있다.

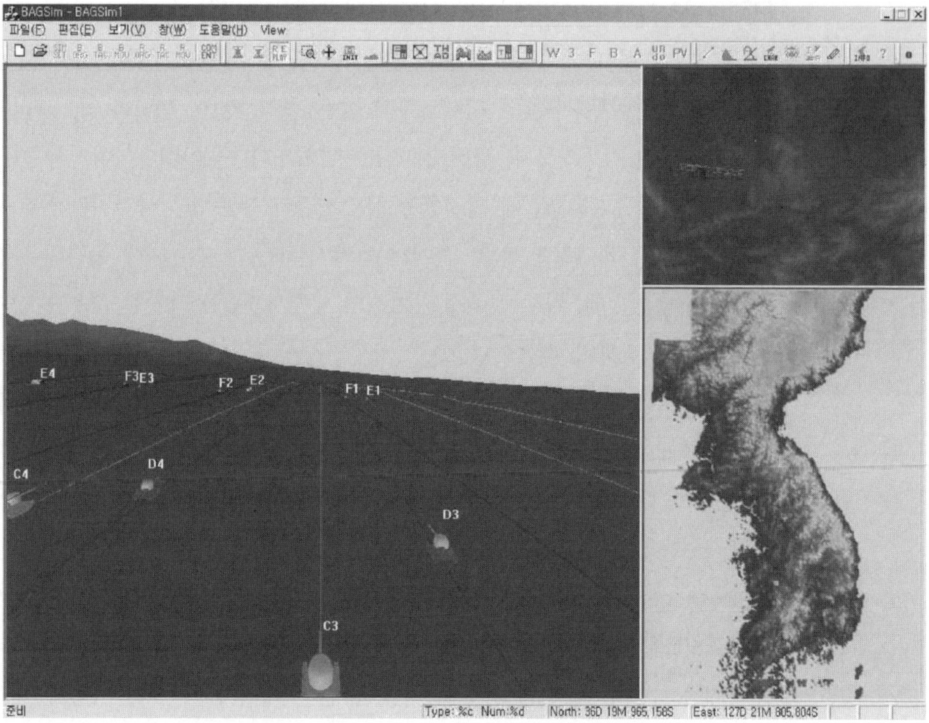

그림 7-9 BAGSim 실행과정 스넵샷

7.4.8 민감도 분석 예

본 모델을 사용한 민감도 분석 사례를 보여준다. 민감도 분석은 네 가지 경우로 구분하였다. 첫 번째는 청군 전차 대 홍군 전차 교전에서 청군 전차 수의 변화에 따른 민감도 분석의 경우이고, 두 번째는 청군 전차 대 홍군 헬기 교전에서 청군 전차 수의 변화에 따른 민감도 분석의 경우이다. 세 번째는 청군 전차 대 홍군 대전차 미사일 교전에서 청군 전차 수의 변화에 따른 민감도 분석이다. 마지막으로 청군은 단일 전차로만 교전하고 홍군은 헬기, 전차, 대전차를 복합적으로 운용하는 경우이다. 네 가지 경우를 설정한 것은 다양한 경우에 전차의 전력변화에 따른 민감도를 보이기 위함이다.

7.4.8.1 경우 1 : 청군 전차 대 홍군 전차 교전 민감도 분석

〈그림 7-10〉은 홍군 전차 1개 소대(전차 수 4대)를 고정 운용하고 청군 전차 수를 변화(1~6대)시키면서 시뮬레이션을 통해 얻은 결과(승률과 생존율)이다.

그림 7-10
전차 대 전차
민감도 분석

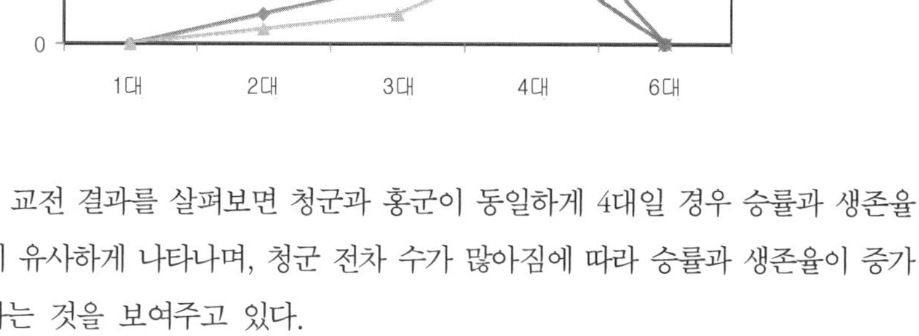

교전 결과를 살펴보면 청군과 홍군이 동일하게 4대일 경우 승률과 생존율이 유사하게 나타나며, 청군 전차 수가 많아짐에 따라 승률과 생존율이 증가하는 것을 보여주고 있다.

7.4.8.2 경우 2 : 청군 전차 대 홍군 헬기 교전 민감도 분석

〈그림 7-11〉은 홍군 헬기 1개 소대(헬기 4대)를 고정 운용하고 청군 전차 수를 변화(1~12대)시키면서 시뮬레이션을 통해 얻은 결과(승률과 생존율)이다.

그림 7-11
전차 대 헬기 민감도 분석

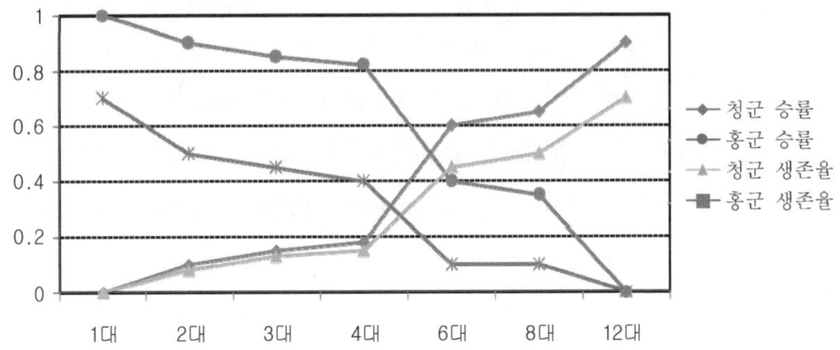

교전 결과를 보면 청군 전차가 6대 이후부터 승률이 증가하며, 생존율은 5대에서 교차함을 볼 수 있다.

7.4.8.3 경우 3 : 청군 전차 대 홍군 대전차 미사일 교전 민감도 분석

〈그림 7-12〉는 홍군 대전차미사일 6기를 고정적으로 운용할 때 청군 전차 수 변화(1~12대)에 따른 승률과 생존율을 나타낸다.

그림 7-12
전차 대 대전차 미사일 민감도 분석

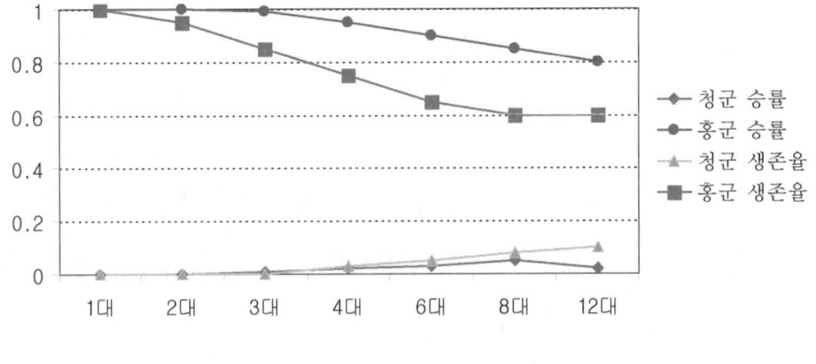

전차 수의 증가에 따라 승률과 생존율도 증가함을 보여주고 있다.

7.4.8.4 경우 4 : 청군 전차 대 홍군 복합 무기체계 교전 민감도 분석

아래 〈그림 7-13〉은 홍군 헬기 및 전차 각각 1개 소대(각각 4대)와 대전차 미사일 3기를 고정적으로 운용하고 청군 전차 수를 변화(1~12대)시키면서 시뮬레이션을 수행한 결과(승률과 생존율)이다.

그림 7-13
전차 대 복합 운용 민감도 분석

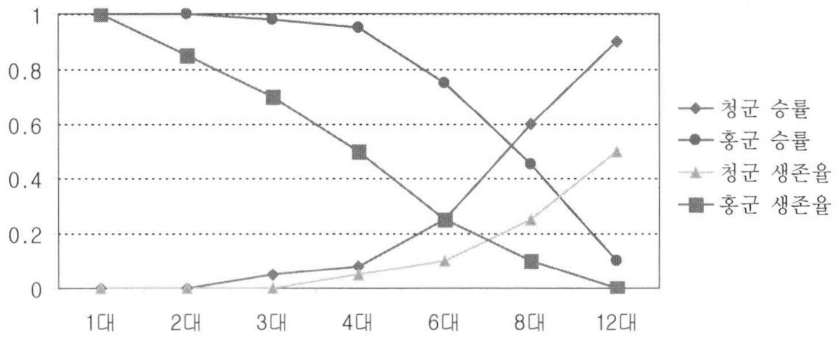

역시 전차 수가 증가함에 따라 승률과 생존율이 증가함을 관찰할 수 있다. 위의 4가지 경우에서 공통적으로 전차 수의 증가에 따라 승률과 생존율이 증가함이 관찰되었고, 기타 경우를 반복 실험한 결과 시뮬레이션이 의도된 바대로 수행함을 확인할 수 있었다.

한편, 각 경우의 민감도 분석에서 동일 승률일 때 청군과 홍군의 무기체계 비율은 곧 개별 무기체계의 상대적 가치 전력을 의미하기 때문에 각종 전술 상황에 따른 무기체계 전력의 상대적 가치도 평가가 가능함을 보여주고 있다.

연습문제

❶ 객체, 클래스, 메시지의 차이를 설명하라.

❷ 객체지향 시뮬레이션과 전통적인 절차지향 시뮬레이션의 차이를 설명하라.

❸ 객체지향 시뮬레이션 엔진을 설계하고 구현 방법을 설명하라.

제8장

실시간 및 분산 시뮬레이션

8.1 실시간 시스템

실시간 시스템이란 시스템의 논리적인 결과의 정확성에만 의존하지 않고 결과가 계산 시간에 의존하는 시스템을 말한다. 실시간 시스템은 항공기 제어, 지휘 통제, 무기체계, 생산공정 제어, 로봇, 교통 통제 등 다양한 분야에 응용되고 있다.

실시간 시스템은 시스템에 요구된 기능을 주어진 시간제한 범위 내에서 모두 수행하고, 시스템 외부환경과의 상호작용이 정확하고 신뢰성 있게 이루어져야 한다. 이러한 실시간 시스템은 계산의 정확성뿐만 아니라 시간 제약이 엄격히 준수되어야 하는 하드(hard) 실시간 시스템과 시간제약이 중요하지만 준수되지 못하더라도 시스템의 기능 수행이 가능한 소프트(soft) 실시간 시스템의 2가지로 구분된다.

8.2 실시간 시뮬레이션과 시간개념

실시간 시뮬레이션 실행에 있어서 시뮬레이션 시간(simulation time)과 WCT(Wall-Clock Time)가 일정한 시간간격을 유지하면서 진행될 때 시뮬레이션이 실시간으로 진행된다고 한다. 시뮬레이션 시간은 시뮬레이션을 전진시키는 논리적 시간(logical time)이고, WCT는 실시간에 대한 참조시간으로써 일반적으로 시스템 시간을 나타낸다.

실시간 시뮬레이션에서는 〈그림 8-1〉에서 보는 바와 같이 일정한 시간 내에 메시지 수신, 메시지 관련 사건처리 그리고 메시지 송신이 이루어진다. 이러한 처리들이 여러 개 존재할 경우, 이를 처리하면서 시뮬레이션 시간을 전진시키기 위해서는 처리시간에 대한 예측이 필수적이다.

그림 8-1 실시간 시뮬레이션의 시간 처리 구분

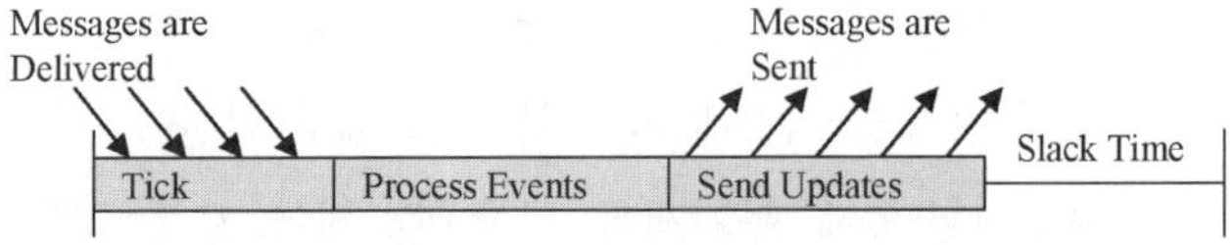

처리시간과 예측은 컴퓨터 운영체계에 의해 이루어지는데, 사건처리 예측을 지원할 수 있는 운영체계를 실시간 운영체계라고 하고 이를 지원할 수 없는 체계를 비실시간 운영체계라고 한다.

8.3 실시간 분산 시뮬레이션 실행 모델

실시간 시뮬레이션은 대부분 병렬 컴퓨팅 환경이나 네트워크 클러스터링 환경에서 이루어진다. 병렬 컴퓨팅 환경에서는 시간제약의 문제가 발생할 경우 계산속도의 증가와 적절한 병렬 알고리즘으로 실시간 성능을 충족시켜 준다. 그런데 실행비용이 비싸다는 단점이 있다. 한편, 네트워크 클러스터링 환경에서는 비교적 비용이 저렴하나 실행상의 최적화 실행 모델을 통해 시뮬레이션이 이루어져야 한다.

8.3.1 비실시간 운영체계 환경에서의 실행 모델

실시간 시뮬레이션이 WCT와 동기화를 위하여 2가지 모델 중의 하나를 사용한다. 시간간격 실행 모델(time-step execution model), 시간샘플 실행 모델(time-sampled execution model)이다.

시간간격 실행 모델에서는 일정시간 간격(△t)으로 시뮬레이션 시계를 전진시키면서 실행된다. 각 시간 간격 내에서는 3가지 프로세스가 진행된다. ① 수신 메시지를 찾아서 가지고 오고, ② 새로운 내부 상태를 계산하면서, ③ 다른 논리 프로세스에 적당한 메시지를 송신한다. 이 프로세스 사이클이 끝나면 내부시간, 즉 시뮬레이션 시계를 △t만큼 전진시킨다. 이 방법은 정상적으로 주기적인 상태갱신을 할 수 있는 이점이 있으며, 비주얼루틴(visualization routine)과 같은 데 유리하게 적용될 수 있다. 예를 들어 비주얼루틴의 임의 사이클에서 애니메이션의 새로운 프레임을 만들어내는 데 적합한 모델을 제공하기 때문이다. 그런데 이 방법에는 약간의 단점이 있다. 큐에 들어오는 새로운 메시지가 넘치지 않도록 하기 위해서 애플리케이션은 각 주기별로 사건 혹은 메시지 큐를 분출해야 하는 문제점이 있다. 시간진행 주기가 고정되어 있기 때문에 모든 처리시간은 △t 내에서 완료되어야 한다. 그러나 수신 메시지의 숫자가 유동적이고 계산상의 다른 요인으로 인하여 각 사이클에서 계산시간이 증가할 수 있다. 그러므로 △t는 적어도 각 사이클에서 처리시간 중에서 가장 긴 시간보다 크게 잡아야 한다. △t와 사이클 주기에서 소요되는 실제 처리시간의 차이를 슬랙시간(slack time)이라고 한다. 이는 〈그림 8-2〉에서 보는 바와 같다. 각 사이클에서 슬랙시간이 0보다 크면 시뮬레이션 시간이 WCT와 정확히 동기화되어서 올바르게 진행된다는 의미이고, 슬랙시간이 0보다 작은 경우에는 사이클 처리시간이 사이클 간격보다 크다는 의미인데 이로 인해 시뮬레이션 시간이 WCT보다 지연되게 된다.

시간샘플 실행 모델은 갱신을 가능한 한 빠른 시간에 알려 주도록 하는

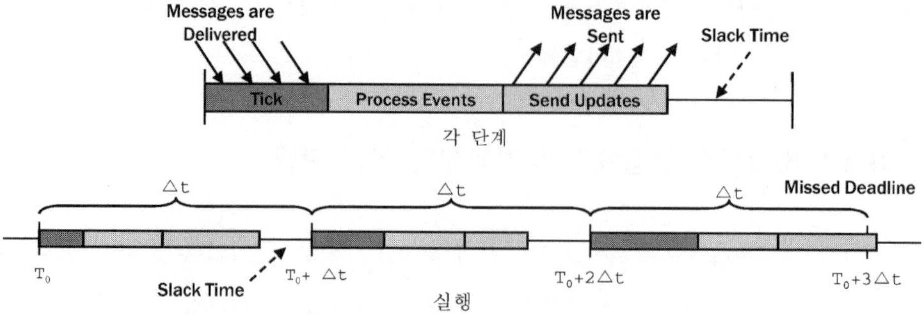

그림 8-2 비실시간 운영체계 환경에서 실행 모델

방식이다. 이는 설계상에 있어서 어떤 입력에 대하여 체계의 응답시간이 아주 중요할 때 적합하다. 슬랙시간에 대한 요구 없이 바로 WCT와 동기화되도록 허용하는 것이다. 이 모델에서 사이클 주기는 시간간격 실행 모델과 유사하지만, 차이는 시뮬레이션 시간을 어떻게 전진시키는가에 달려 있다. 시간샘플 실행 모델에서는 WCT 현재시간을 추출하여 다음 새로운 시뮬레이션 시간으로 바로 설정하는 것이다. 그래서 슬랙시간이 없게 된다.

8.3.2 실시간 운영체계 환경에서의 실행 모델

실시간 분산 시뮬레이션에서는 시간 제약 내에서 프로세스 실행에 대한 스케줄링을 포함하고 있다. 실시간 특성을 가지고 있는 운영체계의 경우에는 프로세스의 계획된 실행이 가능하다. 모든 처리는 특정 기한(deadline) 내에 완료되도록 계획된다. 대표적인 실시간 운영체계로 VxWorks가 있다.

8.4 분산 시뮬레이션 구조

분산 시뮬레이션은 분산 시스템을 기반으로 한다. 분산 시스템은 클라이언트 서버 혹은 PC 클러스터링을 통하여 서로 다른 노드에서 분산 컴퓨팅 서비

그림 8-3
분산
시뮬레이션
구조

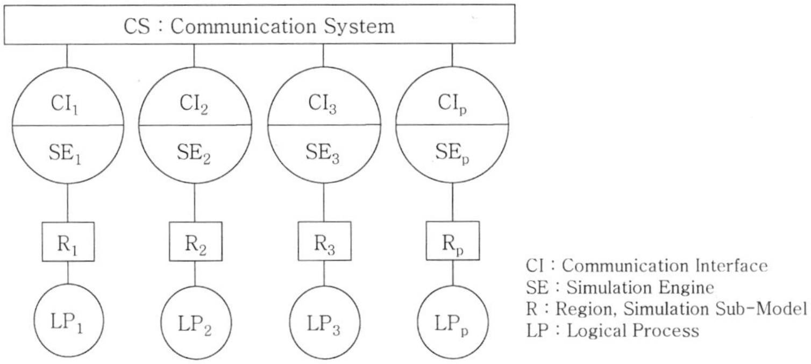

스를 제공하기 때문에 각 노드별로 시뮬레이션 소프트웨어를 실행시켜 분산 시뮬레이션을 가능하게 해 준다.

분산 시뮬레이션 모델에서는 분산 시스템의 물리적 프로세서(PP: Physical Process)를 시뮬레이션 논리 프로세서(LP: Logical Process)로 대응시키고, 개체 간 상호 동작을 메시지 통신으로 대응시킨다. 분산 시뮬레이션 모델 구성 요소와 구조는 〈그림 8-3〉과 같다.

전체 시스템 시뮬레이션은 LP들로 구성된다. LP는 시뮬레이션 엔진(SE: Simulation Engine)에 의해 수행된다. SE는 자신의 지역 시뮬레이션 시계(LVT: Local Virtual Time)와 지역 사건목록(local event list)을 갖는다. SE는 LP 사건을 시간 순차적으로 처리한다. LP 사건은 내부사건(local event)과 외부사건(external event) 두 종류가 있다. 내부사건은 LP 내에서 발생되어 자신의 상태를 변화시키는 사건이며, 외부사건은 다른 LP의 메시지 수신으로부터 발생되는 사건이다.

통신 시스템(CS: Communication System)은 각 LP들이 다른 LP들과 통신을 수행할 수 있는 환경을 제공한다. CS는 병렬 컴퓨터 구조나 분산 환경에서 상호 연결망을 갖는다.

통신 인터페이스(CI: Communication Interface)는 다른 LP들과의 메시지 교환을 담당한다. CI는 LP들의 메시지 교환으로 발생할 수 있는 인과성 오류(casuality error)와 교착상태(deadlock)도 해결한다. 이를 위한 알고리즘으로 동기화 시뮬레이션 알고리즘(synchronous simulation algorithm)과 비동기화 시뮬레이션 알고리즘(asynchronous simulation algorithm)이 있다. 또한 비동기화 알고리즘에는 보수적(conservative) 알고리즘과 낙관적(optimistic) 알고리즘이 있다.

8.5 분산 시뮬레이션 알고리즘

8.5.1 동기화 시뮬레이션 알고리즘

동기화 시뮬레이션 알고리즘에서는 모든 LP들은 항상 같은 LVT(Local Virtual Time)를 갖도록 유지되며 이들은 정해진 시간 간격으로 동시에 진행한다. 다시 말하면 전체 시뮬레이션은 하나의 전체 시뮬레이션 시계(GVT: Global Virtual Time)를 가지고 진행되며 각 LP들은 자신의 LVT를 항상 GVT와 같도록 유지시킨다. 각 LP들은 현재 시간 스텝 i와 다음 시간 스텝 i+1 사이에 존재하는 사건들을 처리하며, 모든 LP들이 이 작업을 끝내야만 다음 시간 스텝으로 진행할 수 있다.

이러한 방법은 비교적 간단하게 인과성 오류 없이 시뮬레이션을 진행할 수 있으며 교착상태도 피할 수 있다. 그러나 각 시간 스텝마다 먼저 자신의 사건들을 처리한 LP들은 다른 LP들이 자신의 작업을 마무리할 때까지 기다려야 하는 경우가 발생하기 때문에 프로세서 간에 작업량의 불균등이 초래되어 전체 시뮬레이션 효과를 감소시킬 수 있다.

전체 시뮬레이션 시간을 유지하기 위하여 일반적으로 하나의 프로세서가 GVT를 전담하는데, 이러한 프로세서 없이 각 LP들이 서로 통신을 통하여 GVT를 관리하는 방법도 있다. 두 가지 모두 각 시간 스텝마다 GVT를 동기화시키는 통신 때문에 시뮬레이션 성능 저하를 가져올 수 있다.

8.5.2 비동기화 시뮬레이션 알고리즘

비동기화 시뮬레이션 알고리즘은 동기화 시뮬레이션 방법과 달리 시간적 제약을 가하지 않으며, 각 LP들은 시뮬레이션 시간상에서 다른 LP와 차이가 나더라도 자신의 사건들을 처리한다. 이 경우는 인과성 오류가 발생할 수 있는 문제점이 있다. 즉, 하나의 LP가 자신들의 사건을 처리해 나가는 데 어느 순간 자신의 LVT보다 작은 시간을 갖는 사건이 외부로부터 들어올 경우, 즉 미래 사건이 과거 사건보다 먼저 처리된 경우에 인과성 오류가 발생한다. 그러므로 비동기화 시뮬레이션 알고리즘에서는 인과성 오류가 발생하지 않도록 하는 방법이 필요한데, 인과성 오류를 해결하는 방법에 따라 보수적(conservative) 알고리즘과 낙관적(optimistic) 알고리즘으로 나눠진다. 보수적 알고리즘은 각 LP들이 인과성 오류가 발생하지 않음을 확신할 때까지 사건 처리를 유보시키는 방법으로 인과성 제한을 엄격히 지키면서 시뮬레이션을 진행시킨다. 반면 낙관적 알고리즘은 각 LP들이 사건 처리를 수행하다가 인과성 오류가 발생하면 그 이전 시점으로 다시 돌아가서 시뮬레이션을 수행하는 방법이다.

그러나 2가지 방법에서는 모두 각 LP들이 지역 인과성 제약을 따라야 하는데 지역 인과성 제약(local casuality constraints)이란 각 LP들은 자신이 가지고 있는 사건을 처리할 때 시간 순서에 따라 처리해야 한다는 것이다. 각 LP들이 이러한 조건을 만족한다면 하나의 LP에서 볼 때 외부에서 들어오는 사건들도 시간 순서로 들어올 것이다. 그러므로 현재 들어온 외부 사건과 자신의 내부 사건들을 비교하여 시간 순서로 사건을 처리한다면 전체적인 인과성 제약(global casuality constraints)을 지킬 수 있다.

8.5.2.1 보수적 알고리즘

보수적 알고리즘을 설명하기 위하여 〈그림 8-4〉 분산 시뮬레이션 노드를 고려한다. 여기서 LP는 내부사건과 외부사건들을 모두 시간 순차적으로 처리하며, CS는 메시지를 보내는 순서를 바꾸지 않음으로써 각 LP에서 볼 때 출발지가 같은 메시지가 항상 시간 순서로 도착하도록 보장한다. LP들 간의 메시지는 ⟨e@t⟩의 형태를 가진다. 여기서 e는 사건이며 t는 그 메시지를 보낸 LP에서 그 사건이 생성되어 보내질 때의 LVT이다. ⟨그림 8-4⟩에서 LP_K의 CI_K에서는 수신되는 메시지가 서로 다른 P개의 LP로부터 비롯된다면, 그 메시지를 각각 수신할 수 있는 P개의 $CH_{i,k}(i=1, 2, \cdots, p)$를 두고 각 입력 채널에는 이를 통하여 들어오는 메시지를 저장하는 입력 버퍼 IB[i]와 채널 시간 CC[i]를 둔다.

그림 8-4
분산 시뮬레이션 *K*노드

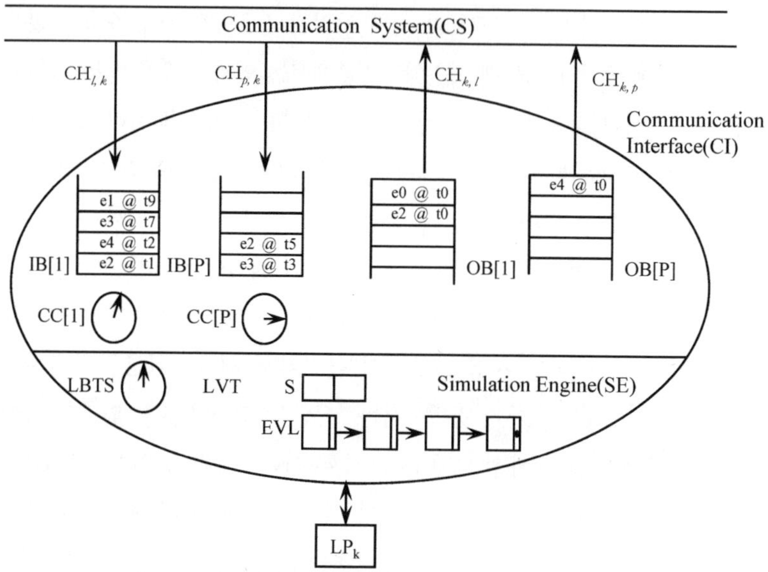

$CH_{i,k}$: Channel (LP_i에서 LP_k 메시지를 보내는 단방향 채널)
IB : input buffer(입력 버퍼)
OB : output buffer(출력 버퍼)
CC : channel clock(채널 시간)
LBTS : low boundary time stamp
LVT : local virtual time (지역 시뮬레이션 시계)
S : system state (시스템 상태)
EVL : event list(사건 목록)
LP_k : logical process(시뮬레이션 논리 프로세스 k)

보수적 알고리즘에서는 IB[i]는 자신에게 들어오는 메시지들을 FIFO(First In First Out) 순서로 처리하며, CC[i]는 IB[i]에서 맨 처음에 들어온 메시지 시간을 저장한다. 초기에 CC[i]들은 0이다. 그리고 LP는 CC[i]와 관련해서 LBTS를 갖는데, 이것은 현재 CC[i] 중에서 최솟값으로 LBTS 이전까지는 외부로부터 메시지 유입이 없다는 의미이며, 시뮬레이션은 인과성 오류 없이 진행시킬 수 있는 시간 대역이 된다. 그래서 SE_K는 LBTS보다 작은 시간을 갖는 외부사건과 내부사건만을 처리하고 LP_K의 LVT를 이 시간만큼 전진시키고, 필요하면 다음 사건을 스케줄링한다. LP_K의 LBTS 내에서 이루어지는 시뮬레이션은 순차적 시뮬레이션과 같다. 사건처리 후에는 필요시 사건 메시지를 다른 LP로 보내기 위하여 출력 채널($CH_{k,\,i}$)을 두며 각 채널마다 출력 버퍼 OB[i]를 둔다. 그래서 메시지가 출력 채널을 통하여 다른 LP_i로 보내진다.

이와 같은 방식으로 시뮬레이션을 진행시키는 보수적 알고리즘으로 잘 알려진 것이 Chandy-Misra 알고리즘이다. 이 알고리즘에서 ts(e)는 사건 e의 시간표(Time Stamp) 이다.

Chandy-Misra( ) 알고리즘

```
1: LBTS  0 ; LVT 0 ; EVL { };
   S {initial state}; CC[ ];
2: for all internal event(iei) caused by S,
   insert 〈iei@t〉 in EVL;
3: while simulation completion criterion
   (LVT simulation period) is not met do
4:          for all IB[ ], wait until IB[ ] is not empty
                insert the time stamp of the first message
                of IB[ ] into CC[ ];
5:          LBTS=min CC[ ];
6:          while LVT is smaller than or equal to LBTS
7:               if ts(the first event in EVL) 〈 LBTS
                        select e from the first event in EVL
                 else
                        select e from the first event in IB[ ];
8:               if e is internal event
                        process the event e; remove it; update S;
                        schedule for next event in EVL;
                        LVT=ts(e);
                 else
```

```
                    send e w/ overhead for relevant OB[ ];
                    send null w/ overhead for others;
9:          end while
10: end while
```

8.5.2.2 낙관적 알고리즘

낙관적 알고리즘은 제퍼슨(Jefferson), 소이럴(Sowizral) 등에 의해 제안되었다. 이 알고리즘에서는 각각의 LP들이 지역 인과성 제약을 지키면서 시뮬레이션을 진행시키는 것이 아니라 인과성 제약을 고려하지 않고 시뮬레이션을 진행시켜 나가며 도중에 인과성 오류가 발생되면 이를 해결할 수 있는 방법을 제공한다. 인과성 오류는 외부 메시지의 시간표를 관찰함으로써 발견될 수 있다.

만약 자신의 LVT보다 작은 시간을 갖는 외부 메시지가 도착하면 이것은 시간적으로 과거의 사건이므로 시뮬레이션은 이 메시지 시간으로 롤백(rollback)한다. 롤백이 발생하였을 때 시뮬레이션은 과거의 시점으로 되돌아가야 하므로 그 시점의 상태변수들이나 EVL 등을 알고 있어야 하는데 롤백이 되는 시점을 예측할 수 없으므로 지금까지 진행되어 온 시뮬레이션 과정을 모두 저장해야 한다.

8.6 실시간 분산 시뮬레이션 구현 사례

본 절에서는 실시간 분산 시뮬레이션의 예로서 저자가 개발한 M-SAM (Medium range Surface to Air Missile) 시뮬레이션 개발 사례를 소개한다.

8.6.1 M-SAM 시뮬레이션 개발 프로세스

M-SAM 시뮬레이션 개발 절차는 제10장에서 설명한 FEDEP(FEderation

Development and Execution Process)를 기반으로 〈그림 8-5〉와 같이, 문제 정의, 페더레이션 개념 분석, 페더레이션 설계, 페더레이션 개발, 페더레이션 통합/시험, 그리고 페더레이션 실행/결과 분석 단계로 이루어진다. 여기서 페더레이션은 분산 시뮬레이션을 의미한다. 〈그림 8-5〉의 아랫부분은 개발 산출물을 나타낸다. 산출물은 UML의 다이어그램뿐만 아니라 기타 산출물(예를 들어 DoDAF 산출물)을 사용할 수 있다. DoDAF(Department of Defense Architecture Framework)는 미국 국방부의 아키텍처 프레임워크이다.

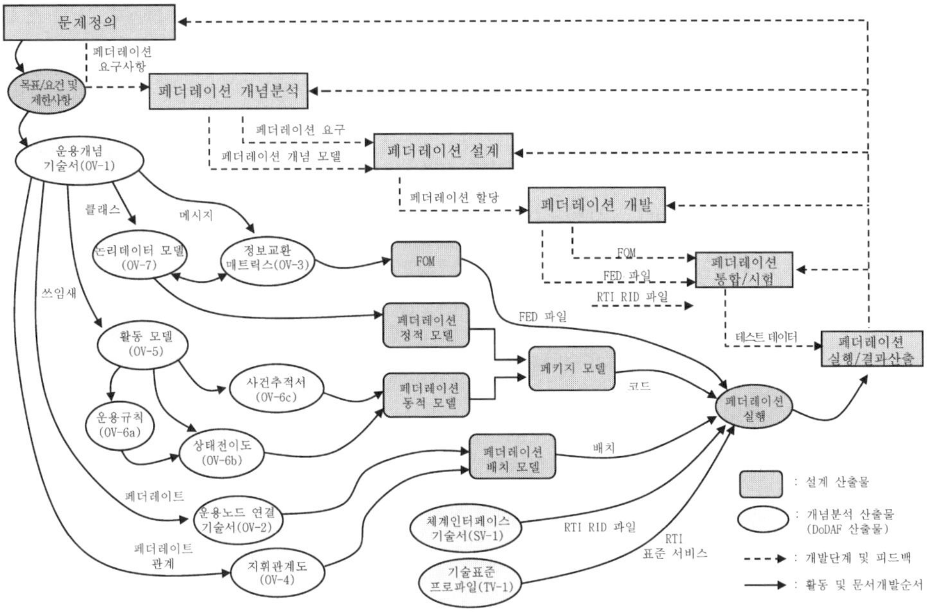

그림 8-5 M-SAM 시뮬레이션 개발 프로세스

문제정의 단계에서는 사용자가 페더레이션을 사용하여 해결해야 할 문제와 페더레이션의 목적과 임무를 정의한다. 그리고 요건과 제한 사항을 정의한다.

페더레이션 개념분석 단계에서는 운용개념을 설정하고 요구기능 혹은 쓰임새를 분석한다. 또한 클래스 분석, 사건추적 분석, 교환정보 분석, 운용노드 연결 분석, 체계 인터페이스 분석, 그리고 기술 프로파일을 설정한다.

페더레이션 설계 단계에서는 개념모델의 산출물을 바탕으로 FOM(Federation Object Model), 페더레이션 정적 모델, 페더레이션 동적 모델을 작성한다.

페더레이션 통합 및 시험 단계에서는 물리적 컴퓨터 플랫폼에 코드를 탑재하여 통합 실행하고 시험한다.

마지막으로 페더레이션이 실행되고 결과들이 분석되어 최초 단계에서 설정한 문제에 대한 솔루션을 제공하게 된다.

8.6.2 페더레이션 목적

M-SAM 페더레이션의 목적은 방공교전 과정을 실시간 모의하여 가상 프로토타입(virtual prototype) 역할을 수행하는 것이다. M-SAM 페더레이션의 구성요소 및 역할은 다음과 같다.

① 시뮬레이션 관리통제 센터(SMCC: Simulation Management and Control Center) : 시뮬레이션의 시작과 종료를 제어하고 실행과정에 대한 모니터링을 제공한다.

② 공중위협 모의기(ATS: Air Threat Simulator) : 표적을 모의한다.

③ 다기능 레이더(MFR: Multi-Functional Radar) : 표적 탐색 및 탐지를 모의한다.

④ 통제 체계(ECS: Engagement Control System) : 표적의 위협을 평가하고 표적할당을 하며 교전통제를 모의한다.

⑤ 발사대(LAU: LAUncher/Missile) : 미사일 발사대를 모의한다.

⑥ 비행 유도탄(MSL: MiSsiLe/Flight) : 발사되는 미사일 체계를 모의한다.

M-SAM 페더레이션은 실시간으로 대공 교전과정을 모의해 주면서 실시간 제약조건을 만족하면서 다음과 같은 요건과 제한사항을 만족해야 하는 것으로 한다.

① SMCC : 전장배경을 전시하고 표적기동정보와 미사일 비행정보, 교전상태정보, MFR/ECS/LAU/MSL에 대한 상태정보를 실시간으로 전시한다.

② ATS : 최대 60개의 항적을 생성한다. 생성된 항적을 텍스트로 전시하고,

동시에 표적정보를 MFR에게 10Hz 속도로 전송하며, 또한 표적생성정보를 SMCC로 전달한다.

③ MFR : 10Hz 속도로 항적 데이터를 획득 · 처리하고, 이를 텍스트로 전시하며 ECS로 전송한다. 그리고 자신의 상태정보(표적획득정보)를 SMCC로 전달한다.

④ ECS : 10Hz 속도로 데이터를 융합하여 항적파일 정보를 생성하고 또한 위협평가 및 표적할당(TEWA: Threat Evaluation Weapon Assignment)을 수행한다. 그리고 TEWA와 관련된 정보를 SMCC로 전달한다.

⑤ LAU : ECS 통제 하에 교전명령을 수행하고, 상태정보(MSL 준비 및 할당정보)를 텍스트로 전시하여 이를 SMCC로 전달한다.

⑥ MSL : 하나의 LAU에 8기 보유, 상태정보(lock-on 및 제압정보)를 텍스트로 전시하고 이를 동시에 SMCC로 전달한다.

또한, 분산 시뮬레이션은 LAN 환경에서 HLA/RTI 하부기반 하에 수행되도록 한다.

8.6.3 페더레이션 개념 분석

8.6.3.1 운용개념

페더레이션 실행 간에 각 페더레이트의 운용개념은 〈그림 8-6〉과 같으며 세부적으로 설명하면 다음과 같다. SMCC는 시뮬레이션 실행을 관리하고 통제한다. 분산 시뮬레이션 시작과 종료를 통제하고 분산 시뮬레이션을 위한 표적 생성 시나리오를 설정한다. 그리고 이 표적을 ATS에서 생성하도록 한다. 한편, 시뮬레이션이 진행되는 동안에 ATS, MFR, ECS, LAU, MSL로부터 상태정보를 수신받아 이 정보들을 전시하고 교전과정을 그래픽으로 전시한다. 교전과정에서는 LAU에서 발사되는 미사일과 해당표적이 실시간으로 전시된다. ATS는 M-SAM이 제압해야 하는 공중위협을 모의한다. 이는 SMCC부터 시뮬레이션 시작과 표적 생성정보를 수신하여 실시간으로 표적정보를 생성한다.

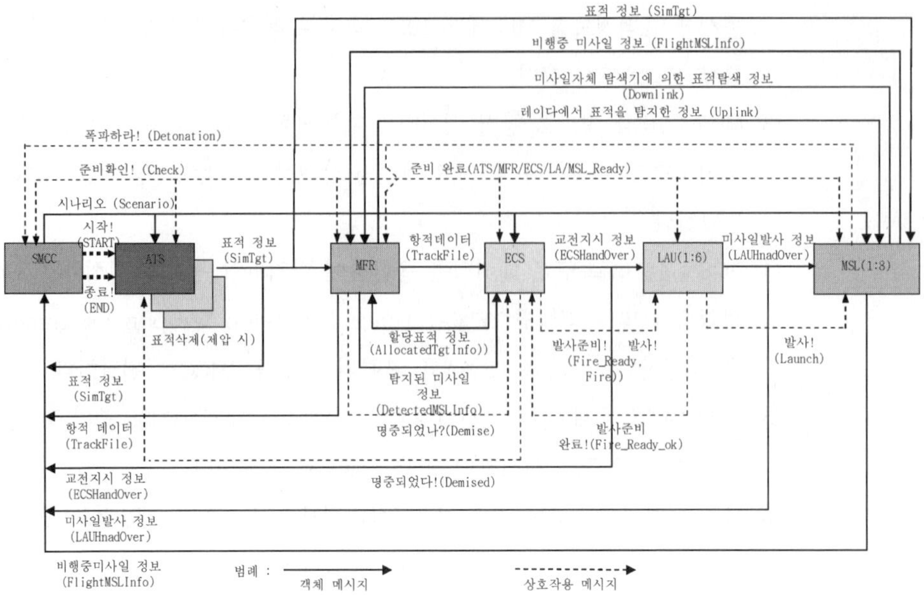

그림 8-6 M-SAM 운용개념 및 시나리오

MFR은 ATS로부터 생성된 표적에 대하여 탐지거리 내에 들어오면 이를 탐지하여 ECS에 송신한다. ECS는 교전통제체계로서 LAU를 통제하여 교전을 지시한다. MFR로부터 표적을 수신하면 항적 데이터를 융합하고, 융합 항적파일을 생성하고 이를 근거로 위협평가와 표적을 할당한다. 그리고 LAU에게 표적에 대한 교전과 발사준비 지시 및 사격 명령을 내린다. LAU는 ECS로부터 교전명령 지시를 받아 표적에 대하여 미사일을 발사한다. MSL은 LAU로부터 발사되어 표적을 제압한다.

8.6.3.2 요구기능(혹은 쓰임새) 분석

기능분석은 시스템이 무엇을 해야 할 것인지에 초점을 두고 전통적인 시스템 공학적 방법으로 기능을 분해하여 모델링할 수 있고, 소프트웨어 공학의 쓰임새를 근간으로 쓰임새도(usecase diagram)로 모델링할 수 있다. 기능분석은 개략 기능분석과 상세 기능분석으로 구분한다. 시스템 공학적으로 모델링할 경우에는 기능분해 정도에 따라 개략 기능분석과 상세 기능분석으로 구분한다. 한편, 쓰임새도로 모델링할 경우 개략 기능분석은 상위 쓰임새도를 사용해서 하고, 상세 기능분석은 하위 쓰임새와 문서화 방법을 사용한다. 쓰임새들을 사용하여 기능분석을 할 경우에 개략 기능분석을 위한 쓰임새 모델의 템플릿은 〈그림 8-7〉과 같다.

그림 8-7
기능분석 쓰임새 모델 템플릿

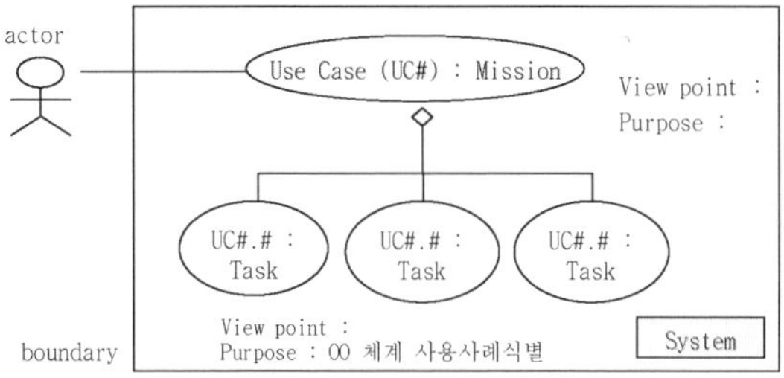

M-SAM 페더레이션의 개략 기능분석 결과를 쓰임새로 나타내면 〈그림 8-8〉과 같다.

그림 8-8
개략 기능분석의 쓰임새 모델

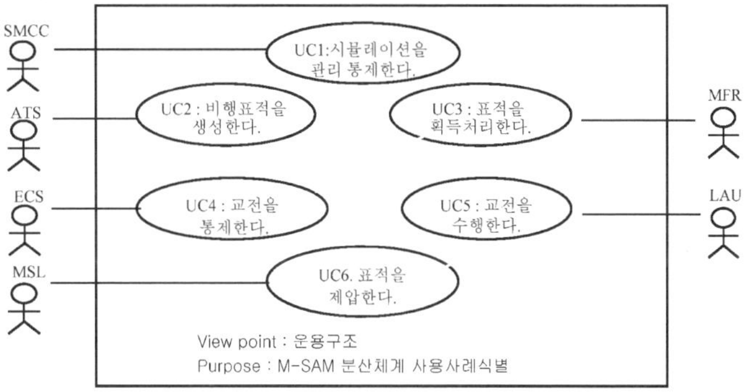

〈그림 8-8〉의 각 쓰임새 별로 하위 쓰임새의 문서화 방법에 따라 상세 모델로 나타낸다.

상세 모델에서는 개략 명세, 사건 흐름, 사건 제어, 사전 조건, 사후 조건을 포함하고, 사건은 E(Event), 사건에 따른 행동은 A(Action) 그리고 메시지는 M(Message)으로 표현된다. 〈그림 8-9〉는 〈그림 8-8〉의 쓰임새 중에서 UC4의 하부 쓰임새 UC4.2에 대한 상세 모델을 보여주고 있다.

그림 8-9 상세 기능분석의 쓰임새 기술서

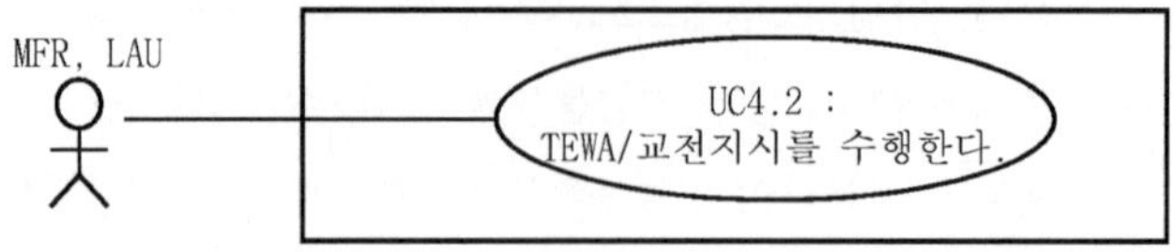

- 개략명세
  ECS에서 CTA 정보를 기반으로 TEWA를 수행한다.
- 사건 흐름
  UC4.1-E1(A1, A2, M1, M2, M3), E1(M4, M5)
  - E1 : ECS에서 UC5.1-M1(LAU로 부터 발사준비 완료 사건 메시지) 수신사건이 발생한다.
  - A1 : ESC는 위협평가를 수행한다.
  - A2 : ECS는 LAU 표적을 할당한다.
  - M1 : ECS는 LAU에게 HandOver 데이터 메시지를 전송한다.
  - M2 : ECS는 LAU에게 발사준비 사건 메시지를 송신한다.
  - M3 : ECS는 MFR에게 할당 표적 데이터 메시지를 송신한다.
  - M4 : ECS는 LAU에게 발사명령 사건 메시지를 송신한다.
  - M5 : ECS는 MFR에게 LAU/Msl의 데이터 메시지를 송신한다.
- 사건제어
  UC4.1-E1 발생시에 CTA 표적이 존재하고, MSL이 가용할 때 처리
- 사전조건
  표적, MSL이 가용
- 사후조건

8.6.3.3 클래스(혹은 논리 데이터) 분석

클래스(혹은 논리 데이터) 분석에서는 운용개념과 시나리오로부터 클래스를 식별하고 각 클래스의 개략 데이터 멤버와 행위를 분석한다. 식별된 클래스는 다음과 같이 6개이다.

① SMCC : 각 페더레이트의 상태를 그래픽 및 텍스트 모드로 출력한다.

② ATS : 비행 표적을 생성하여 표적을 모의한다.

③ MFR : 비행 표적 중 최대 탐지거리 내에 들어온 표적에 대하여 트랙 파일을 생성하여 ECS에게 송신하며 표적을 정밀 및 비정밀 추적한다.

④ ECS : MFR로부터 수신 받은 표적 정보를 가지고 데이터 융합 및 위협평가를 실시하여 발사대에 표적을 분배한다.

⑤ LAU : ECS로부터 수신받은 발사 정보에 따라 MSL을 발사한다.

⑥ MSL : 자체 Seeker 및 MFR로부터 수신받은 표적 정보를 가지고 관성항법 및 비율유도 항법으로 표적과 교전한다.

그림 8-10
ECS 클래스 관계도

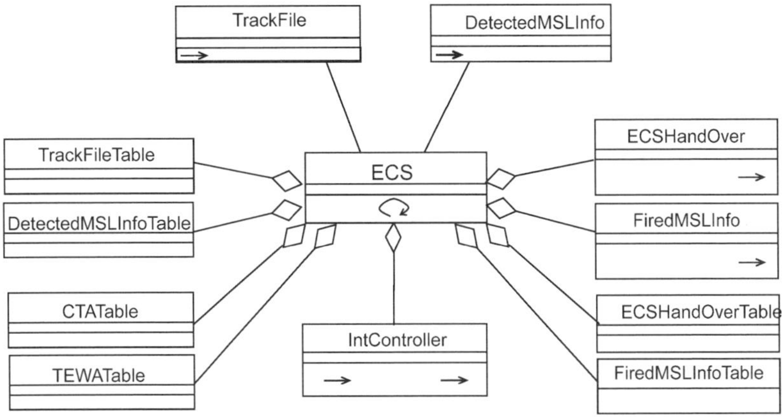

각 클래스 별로 하위 클래스로 더 세분화할 필요가 있을 때는 클래스도를 사용해서 그 하위 클래스를 나타내고 클래스의 데이터 멤버와 행위를 기술한다. 위에서 식별된 6개 클래스에서 〈그림 8-10〉은 ECS 클래스의 관계도를 보여주고, 〈표 8-1〉과 〈표 8-2〉는 데이터 구조와 행위를 보여주고 있다.

표 8-1 ECS 클래스 데이터 멤버

클래스 멤버	속 성	설 명
IntController(포함관계)	각 페더레이트 동일	상호작용(Interaction) 통제
TrackFileTable(포함관계)	TrackFile 속성과 동일	TrackFile 속성과 동일
DetectedMSLInfoTable (포함관계)	DetectedMSLInfo 속성과 동일	DetectedMSLInfo 속성과 동일
CTATable(포함관계)	SimTgt 속성 모두 포함 BOOL state	SimTgt 속성 모두 포함 표적 탐지/추적 상태
TEWATable(포함관계)	SimTgt 속성 모두 포함 BOOL state unsigned int Threat_num	SimTgt 속성 모두 포함 표적 탐지/추적 상태 위협우선순위
ECSHandOverTable(포함관계)	ECSHandOver 속성과 동일	ECSHandOver 속성과 동일
FiredMSLInfoTable(포함관계)	FiredMSLInfo 속성과 동일	FiredMSLInfo 속성과 동일

표 8-2 ECS 행위

활동 행위/상호 작용 행위명	행위기술	관련 쓰임새
do_data_fusion	data를 융합한다.	UC4.1-A1
do_TEWA	위협평가를 수행한다.	UC4.2-A1
allocate_Tgt_to_LAU	LAU 표적을 할당한다.	UC4.2-A2
assess_Demised	표적 제압 여부를 계산한다.	UC4.3-A2
display_ECS_Act	각 표적에 대한 위협도와 할당정보를 전시한다.	UC4.4-A1
Update(AllocatedTgtInfo)	MFR에게 AllocateTgtInfo 메시지를 전송한다.	UC4.2-M3
update(ECSHandOver)	LAU에게 HandOver 메시지를 전송한다.	UC4.2-M1
send(ready)	SMCC에게 Ready 사건을 전송한다.	UC4.4-M1
send(Fire_Ready)	LAU에게 Fire_Ready 사건을 전송한다.	UC4.2-M2
send(Fire)	LAU에게 Fire 사건을 전송한다.	Uc4.2-M4

8.6.3.4 사건 추적 분석

사건 추적 분석에서는 쓰임새 모델과 클래스 모델을 근간으로 시간에 따른 순차적인 사건의 발생과 각 클래스의 행위를 분석하여 순서도로 나타낼 수 있다. 〈그림 8-11〉은 M-SAM 페더레이션의 순서도를 나타낸다.

8.6.3.5 교환정보 분석

교환정보 분석에서는 페더레이트 간에 교환되는 정보를 분석한다. 교환되는 정보는 2가지 종류가 있다. 하나는 데이터 정보이고, 또 하나는 사건 정보이다. 이들은 〈표 8-3〉과 같다.

그림 8-11 사건 추적을 나타내는 순서도

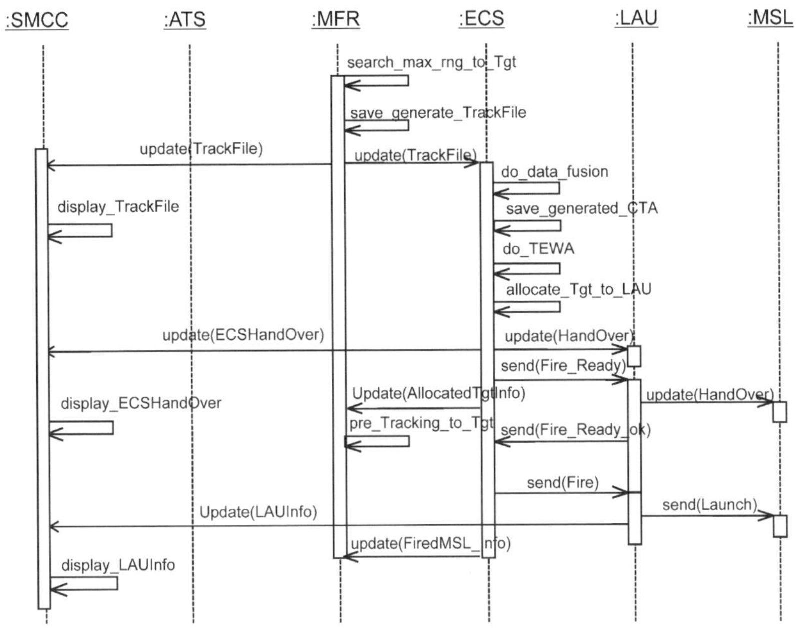

표 8-3 정보 교환 매트릭스

M-SAM 송·수신 정보

데이터 정보

데이터 정보 종류	송신자	수신자
Scenario	SMCC	ATS
SimTgt	ATS	SMCC,MFR,MSL
Track File	MFR	ECS
ECSHandOver	ECS	LAU
LAUHandOver	LAU	MSL
AllocatedTgtInfo	ECS	MFR
LAUInfo	LAU	MSL
Fired MSLInfo	ECS	MFR
FlightMSLInfo	MSL	SMCC/MFR
Uplink	MFR	MSL
Downlink	MSL	MFR
DetectedMSLInfo	MFR	ECS

사건정보

사건정보 종류	송신자	수신자
CHECK	SMCC	All
START	SMCC	ATS
ATS_READY	ATS	SMCC
MFR_READY	MFR	SMCC
ECS_READY	ECS	SMCC
LAU_READY	LAU	SMCC
MSL_READY	MSL	SMCC
FIRE_READY	ECS	LAU
FIRE_READY_OK	LAU	ECS
FIRE	ECS	LAU
LAUNCH	LAU	MSL
DEMISE	MFR	ECS
DEMISED	ECS	ATS
DETONATION	MSL	SMCC/MFR
EXPLOSION	ATS	SMCC
END	SMCC	All

그리고 각 데이터 정보와 사건정보에 대한 상세 사항은 〈표 8-4〉, 〈표 8-5〉와 같다.

표 8-4 데이터 정보 상세

데이터 정보 종류	속 성	설 명
Scenario	int TgtNum	표적개수
SimTgt	char Tgt_ID char Tgt_IFF char Tgt_Type char Tgt_RCS int Xt, Yt, Zt int Vx, Vy, Vz	표적번호 피아식별 표적종류 표적 반사신호 세기 표적위치 표적속도
Track File	char Tgt_ID char Tgt_IFF char Tgt_Type char Tgt_RCS int Xt, Yt, Zt int Vx, Vy, Vz	표적번호 피아식별 표적종류 표적 반사신호 세기 표적위치 표적속도
ECSHandOverInfo	char Tgt_ID char Tgt_IFF char Tgt_Type char Tgt_RCS int Xt, Yt, Zt int Vx, Vy, Vz int LAU_ID int MSL_ID	표적번호 피아식별 표적종류 표적 반사신호 세기 표적위치 표적속도 발사대 번호 미사일 번호
LAUHandOverInfo	char Tgt_ID char Tgt_IFF char Tgt_Type char Tgt_RCS int Xt, Yt, Zt int Vx, Vy, Vz int LAU_ID int MSL_ID	표적번호 피아식별 표적종류 표적 반사신호 세기 표적위치 표적속도 발사대 번호 미사일 번호
AllocatedTgtInfo	char Tgt_ID char Tgt Type	표적번호 표적종류
LAUInfo	char Tgt_ID int LAU_ID int MSL_ID BOOL Fire Ready_Ok BOOL Launch	표적번호 발사대 번호 미사일 번호 발사준비 완료 발사

표 8-5 사건정보 상세

사건정보 종류	설 명
CHECK	페더레이트 체크(SMCC → ALL)
START	프로그램 시작(SMCC → ATS)
ATS_READY	페더레이트 체크 완료(ATS → SMCC)
MFR_READY	페더레이트 체크 완료(MFR → SMCC)
ECS_READY	페더레이트 체크 완료(ECS → SMCC)
LAU_READY	페더레이트 체크 완료(LAU → SMCC)
MSL_READY	페더레이트 체크 완료(MSL → SMCC)
FIRE_READY	발사대 준비(ECS → LAU)
FIRE_READY_OK	발사대 준비 완료(LAU → ECS)
FIRE	미사일 발사(ECS → LAU)
LAUNCH	미사일 발사(LAU → MSL)
DEMISE	피해(MFR → ECS)
DEMISED	피해(ECS → ATS)
DETONATION	미사일 폭발(MSL → MFR/ECS)
EXPIOSION	표적 폭발(ATS → SMCC)
END	시뮬레이션 종료(SMCC → All)

8.6.3.6 운용노드 연결 분석

운용노드 연결 분석에서는 페더레이션에서 각 노드들과 노드들의 연결성과 교환되는 데이터를 분석한다. 〈그림 8-12〉는 M-SAM 페더레이션의 운용노드를 보여주고 있다.

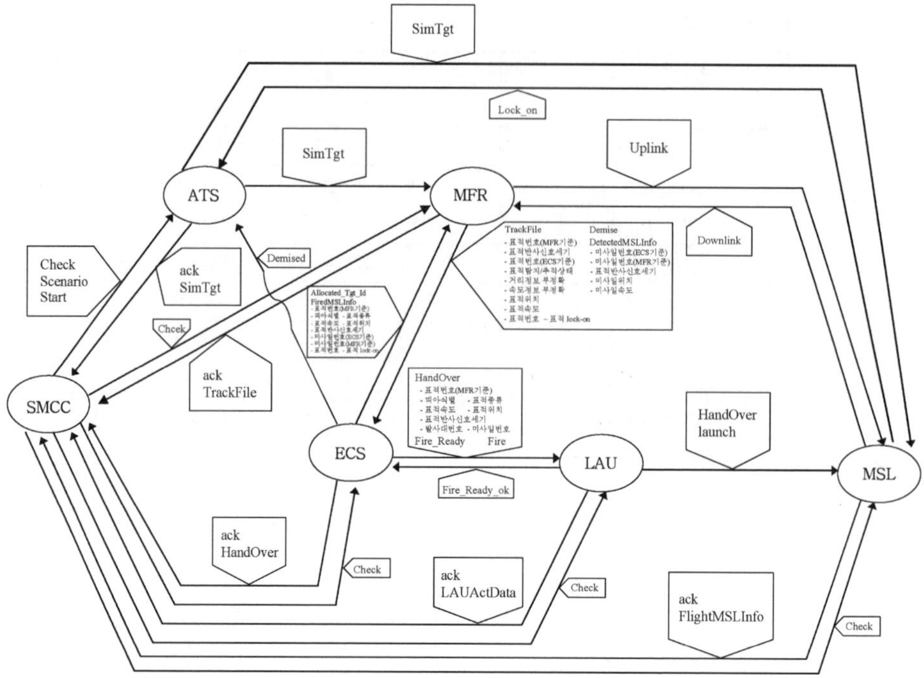

그림 8-12 운용노드 연결 기술서

8.6.3.7 체계 인터페이스 분석

체계 인터페이스 분석에서는 페더레이션 실행 환경에서 물리적인 노드 간의 인터페이스를 분석한다. 〈그림 8-13〉은 M-SAM 페더레이션의 체계 인터페이스를 보여주고 있다.

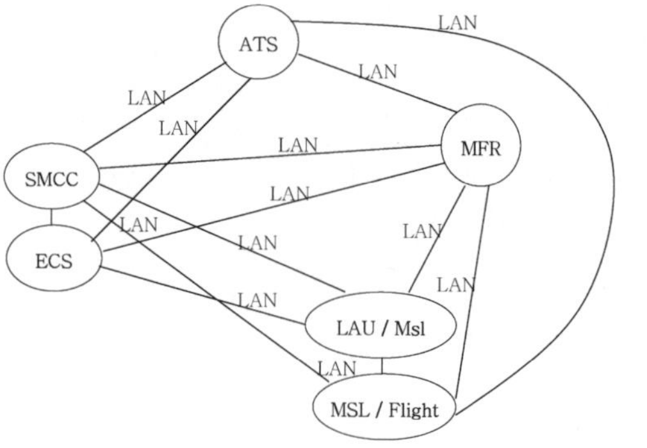

그림 8-13 체계 인터페이스 기술서

8.6.3.8 기술 표준 프로파일 설정

기술 표준 프로파일은 각 페더레이트의 상호 운용성을 보장하기 위한 소프트웨어 기술표준을 설정한다. M-SAM의 기술표준 구조는 〈그림 8-14〉와 같다.

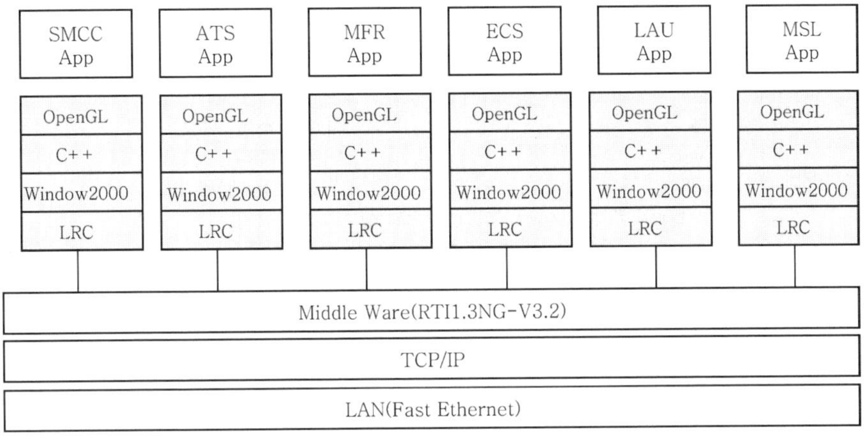

그림 8-14 기술 표준 프로파일

8.6.4 페더레이션 설계

8.6.4.1 FOM 설계

FOM(Federation Object Model) 설계는 페더레이트 간에 교환되는 데이터에 대한 설계이다. 페더레이션에서 교환되는 정보의 형태는 객체와 상호작용 2가지가 있다. 객체는 영속적인 속성을 가지고 있는데 반해, 상호작용은 일시적인 파라미터를 가지고 있다. 객체와 상호작용은 교환정보 분석을 근간으로 설계된다. 교환정보 분석에서 작성된 데이터 정보가 객체가 되고, 사건정보가 상호작용이 된다. 〈표 8-6〉과 〈표 8-7〉은 M-SAM 페더레이션의 객체와 상호작용이다.

표 8-6 객체 FOM

객체	속 성	속성 설명	공표자	서명자
Scenario	Tgt_Num	표적개수	SMCC	ATS
SimTgt	STgt_ID STgt_IFF STgt_Type STgt_RCS STgt_PositionX STgt_PositionY STgt_PositionZ STgt_VelocityX STgt_VelocityY STgt_VelocityZ	표적번호 피아식별 표적종류 표적 반사신호 세기 표적위치 표적속도	ATS	SMCC, MFR, MSL
Track File	TTgt_ID TTgt_IFF TTgt_Type TTgt_RCS TTgt_PositionX TTgt_PositionY TTgt_PositionZ TTgt_VelocityX TTgt_VelocityY TTgt_VelocityZ	표적번호 피아식별 표적종류 표적 반사신호 세기 표적위치 표적속도	MFR	ECS
ECSHand Over	EHTgt_ID EHTgt_IFF EHTgt_Type EHTgt_RCS EHTgt_PositionX EHTgt_PositionY EHTgt_PositionZ EHTgt_VelocityX EHTgt_VelocityY EHTgt_VelocityZ EHLAU_ID EHMSL_ID	표적번호 피아식별 표적종류 표적 반사신호 세기 표적위치 표적속도 발사대 번호 미사일 번호	ECS	LAU
LAUHand Over	LHTgt_ID LHTgt_IFF LHTgt_Type LHTgt_RCS LHTgt_PositionX LHTgt_PositionY LHTgt_PositionZ LHTgt_VelocityX LHTgt_VelocityY LHTgt_VelocityZ LHLAU_ID LHMSL_ID	표적번호 피아식별 표적종류 표적 반사신호 세기 표적위치 표적속도 발사대 번호 미사일 번호	LAU	MSL

표 8-7 상호작용 FOM

상호작용	파라미터	파라미터 설명	공표자	서명자
CHECK	Check	페더레이트 체크(SMCC ► All)	SMCC	All
START	Start	프로그램 시작(SMCC ► ATS)	SMCC	ATS
ATS_READY	ATS_Ready	페더레이트 체크 완료(ATS ► SMCC)	ATS	SMCC
MFR_READY	MFR_Ready	페더레이트 체크 완료(MFR ► SMCC)	MFR	SMCC

(계속)

상호작용	파라미터	파라미터 설명	공표자	서명자
ECS_READY	ECS_Ready	페더레이트 체크 완료(ECS ► SMCC)	ECS	SMCC
LAU_READY	LAU_Ready	페더레이트 체크 완료(LAU ► SMCC)	LAU	SMCC
MSL_READY	MSL_Ready	페더레이트 체크 완료(MSL ► SMCC)	MSL	SMCC
FIRE_READY	Fire_Ready	발사대 준비(ECS ► LAU)	ECS	LAU
FIRE_READY_OK	Fire_Ready_ok	발사대 준비 완료(LAU ► ECS)	LAU	ECS
FIRE	Fire	미사일 발사(ECS ► LAU)	ECS	LAU
LAUNCH	Launch	미사일 발사(LAU ► MSL)	LAU	MSL
DEMISE	Demise	피해(MFR ► ECS)	MFR	ECS
DEMISED	Demised	피해(ECS ► ATS)	ECS	ATS
DETONATION	Detonation	미사일 폭발(MSL ► MFR/SMCC)	MSL	SMCC/MFR
EXPLOSION	Explosion	표적 폭발(ATS ► SMCC)	ATS	SMCC
END	End	시뮬레이션 종료(SMCC ► All)	SMCC	All

8.6.4.2 정적 모델 개발

정적 모델은 페더레이션의 정적 특성을 나타낸다. 이는 개념 분석의 논리적 데이터 모델을 기반으로 클래스 관계 모델로 나타낼 수 있다. 그리고 클래스 관계 모델은 여러 가지 클래스 패턴을 적용하여 나타낼 수 있는데, 페더레이트의 특성에 따라 적합한 패턴을 적용한다. M-SAM의 각 페더레이트에 적용될 전형적인 클래스 패턴은 〈그림 8-15〉와 같다. 이는 HLA의 RTI 서비스를 사용하기 위하여 RTI 인터페이스 클래스의 상속과 M-V-C-C 형태의 클래스 패턴을 혼용한 형태이다. 여기서 M은 모델(model)을 의미하고 페더레이션의 주요 기능을 수행하는 클래스이다. V는 뷰(view)를 의미하고 페더레이션의 GUI(Graphic User Interface) 기능을 수행하는 클래스이다. C는 제어(control)를 의미하는데, 이는 GUI와 사용자 간의 인터페이스를 제어하는 기능을 수행하는 클래스이다. 또 다른 C는 통신(communication)을 의미하는데, 이는 RTI를 통하여 다른 페더레이트와 통신기능을 수행하는 클래스이다.

그림 8-15
페더레이트
클래스 패턴

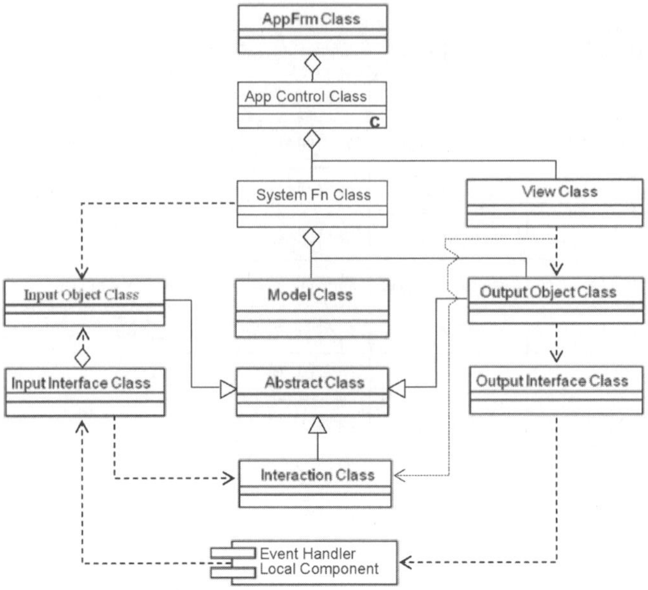

〈그림 8-15〉에서 AppFrm Class는 애플리케이션 프레임워크 클래스이다. App Control Class는 제어 클래스로서 시뮬레이션 시간 진행과 관련하여 시스템 시간을 일상시간(wall clock)으로 유지하면서 주기적으로 타이머(timer)를 호출하여 시뮬레이션을 전진시키는 클래스이다. System Fn Class는 모의시스템의 주요 기능을 수행하는 클래스이다. Model Class는 시스템의 주요 기능을 수행하는 데 요구되는 클래스이고, View Class는 사용자 인터페이스를 나타내는 클래스이다. Input Object Class는 외부로부터 수신되는 객체를 저장하는 클래스이고, Interaction Class는 외부로부터 수신된 상호작용을 저장하는 클래스이다. Output Object Class는 외부로 송신할 객체를 저장하는 클래스이다. Input Interface Class는 입력 인터페이스 클래스이고, Output Interface Class는 출력 인터페이스 클래스이다. Abstract Class는 사건 취급자(event handler)에게 송·수신할 메시지 정보를 공표하거나 서명하기 위해서 필요한 기능을 정의한 클래스이다. 한편, Event Handler(Local RTI Component)는 사건 취급을 위한 컴포넌트이다.

이와 같이 각 M-SAM 페더레이션의 구성요소에 대하여 〈그림 8-15〉의 패

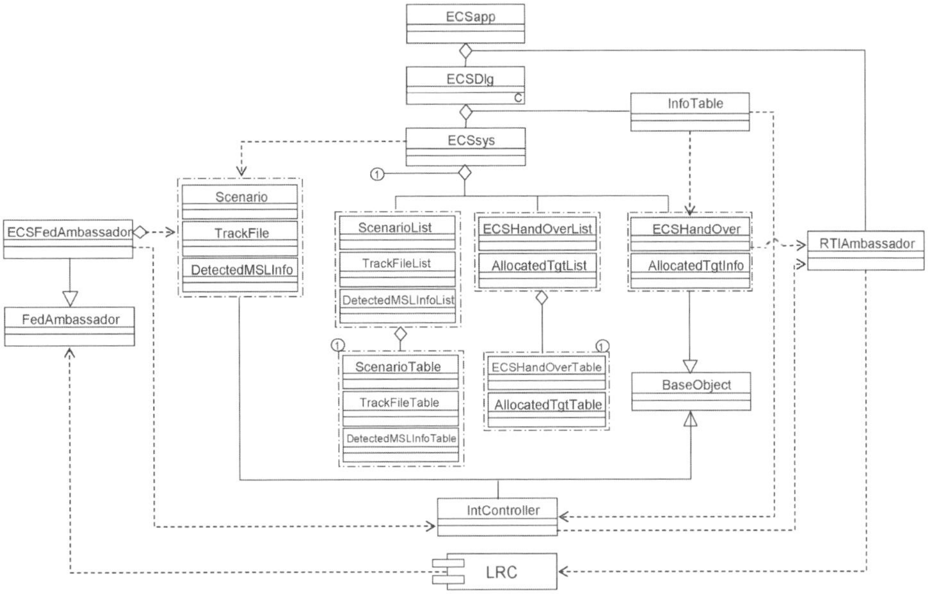

그림 8-16 ECS 정적 모델

턴에 따라 정적 모델이 개발된다. 예로, 〈그림 8-16〉은 ECS 정적 모델을 보여주고 있다.

8.6.4.3 동적 모델 개발

동적 모델은 페더레이션의 동적 특성을 나타낸다. 동적 모델은 개념모델의 사건 추적 기술서를 바탕으로 개발되며 순서도로 작성되고, 모든 페더레이트를 대상으로 작성된다. 〈그림 8-17〉은 M-SAM 페더레이션의 ECS 페더레이트에 대한 동적 모델 중의 일부분을 보여주고 있다.

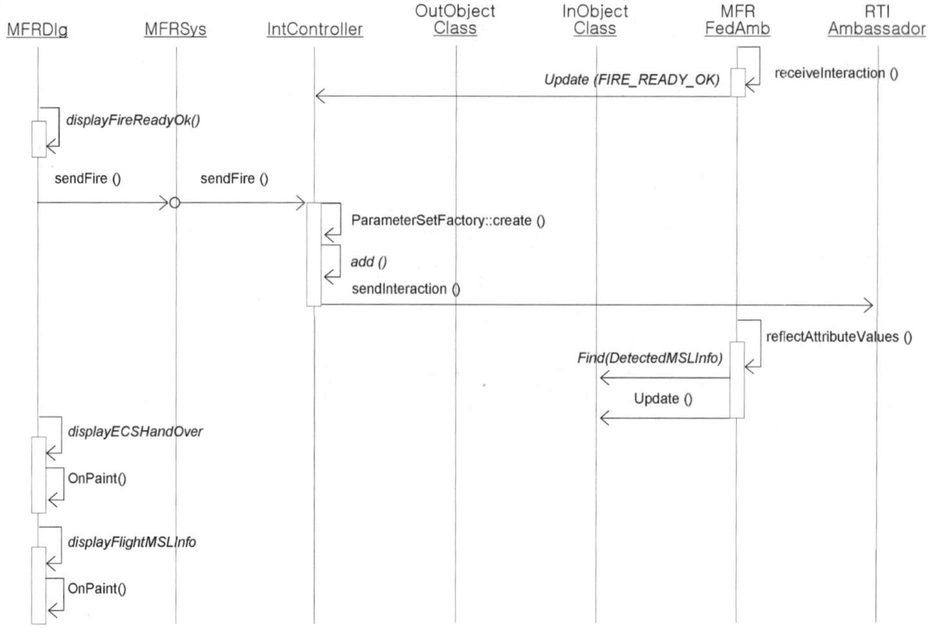

그림 8-17 ECS 동적 모델

8.6.5 페더레이션 개발

8.6.5.1 패키지 모델

페더레이션 개발에서는 설계 산출물인 동적 모델과 정적 모델을 바탕으로 패키지 모델을 작성하고 페더레이트의 구현 프로그램을 작성한다. 〈그림 8-18〉은 M-SAM 페더레이션의 패키지 모델을 보여주고 있다.

페더레이션 구현 프로그램은 패키지 모델별로 컴퓨터 언어로 코딩된다. 여기서는 C++로 코딩되었다.

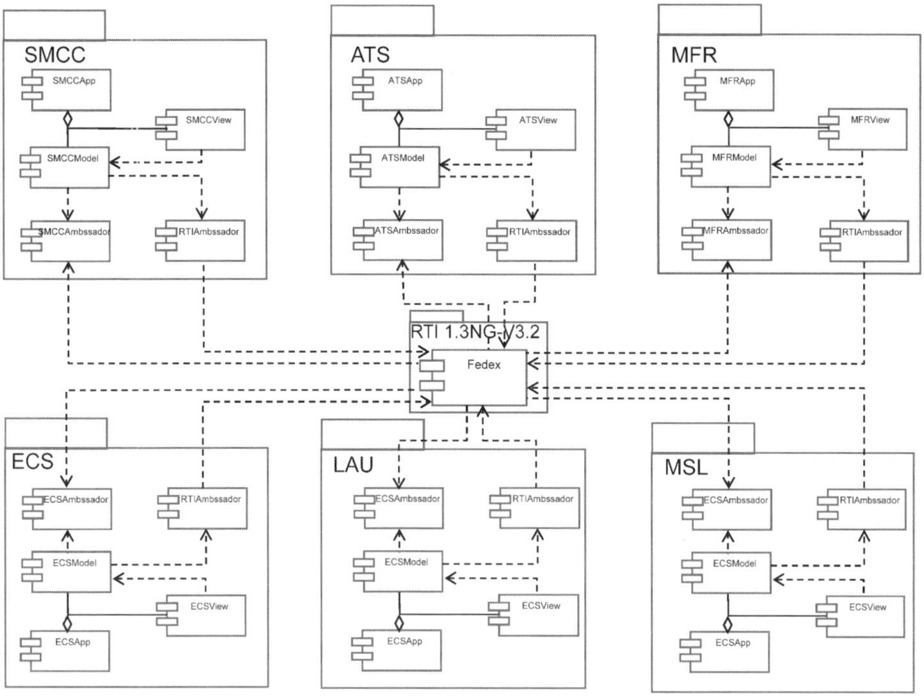

그림 8-18 패키지 모델

8.6.5.2 배치 모델

배치 모델은 페더레이션 실행을 위하여 네트워크 환경에서 각 실행 프로그램의 배치를 나타내는 것으로써, 체계 인터페이스 모델과 패키지 모델을 고려하여 적절히 배치한다. 〈그림 8-19〉는 M-SAM 페더레이션 배치 모델을 보여준다.

그림 8-19
M-SAM
페더레이션
배치 모델

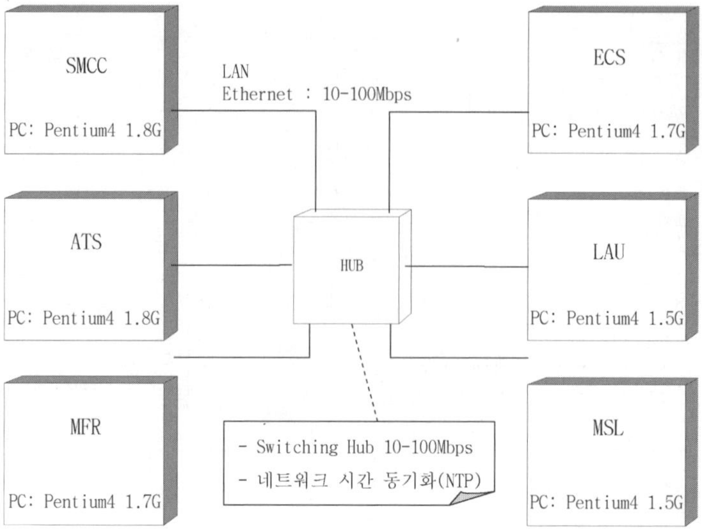

8.6.6 페더레이션 통합/시험 및 실행 결과

개발된 M-SAM 페더레이션의 통합/시험 및 실행을 위하여 실행 프로그램을 6대의 PC에 각각 배치했다. 페더레이션 설치 시에 추가적으로 설치해야 할 파일로는 FED 파일과 RID 파일이 있다.

FED 파일은 페더레이션과 RTI가 사용하는 객체들과 상호작용하는 클래스들에 대한 목록을 갖고 있으며, 페더레이션 실행단계에서 사용되는 파일이다. FED 파일은 페더레이션 설계 시에 개발된 FOM를 OMDT 도구[9]를 사용하여 파일로 생성한 것이다. FED 파일을 페더레이트 프로그램이 설치되어 있는 폴더에 설치한다. RID 파일은 RTI 소프트웨어의 동작을 제어하는 데 필요한 매개변수들을 포함하고 있다. 이것은 RTI를 각각의 페더레이션에 맞게 설정하거나 구성하는 데 사용되며, RID 파일 또한 페더레이트 프로그램이 위치한 폴더에 설치한다.

페더레이션 실행준비가 완료된 후에 먼저 rti.exe 파일을 실행한다.[10] 그

9) Aegis Cooperation. (OMDT) Object Model Development Tool, Version 1.3. June 199.
10) 본 연구에서는 RTI 1.3-NG Ver 3.2를 사용하였다.

그림 8-20
M-SAM
페더레이션
실행 초기화면

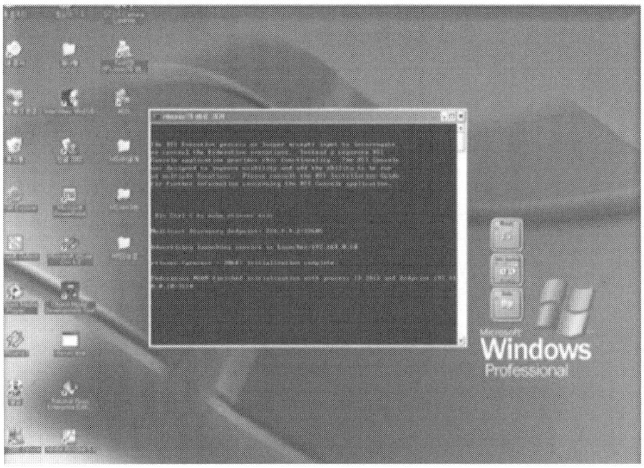

결과 〈그림 8-20〉과 같이 윈도에 "rtiexec initialization complete" 메시지가 나타나며, 이때 Fedex와 Rtiexec가 동시에 초기화된다.

이후에 SMCC 페더레이트에서 실행을 개시하여 페더레이션이 수행된다. 〈그림 8-21〉은 SMCC의 실행화면을 스넵샷한 화면을 나타내고 〈그림 8-22〉는 페더레이션의 전체 실행화면을 보여주고 있다.

그림 8-21
SMCC
페더레이션
실행화면

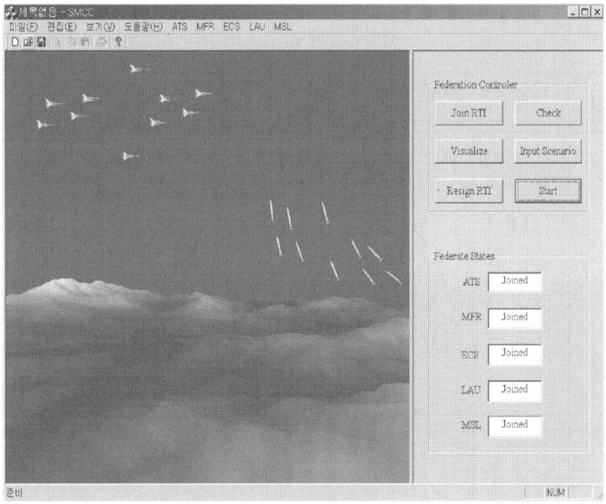

그림 8-22
페더레이션 실행

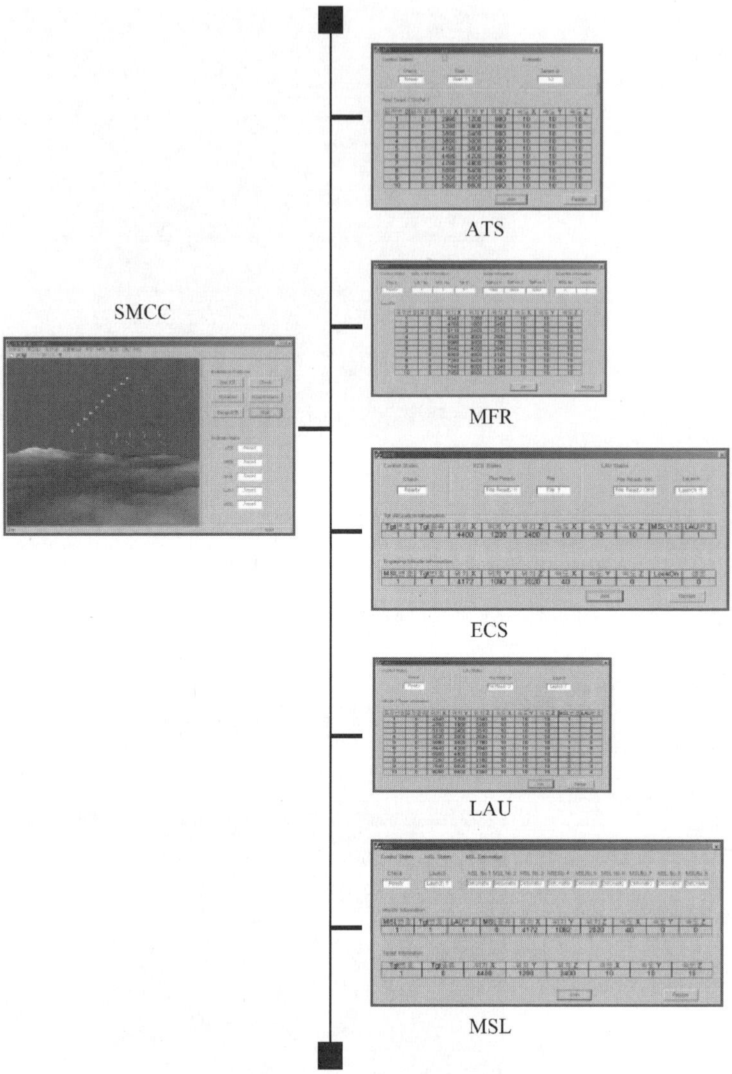

연습문제

❶ 실시간 시뮬레이션의 시간간격 실행 모델과 시간샘플 실행 모델의 차이를 설명하라.

❷ 분산 시뮬레이션 엔진에 대해서 설명하라.

❸ 분산 시뮬레이션 구조에 대해서 설명하라.

❹ 분산 시뮬레이션에서 보수적 알고리즘과 낙관적 알고리즘의 차이를 설명하라.

제4부

모델링 및 시뮬레이션 응용체계 개발관리

제9장

시뮬레이션 공통기술표준

시뮬레이션 공통기술표준(CTF: Common Technical Framework)은 서로 다른 기종 시뮬레이션 모델의 연합구성은 물론이고 무기체계 및 C4I 체계까지 상호 운용될 수 있도록 하며, 시뮬레이션 모델의 재사용성을 촉진시키기 위한 기술 표준이다. 이는 미국 국방부에서 시작되어 오늘날 사실상의 국제적 표준이 되고 있다. CTF는 임무공간 기능기술(FDMS: Functional Description of Mission Space), 고수준 아키텍처(HLA: High Level Architecture), 데이터 표준(DS: Data Standard)으로 구성된다. 시뮬레이션 모델 개발 시에는 CTF에 부합되도록 하고 있다.

9.1 임무공간 기능기술

임무공간 기능기술(FDMS: Functional Description of Mission Space)은 시뮬레이션을 구현하는 것과는 독립적으로 현실의 군사작전 및 활동에 대한 표준화된 표현을 제공한다. FDMS는 도메인에 대한 메타 모델로 사용될 수 있기 때문에 〈그림 9-1〉에서 보는 바와 같이 군사 도메인 전문가, 도메인 분석가, 시뮬레이션 개발자 사이에서 가교 역할을 한다. 시뮬레이션 개발 시 분석가에 의해 잘 정의된 방식에 따라 분석을 용이하게 하고, 유사 시뮬레이

그림 9-1
FDMS
인터페이스

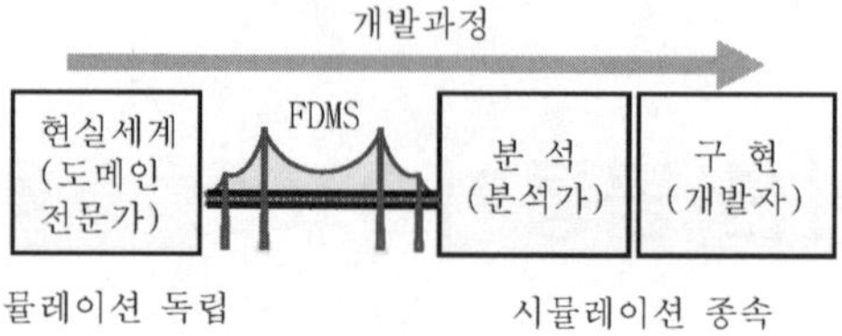

션 혹은 상호 운용이 요구되는 다른 시뮬레이션을 개발할 때 FDMS의 표현을 재사용할 수 있다.

FDMS는 위의 〈그림 9-1〉에서 보는 바와 같이 군사 도메인 전문가와 시뮬레이션 개발자 간에 시스템 공학적으로 엄격하게 관심영역을 분할해 주는 잘 정의된 인터페이스라고 할 수 있다. 시뮬레이션에서 표현은 현실세계의 군사 활동에 맞출 수 있고 시뮬레이션의 기능 및 구현에 맞출 수도 있는데, FDMS에서는 표준 개념모델을 적용하여 이 초점들을 동일하게 하는 것이다.

FDMS는 〈그림 9-2〉에서 보는 바와 같이 개념모델, 데이터 교환서식(DIF: Data Interchange Format) 그리고 지식 데이터베이스로 이루어져 있다.

그림 9-2
FDMS 환경

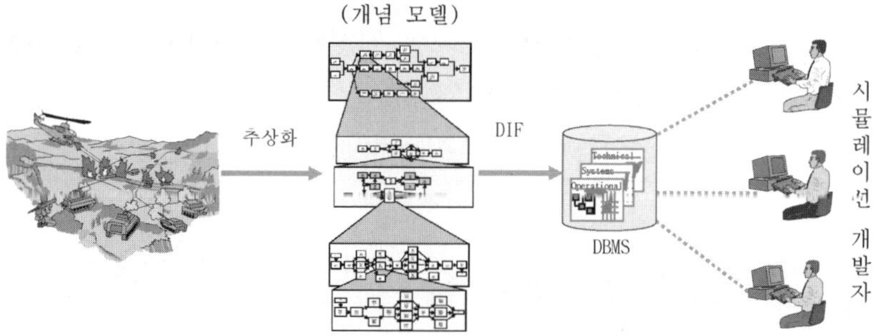

9.1.1 개념모델

개념모델은 군사임무 수행과 관련된 제반 활동을 공통 구문과 의미(CSS: Common Syntax and Semantic)를 사용하여 표현한다. CSS 기본 개념용어에는 개체, 상태, 역할, 사건, 동작, 행동, 액터, 과업, 상호작용, 사용사례 등이 있다.

개체(entity)는 인간, 조직, 장비, 시설, 개념 등을 의미한다. 예를 들어, 조종사, 전투원, 군단, 사단, F-15, ATGM 등이 있다. 상태(state)는 내부 조건이나 외부 환경을 나타내는 개체의 속성을 의미한다. 역할(role)은 개체에 의해 제공되는 기능이나 개체에 의해 발휘되는 부분 혹은 개체의 특성을 의미한다. 사건(event)은 상태의 변화 혹은 조건이 발생되는 시점 혹은 관련 공간지점을 나타낸다. 예를 들면, 사건에는 기동, 탐지, 통신, 교전, 보급 등이 있다. 동작(verb)은 사건을 유발하는 자연적인 혹은 인위적인 힘에 의한 변환을 의미한다. 예를 들면, 물리적 동작으로 '기동개시', '탐지개시', '통신개시' 등이다. 지각적 동작으로는 '분석개시', '설계개시' 등이 될 수도 있다.

한편, 행동(action)은 군사작전의 활동으로 개체와 관련된 역할 혹은 능력을 표현하는 것을 말한다. 행동은 자연적인 힘 또는 인간(조직)에 의해 사건을 유발시키는 전이 혹은 변환이고, 행동은 역할 혹은 능력을 정의하는 단일 동작 개체로 나타낸다. 예를 들면, "표적을 탐지한다", "미사일을 발사한다", "항공기에 연료를 공급한다", "방책을 수립한다" 등이 될 수 있다. 액터(actor)는 개시조건과 종료조건에 따라 임의 행동을 수행하거나 제어하는 개체를 나타낸다. 개시조건은 액터에 의한 행동을 초기화, 시작, 반복을 계속하는 데 필요한 충분한 상태의 집합이고, 종료조건은 액터에 의한 행동을 종료시키는 데 필요한 충분한 상태의 집합이다. 과업(task)은 군사작전 활동으로 군사목표를 달성하기 위한 액터의 행동들을 의미한다. 과업은 작전적 의미의 최소단위이고 과업수행을 위한 개시/종료조건이 필요하다. 그리고 과업수행 간에 입력, 출력, 상태변화가 발생한다. 과업 인터페이스 명세서는 과업과 관련된 입력과 출력을 기술한다. 과업 운용 명세서는 과업수행에 있어서 행위와 인터페이스 정보를 기술한다. 상호작용(interaction)은 개체, 행동 혹은 과업 간의 사건, 상태, 행동의 흐름을 정의하는 인터페이스를 의미한다. 사용사례는 장비-장비 형태와 임무지향 형태가 있다. 장비-장비 형태의 사용사례는 다른 모의개체의 모의결과로 인해 유발되는 응답개체의 행위에 대한 서술이고, 임무지향 형태의 사용사례는 하나 혹은 여러 개의 개체에서 제공되는 일관된 기능단위의 임무/목표 수행이다.

9.1.2 데이터 교환서식 및 지식 데이터베이스

데이터 교환서식(DIF: Data Interchange Format)은 개념모델에서 공통구문과 의미로 표현된 것을 전자적 표현으로 전환하여 데이터베이스에 저장·관리하기 위한 기술표준을 의미한다. 여기서 서식(format)이란 공통 구문 및 의미(CSS: Common Syntax and Semantic)에 부합하는 데이터의 물리적 구현을 정의하는 심볼과 구조 집합을 의미하고, DIF는 입력서식 집합을 데이터 내용의 왜곡 혹은 손실 없이 출력서식으로 전환하는 데 요구되는 중간서식이라고 할 수 있다. 그리고 DIM(Data Interchange Mechanism)은 DIF로 또는 DIF로부터 변환을 수행하는 도구, 유틸리티, API 집합을 나타내고 지식 데이터베이스 관리역할을 한다. 지식 데이터베이스는 표준 데이터 교환서식에 따른 개념모델 CSS 데이터베이스와 이를 관리하는 DBMS(Data Base Management System)를 의미한다.

9.1.3 개념모델 개발절차

개념모델 개발절차는 〈그림 9-3〉과 같다. 먼저 사용자 요구에 따라 시뮬레이션 콘텍스트(context)를 개발하고 각종 자료를 참고하여 FDMS 개발을 위한 정보를 수집한다. 그리고 문서화 및 전문가의 인터뷰를 통해서 데이터를 CSS와 DIF에 따라 작성하여 최종적으로 개념모델을 완성한다.

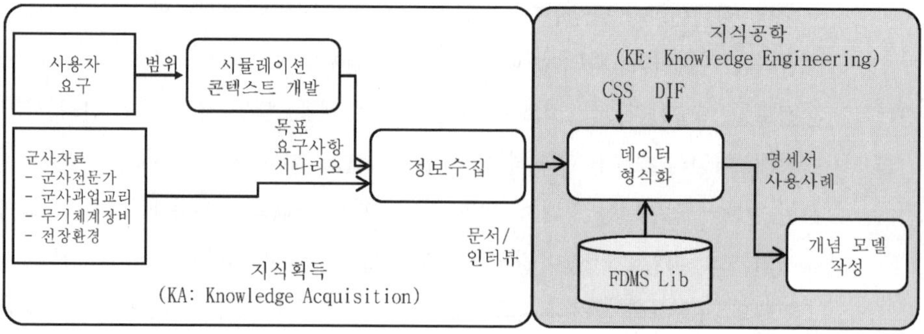

그림 9-3 FDMS 개발절차

9.2 고수준 아키텍처

9.2.1 개요

고수준 아키텍처(HLA: High Level Architecture)는 공통기술표준 중에서 미국 국방부가 가장 우선적인 노력을 집중하고 있는 것 중의 하나이다. HLA는 〈그림 9-4〉에서 보는 바와 같이 네트워크 혹은 분산환경에서 모든 종류 시뮬레이션 사이의 상호 간, 또는 이들과 C4I 체제, 각종 무기체계 사이의 상호 운용성을 보장하고 동시에 시뮬레이션 컴포넌트의 재사용성을 촉진시키기 위한 고수준의 시뮬레이션 아키텍처이다. HLA은 서로 다른 시뮬레이션들을 대형 시뮬레이션으로 결합시키는 가교역할을 한다. 예를 들어, 항공기 시뮬레이터가 있고 방공교전 시뮬레이션이 있다고 가정할 경우, 이들을 설계하고 구현 시 HLA에 부합되도록 함으로써, 이들 시뮬레이션을 통합할 때 단일 아키텍처상에서의 통합이 용이하게 하는 것이다.

HLA을 설명하기 전에 다음 몇 가지의 기본적인 용어에 대한 이해가 필요하다.

① 아키텍처(architecture) : 아키텍처는 구현되어야 할 소프트웨어가 아니라는 것을 강조할 필요가 있다. 이는 네트워크상에서 각 시뮬레이션이 전체로서 원활한 상호작용이 보장되기 위해서 시뮬레이션 응용 소프트웨어가

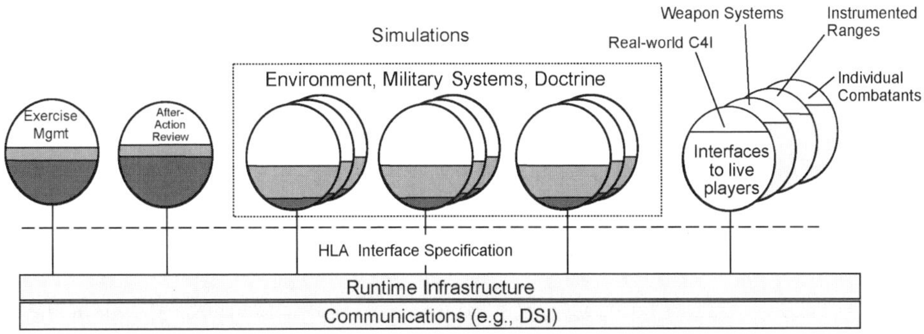

그림 9-4 고수준 아키텍처

어떠한 기능 컴포넌트로 이루어지고, 설계규칙이 어떠하며, 다른 시뮬레이션과 상호작용하기 위한 인터페이스를 어떻게 하고, 구현 시에 어떻게 서로 접속되어야 하는가를 명시하는 것이다.

② 페더레이션(federation) : 여러 가지 구성 시뮬레이션으로부터 생성된 통합 시뮬레이션을 페더레이션이라고 한다. 페더레이션은 대규모 전체 시뮬레이션을 구성하는 데 함께 사용되는 각 시뮬레이션의 모임뿐만 아니라 데이터 교환서식 그리고 지원 라이브러리 전체를 의미한다.

③ 페더레이트(federate) : 페더레이트는 페더레이션 멤버로서 각 시뮬레이션이 페더레이트가 된다.

④ 객체(object) : 객체는 페더레이트 간에 상호 교환되는 개체정보이다. 이는 소프트웨어 공학에서 사용되는 객체와 유사한 의미지만 멤버함수를 가지고 있지 않다.

⑤ 상호작용(interaction) : 상호작용은 페더레이트 간에 상호 교환되는 사건 혹은 메시지이다. 객체가 시뮬레이션 진행 간에 연속성이 있는 반면에 상호작용은 연속성이 없다. 예를 들어서 페더레이트 간에 항공기 정보에 대하여 서로 교환할 때 항공기라는 개체는 객체라고 할 수 있다. 그런데 항공기에서 사격이 이루어져서 사격이라는 사건을 교환하고자 한다면 이는 상호작용이 된다.

⑥ 속성(attribute)과 파라미터(parameter) : 속성은 객체의 데이터 멤버이고, 파라미터는 상호작용의 데이터 멤버이다.

9.2.2 HLA 특징

HLA의 궁극적인 목표는 컴포넌트식으로 시뮬레이션 체계를 구축하는 것이다. 시뮬레이션 응용 소프트웨어에 내재된 공통 기능을 특정 시뮬레이션으로부터 분리하고 이를 하부기반(RTI: Run-Time Infrastructure)으로 구현하여 새로운 시뮬레이션 시스템 구축 시에 재사용하도록 함으로써, 각 시뮬레이션은 상호연동을 위한 구현 노력을 절감하고 자신의 수행기능 구현에만 한정하게 하는 것이다. 또한 시뮬레이션과 하부기반의 인터페이스는 기술변화로부터 시뮬레이션 응용 소프트웨어에 미치는 영향을 분리하여 기술진화에 따른 소프트웨어의 진부화를 줄이는 것이다. HLA의 특징은 다음과 같다.

첫 번째, HLA는 사건기반 아키텍처를 채택하고 있다. 사건기반 아키텍처는 간접 호출(implicit invocation), 반사적 통합(reactive integration), 선택적 방송(selective broadcast)이라고 불리는데, 이는 상대방에게 절차를 직접 호출하는 것이 아니라 어느 편에도 속해 있지 않은 컴포넌트(이를 RTI라고 한다)를 통하여 하나 혹은 여러 개의 사건을 알리거나 방송하는 것이다. 한편, 다른 측에서는 그 사건에 대한 호출할 절차를 정의하여 연계시킴으로써 그 사건을 접수하면 정의된 대로 응답하게 된다. 여기서 응답하고자 할 때는 그에 대한 관심을 RTI에게 미리 등록해 둔다. 그래서 사건이 알려지고 등록된 사건이면 RTI는 그 절차를 호출한다. 어떤 페더레이트라도 직접 상호통신을 하는 것이 아니고, 항상 RTI를 통해서만 이루어진다. 이러한 것은 임의의 페더레이트가 상호통신할 상대의 페더레이트 존재 여부를 알 필요가 없다는 것을 의미한다. 페더레이트에서 RTI 서비스를 호출하면 RTI는 그를 대신하여 다른 페더레이트를 호출함으로써 상호통신한다.

두 번째, HLA는 페더레이션에서 개별 시뮬레이션에 대하여 특정한 함수와 공통 하부기반을 분리하고 있다. 시뮬레이션 응용 소프트웨어는 자신의 기능을 수행하기 위한 특정한 함수가 있고 다른 시뮬레이션과 상호작용하기 위한 함수가 있다. 일반적으로 상호작용을 위한 함수는 페더레이션을 구성하는 모든 페더레이트들에게 공통적으로 필요한 것이다. HLA에서는 이러한 상호작용을 위한 공통기능을 시뮬레이션으로부터 분리하여 RTI로 구분하고 있다. 그래서 RTI는 서로 다른 여러 개의 시뮬레이션을 공통적으로 지원한다. RTI는 컴포넌트로 구현되어 탑재되기 때문에 페더레이트 개발자는 하부기반에 대해 염려할 필요가 없다. 그리고 구현할 때는 이를 재사용하여 필요한 서비스를 지원받는다.

〈그림 9-5〉는 RTI 재사용 시 페더레이트와 RTI 인터페이스를 보여주고 있다. 아랫부분이 RTI이고 윗부분이 페더레이트이다. 여기서 유념할 것은 페더레이트끼리는 서로 직접적으로 통신을 하지 않고 오직 RTI를 통해서만 한다. 즉, 각 페더레이트는 RTI상에서 오직 하나의 접촉노드를 가진다. 하나의

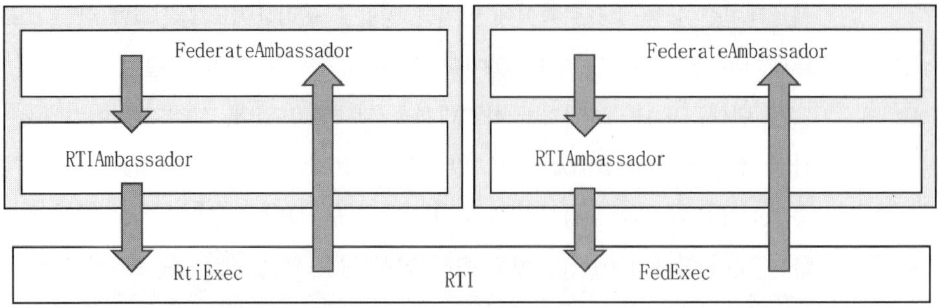

그림 9-5 RTI와 페더레이트 사이의 인터페이스

접촉노드는 RTI 관점에서 보면 페더레이트를 의미한다. 물론 페더레이트는 여러 가지 프로세스를 가질 수 있다. 또한, 여러 컴퓨터에서도 실행될 수 있다. 그러나 이는 RTI에 오직 하나의 연결을 유지하고 RTI를 통해서만 통신이 일어난다. 〈그림 9-5〉를 보면 각 페더레이트와 RTI 인터페이스 이름이 있는데, RTI는 각 페더레이트에 RTI 앰버서더(Ambassador)라는 인터페이스를 제공한다. 페더레이트는 RTI에 서비스를 요청하기 위해서 이 인터페이스에 요청하게 된다. 예를 들어 임의 객체의 속성을 갱신시키려는 요청을 할 경우가 이에 속한다. 이러한 서비스를 페더레이트 유발(Federate-initiated) 서비스라고 한다. 한편, 각 페더레이트는 RTI에 페더레이트 앰버서더(Federate Ambassador)라는 인터페이스를 제공한다. RTI는 페더레이트를 호출해야 할 경우에 페더레이트 앰버서더를 호출한다. 예를 들면, 값을 전달하기 위한 경우가 그런 것이다. 이러한 서비스를 RTI 유발(RTI-initiated) 서비스라고 한다. 그래서 어떤 RTI 서비스는 RTI 앰버서더 한 부분으로 정의되기도 하고 페더레이트 앰버서더의 한 부분으로 정의되기도 한다.

RTI 인터페이스는 인터페이스 규격에 따라 각 프로그램 언어로 구현되는데, 구현 언어에 따라 다소 차이가 있다. 예를 들면, C++의 경우에 RTI 앰버서더는 페더레이트 유발 서비스에 대응되는 메소드를 가진 클래스이고, 페더레이트 앰버서더는 RTI 유발 서비스에 대응되는 추상 메소드를 정의하고 있는 추상 클래스이다. 한편, 자바(Java)에서는 RTI 앰버서더와 페더레이트 앰버서더가 자바 인터페이스가 된다. CORBA(Common Object Request Broker

Architecture)로 구현한 경우에는 OMG(Object Management Group)의 IDL(Interface Definition Language) 인터페이스에 이들을 정의하고 있다. 또한 Ada95의 경우에는 제한 Private형으로 인터페이스를 정의하고 있다.

세 번째, 각 시뮬레이션은 다른 시뮬레이션과의 통신에 있어서 하부기반을 통하여 특정한 자료형태인 객체(object) 혹은 상호작용(interaction) 타입으로 정보를 교환한다. 그리고 교환될 객체와 상호작용은 일정한 서식으로 관리한다. HLA에서 객체는 하나 이상의 페더레이트에서 관심(즉, 다른 페더레이트에서 그에 대한 정보를 알기를 원하거나 혹은 알려주기를 원하는)을 가지고, RTI를 통해서 송 · 수신하며, 일정 시뮬레이션 기간 동안 지속되는 모의개체이다. HLA에서 사용되는 '객체' 용어와 보통의 소프트웨어 공학에서 사용하는 객체에 대한 개념과는 다소 다르기 때문에 혼동을 일으킬 수 있다. HLA 객체는 명확한 주체로서(식별자를 가지는) 객체 클래스의 인스턴스이고 객체 클래스는 계층구조를 형성하고, 상위 클래스로부터 정의된 속성을 상속받는다는 면에서는 동일하다. 그런데 HLA 객체는 행위가 없다. 이러한 면에서는 소프트웨어 공학의 객체 개념과 다르다. HLA 객체는 데이터 멤버를 가지고 있는데, 이를 속성(attribute)이라고 한다. 즉, 속성의 모임이 객체가 되는 것이다. HLA에서 상호작용은 RTI를 통해 다른 페더레이트에 일회성으로만 보내는 자료의 모음이다. 상호작용은 시뮬레이션상에서 하나 이상의 페더레이트와 관련된 사건이라고 할 수 있다. 이 사건을 통하여 서로에게 영향을 미치게 된다. 상호작용은 시뮬레이션 시간의 임의의 시점에서 발생되는 사건이다. 하나의 페더레이트에서 다른 페더레이트로 상호작용을 보내는데, 일단 받고 나서는 상호작용이 지속적으로 이루어지지 않는다. 상호작용은 파라미터(parameter)라고 불리는 매개변수를 가지고 전달된다.

페더레이션 내에서 각 페더레이트들이 교환할 객체와 상호작용에 대해서는 미리 일정한 서식을 갖추어서 매크로 파일 형태로 RTI에서 관리한다. 이 서식을 OMT(Object Model Template)라고 하고, 매크로 파일을 FOM(Federation Object Model)이라고 한다. OMT는 자료 표현 템플릿이고, FOM은 페더레이션 내에서 주고받을 객체와 상호작용에 대하여 OMT 서식에 따라 기록해 둔 자료사전이라고 할 수 있다. 각 페더레이트는 FOM을 참고하여 자신이 보내고 싶은 객체나 상호작용에 대하여 보낼 의사를 표시하고 또한 받기를 원하는 것에 대해서는 받을 의사를 표시한다. 그러면 이 표시에 근거하여 페더레이션 실행 간에 RTI는 보낼 의사를 표시한 페더레이트로부터 메시지가 오면 받을 의사를 표시한 페더레이트에 간접호출방식의 함수호출을 통하여 전달하게 된다. 이런 면에서 FOM은 데이터 분배 라우팅 역할을 한다.

9.2.3 HLA 정의

HLA에서는 기본적으로 페더레이트 간의 상호작용을 기존의 통신 API를 사용하여 직접통신을 통해 이루어지는 것이 아니라, RTI 미들웨어를 통해서 이루어진다.

페더레이트와 RTI는 소프트웨어이다. 그러면 페더레이트를 개발하는 개발자가 RTI 소프트웨어까지 개발해야 하는가? 그것은 아니다. 이미 RTI라는 미들웨어는 컴포넌트로 개발되어 하부 인프라로 제공되고 개발자는 페더레이트만 개발하면 된다. 그래서 개발된 페더레이트와 다른 페더레이트가 연합하고자 한다면 RTI에 플러그인(Plug-in)하기만 하면 된다. 여기서 원만하게 플러그인 되어 상호작용하기 위해서는 페더레이트가 해야 할 역할이 있고 RTI가 해야 할 역할이 있다. 그리고 어떤 데이터를 서로 주고받을 것인가에 대한 서식도 필요하다. 왜냐하면 페더레이트끼리 직접 주고받는 것이 아니라 RTI를 통해서 주고받기 때문에 RTI 입장에서는 어떤 데이터를 어떤 페더레이트가 송신하고 어떤 페더레이트가 수신하는지를 알아야 하기 때문이다. 이런 측면에서 RTI는 대리자 역할을 하는 분산 운영체계와 유사한 역할을 한다.

HLA는 이와 관련하여 페더레이트와 RTI(HLA 정의에서는 RTI 대신에 페더레이션으로 사용하고 있다)의 역할, 페더레이트끼리 상호교환할 객체와 상호작용에 대한 서식, 그리고 페더레이트와 RTI 간에 서비스 호출과 응답을 위한 인터페이스를 규정하고 있다. 이것을 각각 HLA 규칙(rule), OMT(Object Model Template), 인터페이스 규격(Interface specification)이라고 한다. HLA는 이 3가지 구성요소에 의해 정의된다.

9.2.3.1 HLA 규칙

HLA에서는 시뮬레이션 응용 소프트웨어를 그 시뮬레이션에 특정한 부분만 담당하는 페더레이트와 다른 페더레이트와 통신을 지원하는 하부기반인 RTI로 분리하고 있다. 그렇지만 페더레이션 실행에 있어서는 페더레이트와 RTI가 협력하게 된다. 이러한 협력을 함에 있어서 서로 해야 할 것이 무엇인가를 잘 정의하고, 이를 바탕으로 협력이 이루어져야 한다. 이를 HLA 규칙이라고 한다. 엄격히 이야기해서 페더레이션 실행 간에 페더레이트의 적절한 상호작용을 달성하기 위해서 준수해야 할 책임이라고 할 수 있다. HLA 규칙에서는 페더레이션(특히, RTI)의 책임과 페더레이트의 책임에 대하여 페더레이션 규칙 5개와 페더레이트 규칙 5개로 구분하여 기술하고 있다. 이 규칙들은 곧 페더레이트와 RTI를 개발할 때에 설계 시 반영해야 한다는 의미이기도 하다.

(1) 페더레이션 규칙

① **규칙 1** : 페더레이션은 OMT에 부합하는 문서화된 FOM을 가져야 한다. FOM은 페더레이션의 공통 자료사전/어휘집이고, 라우팅 규약이기도 하다. 이는 페더레이션상에서 임의의 페더레이트가 다른 페더레이트와 상호통신할 객체와 상호작용을 기술한다. 페더레이션 설계에서 FOM을 포함한다. OMT에 대해서는 별도로 규정하고 있다.

② **규칙 2** : 페더레이션에서 FOM에 있는 객체의 모든 표현은 페더레이트에 있어야 한다. FOM에서 포함되어 있는 객체는 어떤 페더레이트 중의 하나에서 하나 혹은 그 이상의 페더레이트에게 송신한다는 것을 등록하거나 아니면 하나 혹은 그 이상의 페더레이트가 이를 수신한다고 등록한 것이다. 그렇지만 객체에 대한 구체적인 표현은 페더레이트에 있어야 한다.

③ **규칙 3** : 페더레이션 실행 동안에 페더레이트 간의 모든 FOM 데이터 교환은 RTI를 통해서 이루어진다. 이 규칙의 목적은 상호 운용성, 재사용을 제공하기 위한 컴포넌트식 시뮬레이션을 위한 것이다. 페더레이트는 하부기반을 경유해서만 다른 페더레이트와 데이터 교환이 이루어진다.

④ **규칙 4** : 페더레이션 실행 동안에 RTI와 상호작용할 때는 HLA 인터페이스 규격을 준수해야 한다. 이 규칙은 HLA에서 인터페이스 규격의 위상을 알

게 해준다. 페더레이트는 RTI를 통해서만 상호작용하고, 그들의 상호작용을 위해서는 인터페이스 함수를 사용하게 된다. 이 함수는 인터페이스 규격을 반드시 준수해야 한다. 이것은 RTI 구현과 페더레이트 구현을 독립시키고 특별한 상황에서 페더레이트를 보호하고, 필요시 하나의 RTI를 다른 RTI와 교체가 가능하도록 하는 것이다.

⑤ 규칙 5 : 페더레이션 실행 동안에, 객체 인스턴스의 속성은 임의의 시간에 오직 하나의 페더레이트에 의해 소유되어야 한다. 인스턴스 속성을 소유하는 것은 그것을 갱신하는 책임을 지는 것이고, 새로운 값을 부여하고 소지한다는 것이다. 인터페이스 규격에서는 페더레이트가 인스턴스 속성을 소유하지 않는다면 그것을 갱신하기 위한 어떠한 시도도 RTI에 의해 거절된다.

(2) 페더레이트 규칙

① 규칙 6 : 페더레이트는 OMT에 부합하도록 문서화된 SOM(Simulation Object Model)을 가져야 한다. 페더레이션에서 FOM은 페더레이트끼리 교환될 데이터에 대하여 통합하여 기술하고 있다. 페더레이트 입장에서 볼 때 페더레이션 FOM에 내놓을 데이터를 기술한 것이 SOM이다. SOM 서식도 마찬가지로 OMT에 부합해야 한다.

② 규칙 7 : 페더레이트는 자신의 SOM에 있는 객체 속성을 갱신하고 반영할 수 있어야 한다. 그리고 SOM에서 정의된 대로 SOM 객체와 상호작용을 외부적으로 송신하거나 수신할 수 있어야 한다. 이 규칙은 데이터에 관한 HLA 부합성을 의미한다. SOM에서 언급된 객체와 상호작용은 RTI 용어로 완전히 지원되어야 한다.

③ 규칙 8 : 페더레이트는 그들의 SOM에 명시된 바와 같이 페더레이션 실행 동안에 속성 소유권을 동적으로 인도하거나 접수할 수 있어야 한다. SOM의 데이터는 데이터의 생산과 소비에 관한 지원을 받아야 할 뿐만 아니라 페더레이트는 인터페이스 규약에서 정의된 소유권 이전 규약 부분을 구현할 수 있어야 한다. 여기서 소유권이 인도된다는 것은 소유권이 인도된 페더레이트에서 그 데이터에 대하여 갱신할 수 있다는 의미이다.

④ 규칙 9 : 페더레이트는 SOM에서 정의된 대로 객체 속성을 갱신하고 조건

을 변경시킬 수 있어야 한다. SOM은 페더레이트가 주어진 속성을 갱신하기 위한 조건을 지시하고, 페더레이트는 지시된 대로 행위를 해야 한다.

⑤ 규칙 10 : 페더레이트는 다른 페더레이션과 자료를 협조적으로 교환하면서 지역시간을 관리할 수 있어야 한다. 서로 다른 페더레이트에서 분산 실행을 할 때는 시뮬레이션 진행에 관한 시간관리가 중요하다. 페더레이션에서는 기본적으로 광역시간을 두지 않는다. 즉, 광역시간 하나를 두고 모든 페더레이트가 이를 보고 동기화하여 시뮬레이션을 진행시키지 않고 각 페더레이트에서 시뮬레이션 시간을 전진시킨다. 그러면서 서로 다른 시간으로 인한 인과성 오류의 발생은 RTI에서 보수적 혹은 낙관적 알고리즘으로 처리하여 방지하고 있다.

9.2.3.2 OMT

페더레이션 내에서 각 페더레이트들이 교환할 객체와 상호작용 정보는 일정한 서식에 따라 작성되어 관리된다. 이 서식을 OMT(Object Model Template)라고 한다. FOM과 SOM은 모두 OMT를 사용하여 정의한다. 〈그림 9-6〉과

그림 9-6 객체 OMT 서식

```
〈Object, class, and attribution definitions〉
  ;possible〈transportation〉=FED_RELIABLE, FED_BEST_EFFORT
  ;; possible 〈ordering〉=FED_RECEIVE, FED_TIMESTAMP
      (objects
         (class 〈name〉
          (attribute〈name〉〈transportation〉 〈ordering〉)
          ; any other parameters must come before any subclasses for same level
```

그림 9-7 상호작용 OMT 서식

```
〈Interaction, class, and parameter definitions〉
  ;possible〈transportation〉=FED_RELIABLE, FED_BEST_EFFORT
  ;; possible 〈ordering〉=FED_RECEIVE, FED_TIMESTAMP
      (interactions
         (class 〈name〉 〈transportation〉 〈ordering〉
          (parameter 〈name〉)
          ; anyother parameters must come before any subclasses for same level
          (class 〈name〉 〈transportation〉 〈ordering〉
```

〈그림 9-7〉은 객체와 상호작용에 대한 OMT 문서 서식을 보여주고 있다.

9.2.3.3 인터페이스 규격

인터페이스 규격(interface specification)은 각 페더레이트 간의 상호 운용을 위한 페더레이트와 RTI 사이의 인터페이스에 대한 정의이다. 이는 API (Application Program Interface)로 구현되어 상호 운용 서비스를 제공한다. 각 페더레이트는 이 서비스들을 사용하여 다른 페더레이트와 상호작용한다. 인터페이스 서비스는 〈그림 9-8〉에서 보는 바와 같이 API 함수 호출을 통하여 RTI에게 서비스를 요청하면 RTI는 서비스를 제공한다.

그림 9-8
RTI 서비스

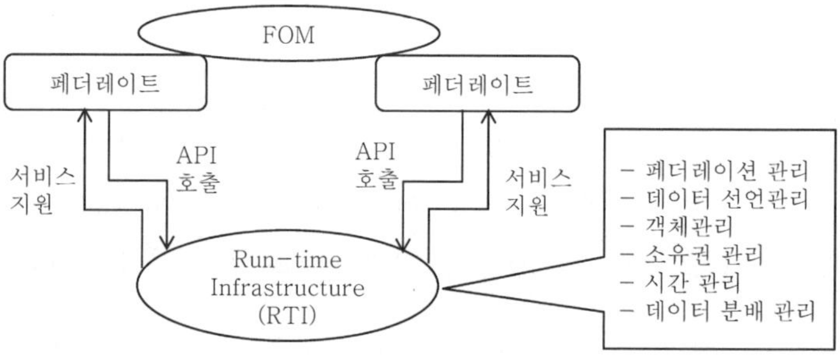

여기서 RTI가 페더레이트에게 서비스를 제공하는 방식은 페더레이트를 호출하여 필요한 서비스를 제공하는 방식이다. 인터페이스 규약은 이러한 상호 서비스 요청 및 제공을 위한 기능을 제공한다. 인터페이스의 기능, 즉 RTI가 페더레이트에 제공하는 서비스를 6개 그룹(페더레이션 관리, 데이터 선언관리, 객체 관리, 시간 관리, 소유권 관리, 데이터 분배 관리)으로 구분하고 각 서비스별로 규약을 규정하고 있다.

(1) 페더레이션 관리 서비스

페더레이션 관리 서비스는 페더레이션 실행 프로세스 생성, 페더레이트 참여, 페더레이션 동기화, 페더레이션 저장 및 복귀, 페더레이션 탈퇴, 그리고 페더레이션 소멸 관리를 지원한다. 페더레이션 관리는 최초에 임의 멤버 페더

표 9-1 페더레이션 관리 인터페이스 함수

인터페이스 함수	설 명
RTIAmbassador::createFederationExecution()	페더레이션 실행 프로세스 생성
RTIAmbassador::joinFederationExecution()	페더레이트가 페더레이션에 참여
RTIAmbassador::resignFederationExecution()	페더레이트가 페더레이션으로부터 탈퇴
RTIAmbassador::destroyFederationExecution()	페더레이션 실행 프로세스를 종료
RTIAmbassador::tick()	RTI에게 CPU 시간을 할당

레이트가 페더레이션 실행을 위한 주 프로세스를 생성함으로써 시작된다. 페더레이션 실행 프로세스를 RTIExec(RTI Executive process) 혹은 간단히 RTI 라고 한다. 그러면 RTI는 페더레이트의 요청에 따라 페더레이션 관리 서비스를 제공한다. 이를 위한 주요 인터페이스 함수는 〈표 9-1〉과 같다.

〈그림 9-9〉는 페더레이트 '갑'과 '을'이 인터페이스 함수를 사용해서 RTI에게 페더레이션 관리와 관련해서 서비스를 요구하고 이에 응답하는 과정을 보여준다.

그림 9-9 페더레이션 관리 API 사용

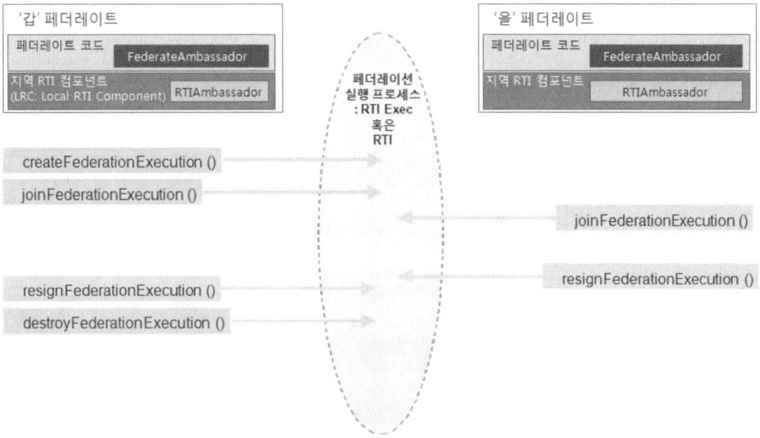

(2) 데이터 선언관리 서비스

데이터 선언관리 서비스는 각 페더레이트 들이 송신 혹은 수신할 객체와 상호작용 데이터의 선언관리를 지원한다. HLA에서 데이터 송·수신은 간접 호출방식이다. 그래서 각 페더레이트들이 직접 데이터를 보내거나 받지 않고 페더레이션에 가용하게만 해준다. 그러면 RTI 실행 프로세스가 이 데이터에 관심이 있는 페더레이트에게 보내준다. 각 페더레이트는 단지 임의 데이터에 대해서 보내줄 의향을 선언(이후 이를 공표(publish)라고 함)하거나 받을 의향을 선언(이후 이를 서명(subscribe)이라고 함)하기만 한다. 이때 공표 혹은 서명된 정보는 반드시 FOM에 존재해야 하는데, 모든 멤버 페더레이트들이 공표하고 선언한 FOM 정보는 각 페더레이트 간의 데이터 통신을 위한 논리적 채널을 형성해 주는 역할을 한다. 데이터 선언관리 서비스를 지원하기 위한 주요 인터페이스 함수는 〈표 9-2〉와 같다.

표 9-2 데이터 선언관리 인터페이스 함수

인터페이스 함수	설 명
RTIAmbassador::**getObjectClassHandle**()	FOM 객체의 LRC 주소를 획득
RTIAmbassador::**getAttributeHandle**()	FOM 객체 속성의 LRC 주소를 획득
RTIAmbassador::**publishObjectClass()**	객체를 공표(LRC 주소 사용)
RTIAmbassador::un**publishObjectClass()**	객체 공표를 해제
RTIAmbassador::**subscribeObjectClassAttributes()**	객체 속성을 서명(LRC 주소 사용)
RTIAmbassador::**unsubscribeObjectClass()**	객체 서명을 해제
RTIAmbassador::register**ObjectInstance()**	객체를 등록
RTIAmbassador::delete**ObjectInstance()**	객체 등록을 해제
FederateAmbassador::startRegistrationForObjectClass()	객체를 등록하도록 RTI가 콜백
FederateAmbassador::stopRegistrationForObjectClass()	객체 등록 취소 함수
RTIAmbassador::**getInteractionClassHandle**()	FOM 상호작용의 LRC 주소를 획득
RTIAmbassador::**publishInteractionClass**()	상호작용을 공표(LRC 주소 사용)
RTIAmbassador::un**publishInteractionClass**()	상호작용 공표를 해제
RTIAmbassador::subscribe**InteractionClass**()	상호작용을 서명(LRC 주소 사용)
RTIAmbassador::unsubscribe**InteractionClass**()	상호작용 서명을 해제
FederateAmbassador::turn**InteractionOn**()	상호작용 서명에 따른 RTI 콜백
FederateAmbassador::turn**InteractionOff**()	상호작용 서명 해제에 따른 RTI 콜백

〈그림 9-10〉은 데이터 선언관리 서비스와 관련해서 멤버 페더레이트 '갑'과 '을'이 인터페이스 함수를 사용해서 객체와 속성을 공표하고 서명하거나 해제하기 위해서 RTI에게 서비스를 요구하고 이에 응답하는 과정을 보여준다.

그림 9-10
객체 공표 및 선언관리

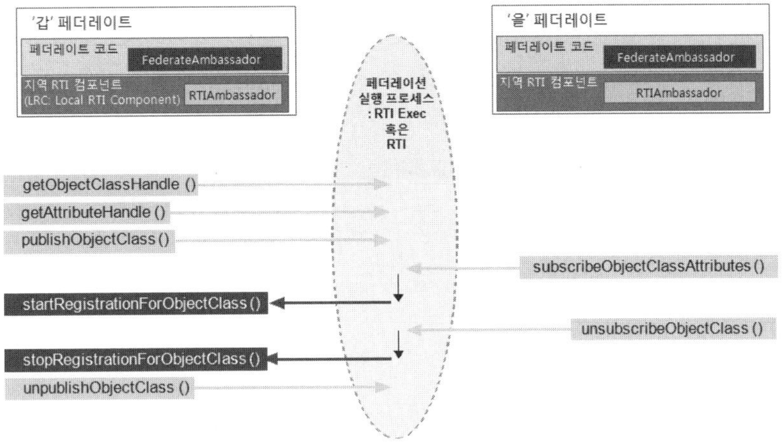

한편, 상호작용에 대한 공표와 서명도 마찬가지인데, 〈그림 9-11〉은 '갑' 페더레이터가 상호작용에 대해서 공표하고 '을'이 서명하는 것과 해제하는 것을 보여주고 있다.

그림 9-11
상호작용 공표 및 선언관리

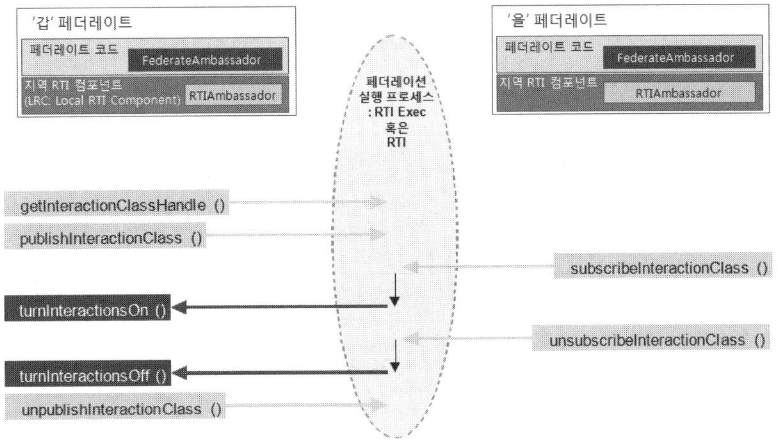

(3) 객체관리 서비스

객체관리 서비스는 페더레이트 사이의 데이터 교환을 지원한다. 객체 데이터 교환에서는 객체를 공표한 페더레이트 측에서 객체 인스턴스를 등록(register)하면, RTI는 관련 객체의 RTI 주소를 돌려준다. 동시에 서명한 페더레이트에게 탐색(discover)함수를 콜백시켜 객체 RTI 주소를 알려준다. 그러면 데이터를 갱신(update)하거나 반영(reflect)할 수 있는 논리적 채널이 형성된다. 여기서 RTI 주소는 LRC 주소와 다르다. LRC 주소는 LRC가 관리하고 FOM 데이터 주소이고, RTI 주소는 페더레이션 전역에 걸쳐 유일하게 존재하는 인스턴스 주소이다. 상호작용을 송신(send)하거나 수신(receive)할 때도 마찬가지이다. 객체관리 서비스를 지원하기 위한 주요 인터페이스 함수는 〈표 9-3〉과 같다.

표 9-3 객체관리 인터페이스 함수

인터페이스 함수	설 명
RTIAmbassador::register**ObjectInstance()**	객체를 등록
RTIAmbassador::delete**ObjectInstance()**	객체 등록을 해제
FederateAmbassador::dis**coverObjectInstance()**	등록한 객체를 탐색하여 RTI 주소 획득
FederateAmbassador::**turnUpdatesOnForObjectInstance()**	객체 등록으로 인한 콜백 함수
FederateAmbassador::**removeObjectInstance()**	객체 해제로 인한 콜백 함수
RTIAmbassador::requestClassAttributeValueUpdate()	속성 갱신 요청
RTIAmbassador::requestObjectAttributeValueUpdate()	객체 속성 갱신 요청
RTIAmbassador::updateAttributeValues()	속성 송신
FederateAmbassador::**reflectAttributeValues()**	속성 수신토록 RTI가 콜백
RTIAmbassador::sendInteraction()	상호작용 송신
FederateAmbassador::**receiveInteraction()**	상호작용을 수신토록 RTI가 콜백
FederateAmbassador::**provideAttributeValueUpdate()**	객체 갱신요청에 대한 콜백 함수
FederateAmbassador::**provideAttributeValueUpdate()**	객체 속성 갱신요청에 대한 콜백 함수

〈그림 9-12〉는 객체관리 서비스와 관련해서 '갑'이 객체를 등록하면 RTI가 '을'에게 콜백 함수를 호출하여 RTI 주소를 넘겨 줌으로써 논리적 채널을 형성하는 과정과 해제하는 과정을 보여준다.

그림 9-12
객체 등록 관리

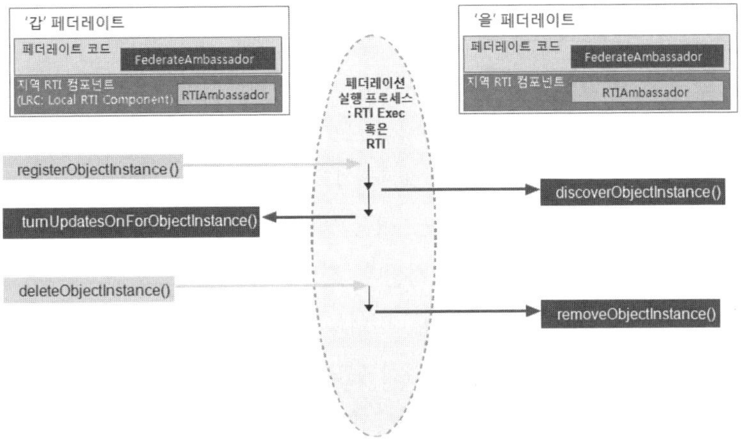

〈그림 9-13〉은 인터페이스 함수를 사용하여 '갑'이 '을'에게 객체 속성을 갱신(update)하고 반영(reflect)하는 과정과, 상호작용을 송신(send)하고 수신(receive)하는 과정을 보여주고 있다.

그림 9-13
객체 송 · 수신 관리

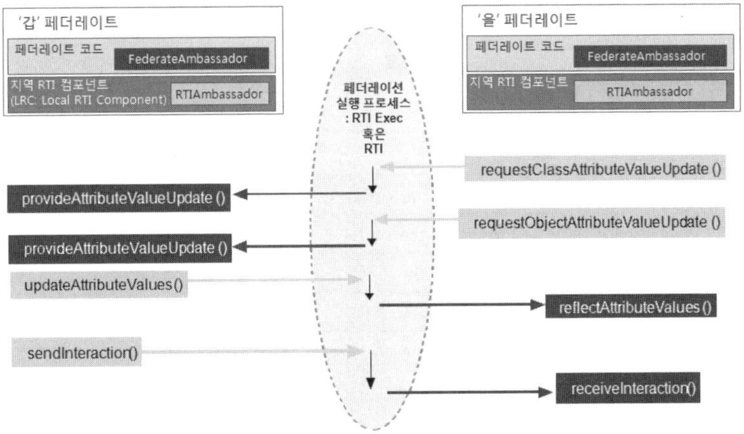

(4) 시간관리 서비스

시간관리 서비스에서는 페더레이트 시간관리 정책과 페더레이션 시간 진행을 지원한다. 페더레이트 시간관리 정책에는 시간제약(time constrained)과 시간규제(time regulating)가 있다. 시간제약을 선택하면 자신의 시뮬레이션 시간 전진은 다른 페더레이트의 시간으로부터 영향을 받는다. 시간제약 페더레이트의 경우에는 RTI는 다른 페더레이터의 TSO(Time Stamped Order) 메시지를 수신할 수 있도록 지원한다. 그래서 자신은 인과성 오류를 방지하기 위하여 시뮬레이션 시계를 LBTS(Low Boundary Time Stamp)까지만 안전하게 전진시킨다. 한편, 시간규제를 선택하면 RTI가 자신의 TSO 메시지를 다른 페더레이트에게 알려준다. 각 페더레이트는 2가지 정책을 모두 선택할 수도 있고 이 중에 1가지를 선택할 수 있으며, 또한 모두 선택하지 않을 수도 있다. 만약 모두 선택하지 않는다면 자신의 시뮬레이션 전진은 다른 페더레이트 시간에 관계없이 전진시킬 수 있고, 자신도 다른 페더레이트 시간 전진에 영향을 주지 않는다.

페더레이션 시간 진행 서비스와 관련해서 페더레이트를 일정시간 간격(time-stepped) 혹은 이산사건시간(event-sequenced)으로 진행할 수 있도록 지원한다. 그리고 시뮬레이션 간에 인과성 오류를 방지하기 위해서 보수적 알고리즘과 낙관적 알고리즘도 지원한다. 시간관리 서비스를 지원하기 위한 주요 인터페이스 함수는 〈표 9-4〉와 같다.

표 9-4 시간관리 인터페이스 함수

인터페이스 함수	설 명
RTIAmbassador::**enableTimeRegulation()**	시간규제 정책 적용
RTIAmbassador::**enableTimeConstrained()**	시간제약 정책 적용
RTIAmbassador::dis**ableTimeRegulation()**	시간규제 정책 해제
RTIAmbassador::dis**ableTimeRegulation()**	시간제약 정책 해제
RTIAmbassador::**timeAdvanceRequest()**	일정시간 진행 요청
RTIAmbassador::**nextEventRequest()**	보수적 알고리즘 기반 이산사건시간 진행 요청
RTIAmbassador::**flushQueueRequest()**	낙관적 알고리즘 기반 이산시간기간 진행 요청

〈그림 9-14〉는 인터페이스 함수를 사용하여 '갑' 페더레이트가 시간규제 및 시간제약 정책을 요청하고 RTI가 콜백하는 과정을 보여주고 있다.

그림 9-14
시간 정책 관리

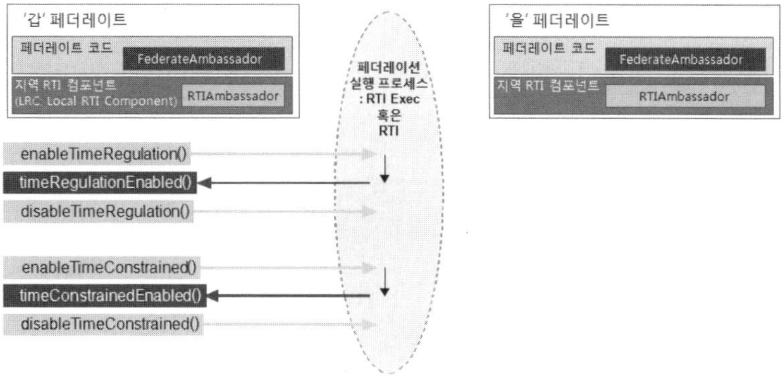

한편, 〈그림 9-15〉는 인터페이스 함수를 사용하여 '갑' 과 '을' 페더레이트가 RTI에게 시뮬레이션 전진을 요청하고, RTI는 콜백 함수로 허용하는 과정을 보여주고 있다.

그림 9-15
시간 진행 관리

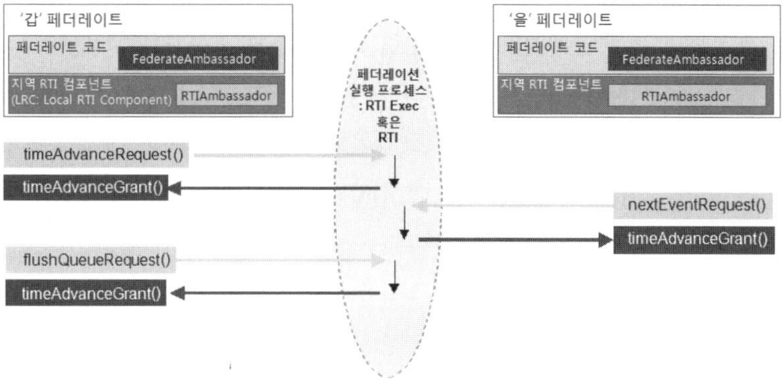

(5) 소유권 관리

객체 인스턴스가 하나의 페더레이트에 의해 온전히 소유될 수도 있다. 이런 경우는 소유하고 있는 페더레이트가 객체와 관련된 모든 속성을 갱신하고 객체 인스턴스를 소멸시킬 책임을 가지게 된다. 물론 하나의 객체 인스턴스에 대하여 2개 혹은 3개 이상의 페더레이트들이 갱신 책임을 공유할 수 있다. 소유권 관리 서비스는 소유권의 획득과 양도를 지원한다. 소유권 양도는 기존의 소유권을 가진 페더레이트로부터 시작된다. 만약 개체가 여러 개의 속성을 가진 인스턴스로 표현된다면, 서로 다른 페더레이터는 그 인스턴스의 일부를 소유할 수도 있다.

(6) 데이터 분배관리

데이터 분배관리 서비스는 페더레이트 사이의 데이터 생산자-소비자 관계를 조정한다. 선언관리 서비스가 상호작용 클래스와 객체 클래스 단위로 관리하는 것이라면, 데이터 분배관리는 객체 인스턴스와 관련 라이팅 공간 단위로 관리한다.

9.2.4 하부기반

하부기반(RTI: Run Time Infrastructure)은 HLA 인터페이스 규격에 의해 정의된 서비스를 구현한 소프트웨어 컴포넌트들의 모임이다. RTI는 마치 분산 운영체계와 같이 관련 서비스를 제공한다. RTI F.0가 Sun Solaris 2.5를 대상으로 C++ 라이브러리 형태로 공개되고 RTI NG1.3까지 공개되었다. 이후로 C++, JAVA, Ada, CORBA IDL로 구현되어 상용화되어 있다.

RTI 소프트웨어는 〈그림 9-16〉에서 보는 바와 같이 RTIExec(RTI Executive process), FedExec(Federation Executive process) 그리고 libRTI(library of

그림 9-16
RTI 실행 구조

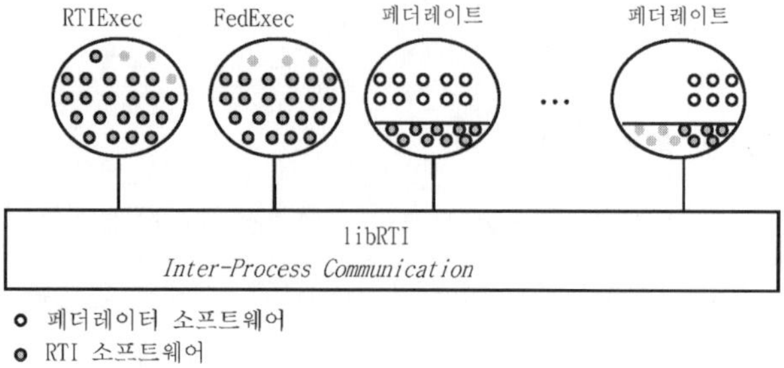

RTI) 라이브러리로 이루어져 있다.

RTIExec는 페더레이션 생성과 소멸을 관리하는 프로세서이고, FedExec는 각 페더레이션별로 하나가 존재하며, 실행 간 페더레이트의 가입과 탈퇴를 관리한다. 그리고 FedExec는 〈그림 9-17〉에서 보는 바와 같이 송신 페더레이트로부터 정보를 받아 다른 수신 페더레이트에게 전달한다.

그림 9-17
FeExec
멀티캐스트
그룹

실행 RTIExec는 인터페이스 콘솔을 가지고 페더레이션 실행목록 관리에 도움을 주는데, 명령문으로 접근할 수 있다. 실행 FedExec도 마찬가지로 인터페이스 콘솔을 가지고 페더레이트 목록을 관리하는 데 도움을 주며 명령문으로 접근할 수 있다.

libRTI는 HLA 인터페이스 규격에 명시된 서비스를 페더레이트 개발자에게 제공하는 라이브러리이다. 사용자 페더레이트는 libRTI를 사용하여 HLA 서비스를 호출하고, RTIExec, FedExec 그리고 다른 페더레이트와 통신한다. 〈그림 9-18〉은 이와 관련된 클래스 다이어그램을 보여주고 있다.

libRTI 내에서 RTI Ambassador 클래스는 RTI에서 제공되는 서비스를 구현

그림 9-18
RTI 앰버서더
클래스 구조

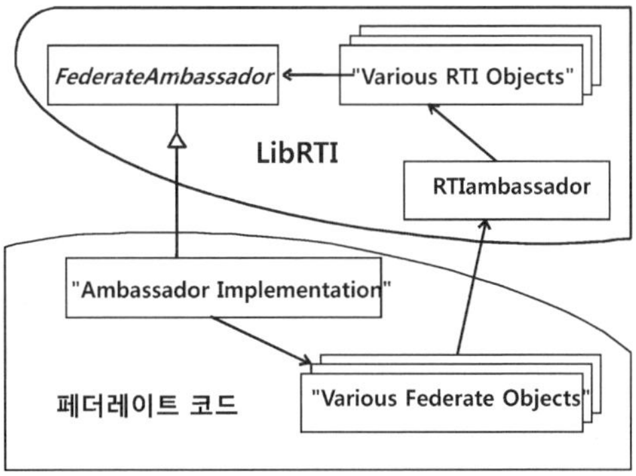

하고 있다. 페더레이트는 RTI Ambassador 메소드 호출을 통하여 RTI에 대한 모든 서비스 요구를 하게 된다. 한편, RTI는 페더레이트의 Federate Ambassador 메소드 호출을 통하여 응답한다. Federate Ambassador는 추상 클래스이고 각 페더레이트가 이를 상속 받아서 메소드를 적절히 정의하여 사용한다.

〈그림 9-19〉는 페더레이션 생애주기 동안에 RTI와 페더레이트 간에 발생하는 주요 상호작용에 대한 예를 보여주고 있다.

그림 9-19 페더레이션과 페더레이트의 상호작용 지원 서비스

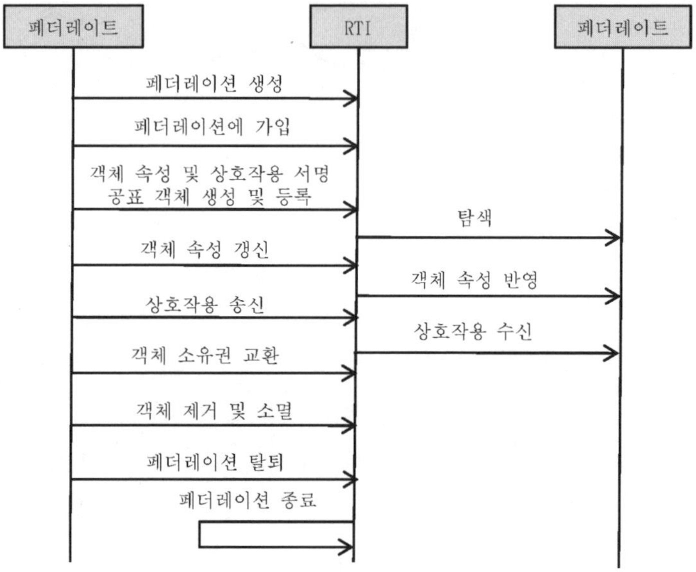

9.3 데이터 표준

데이터 표준(DS: Data Standardization)은 재사용과 상호 운용성 증진은 물론이고, 시뮬레이션, C4I 체제 간의 데이터 공유를 용이하게 한다. 이를 위해서 데이터 요구조건, 표준, 데이터 획득원, 보안, 검증, 인증을 위한 방침, 절차, 방법을 수립하고 구체적으로 공통 의미 및 문법, 데이터 포맷, 데이터 물리적 구조 등을 정의한다. 데이터 표준에서 주요 용어 및 개념은 다음과

같다.

① 데이터(data): 인간 혹은 자동화 수단에 의해 의사소통, 해석, 처리되는데 적합하도록 정형화된 사실의 명세(specification), 파라미터(parameter), 값(value), 개념(concepts) 혹은 명령(instructions)이다. 그리고 특수한 목적과 의미에 관련된 데이터를 정보(information)라고 한다.

② 모델(model): 체계(system), 개체(entity), 현상(phenomenon) 혹은 과정(process)의 물리적 명세(specification), 수학적 명세 혹은 논리적 명세를 말한다.

③ 표현(representation): 모델, 과정 혹은 알고리즘과 그와 관련된 데이터, 파라미터 혹은 값의 조합을 말한다. 전통적인 시뮬레이션 구현에서는 알고리즘과 값을 뚜렷하게 분리하고 있으나 최근의 객체지향 시뮬레이션 구현에서는 모델과 데이터를 객체(object)로 결합시킨다.

④ 시뮬레이션(simulation): 시간 경과에 따른 표현의 구현을 말한다.

⑤ 자원(resource): 하나의 과정에 의해 사용되는 개체 혹은 소모품을 말한다. 자원에는 모델, 데이터, 표현, 시뮬레이션, 시설, 장비, 체계, 소프트웨어, 원시코드, 인력, 컴퓨터 시간, 달력 시간, 자금 등이 있다.

⑥ 추상(abstraction): 현실세계(문제영역)로부터 공통요소를 뽑아 다양한 수준으로 파악하는 지적활동을 말한다. 현실 세계의 추상화는 시뮬레이션에서 합성세계 표현과 대응된다.

이 개념들을 바탕으로 데이터를 표준화한다.

9.4 HLA 부합 시뮬레이션 및 프로그램 사례

HLA 부합 시뮬레이션은 분산환경에서 RTI 서비스를 활용하여 실행되도록 한 것이다. HLA 부합 시뮬레이션에는 여러 가지 유형이 있다. Time_step 시뮬레이션, Event_driven 시뮬레이션, Independent_time advance 시뮬레이션, 기타 Optimistic 시뮬레이션이다. 주요 시뮬레이션 알고리즘은 다음과 같다.

9.4.1 HLA 시뮬레이션 알고리즘

Time_step 시뮬레이션 알고리즘

/* now is local variable tracking the logical time of the federate */
while(simulation execution still in progress)
compute state of federate at time now
provide any changed information(new attribute value or interaction) to the RTI via **Update Attribute Values** and/or **Send Interaction** service with time stamp
now+timeStepSize(or larger) for the next(or future) time step.
/* receive all external event notice in next time step :
(now, now+timeStepSize) */
invoke Time Advance Request(now+timeStepSize)
honor zero or more RTI **Requests for Reflect Attribute Value** and **Receive Interaction services**.
now=now+timeStepSize

Event_driven 시뮬레이션 알고리즘

/* now is local variable tracking the logical time of the federate */
while(simulation execution still in progress)
determine time stamp of next local event notice, TSlocal is time stamp of this notice
/* next statement enables delivery of next external messages */
invoke NextEvent Request(TSlocal) service
honor zero or more RTI request for **Reflect Attribute Values** and **Receive Interaction** services, providing any changed information(new attribute value or interaction) to the RTI via the **Update Attribute Values**

```
            and/or Send Interaction services.
    honor RTI service Request for Time Advance Grant
    if(no TSO message(s) received in above RTI service requests)
        now=TSlocal
        process the next local event notice identified above, providing any
            changed information(new attribute values or interactions) to the RTI
            via the Update Attribute Values and/or Send Interaction services.
    else
        now=time stamp of last TSO message delivered to federate
```

Independent_time advance 시뮬레이션 알고리즘

```
Establish federate as unconstrained by the logical time of other federates and
unregulating of the logical time of them.
While the federate is executing
    Determine local time
    Invoke Update Attribute Values and /or Send Interaction services when
        declaring a new state of an object or when declaring an object
        interaction to the federation via the RTI;assign a time stamp
        based on local time.
    Honor RTI requests for Reflect Attribute Values and Receive Interaction
        services
```

각 시뮬레이션 알고리즘에서 시간 진행은 RTI와 협력적으로 수행되지만, 각 시뮬레이션 수행 제어에 대해서는 각 페더레이트에게 책임이 있고, 제어 알고리즘은 다음과 같다.

```
while(RTI::RTI_TRUE)
{
try
{
  timeAdvanceGrant=RTI::RTI_FALSE;
  rtiAmb.timeAdvanceRequest(currentTime+timeStep);
}
```

```
// should catch exception here …

While(!timeAdvanceGrant)
{
  int eventTpProcess=1;
  while(eventsToProcess)
    eventsToProcess=rtiAmb.tick();
}
if(grantTime>currentTime)
  {currentTime=grantTime;}
}
```

9.4.2 HLA RTI 프로그래밍

HLA RTI 프로그래밍 예를 설명하기 위해서 아래와 같은 시뮬레이션 도메인을 고려한다.

① 페더레이션은 Tank 페더레이트와 Reporter 페더레이트로 구성된다.
② Tank 페더레이트는 'Tank Object Class'를 공표하고 서명한다. 이는 갱신(update)할 때 자신도 반영(Reflect)한다는 것을 의미한다.
③ Reporter 페더레이트는 'Tank Object Class'를 서명한다. 이는 Tank 페더레이트가 갱신할 때 반영한다는 것을 의미한다.
④ 시뮬레이션은 2.0시간 간격으로 이루어지는 Time_Step 방식이다.
⑤ 2.0시간 간격으로 Tank 페더레이트가 갱신하면 Reporter 페더레이트는 TSO로 메시지를 받으면서 Time_Step 방식으로 시뮬레이션을 전진시킨다.

9.4.2.1 FOM 작성

페더레이션에서 공통으로 교환할 정보는 Tank 객체 속성에 대한 것이다.

```
Object Class : Tank
Attribute    :
               char*      m_name;
               double     m_positionX;
```

```
double    m_positionY;
double    m_speed;
double    m_engWndRng;
```

이를 OMT 서식에 따라 다음과 같이 Fed 파일을 작성한다.

```
(FED
(Federation FederationName)
(FEDversion v1.3)
 (spaces
 )
 (objects
   (class Tank
     (attribute name best_effort receive)
     (attribute positionX best_effort receive)
     (attribute positionY best_effort receive)
     (attribute speed best_effort receive)
     (attribute engWndRng best_effort receive)
  )
)
 (interactions
    (class InteractionRoot  reliable timestamp)
 )
```

이 Fed 파일은 컴파일할 때, 각 페더레이트의 LRC와 연결되고, 각 LRC는 Fed 파일에 나타난 모든 object class, object class attribute, interaction class, interaction class parameter Type에 대한 관리번호(numeric representation)를 가지게 된다. 이를 RTTI(RunTime Type Identification) 값 혹은 LRC Handle(이후 이를 LRC 주소)이라고 한다. 이 Type 관리번호를 사용하여 각 페더레이트는 공표 내지 서명하게 된다. 이때 RTTI 값 탐색을 위해 페더레이트는 Fed 파일에 정의된 이름과 동일한 스트링(string, 이후 이를 'RTTI 스트링')을 별도로 가져야 하며, 이를 사용하여 자신의 LRC에서 LRC 주소를 찾아내어 공표와 서명을 하게 된다.

한편, Fed 파일에 정의된 모든 Object Class의 인스턴스(instance)는 RTI의

FedExec에서 관리하고 각각 주소를 가지게 된다. 그래서 각 페더레이트는 이 주소를 사용하여 객체 정보를 갱신하거나 반영하고, 페더레이션 전역에 걸쳐 인스턴스를 공유하게 된다. 이 주소를 앞의 것과 차이를 두기 위해서 이후 RTI 주소라고 한다. FedExec는 Interaction Class의 인스턴스에 대해서는 관리하지 않는다.

2개의 페더레이트 간에 객체 속성을 송·수신하기 위해서는 해당 RTTI 스트링을 사용하여 LRC 주소를 찾아서 서명 혹은 공표하고, LRC 주소를 사용하여 RTI 주소를 부여 받고 이를 사용하여 갱신(update)하고 반영(reflect)하게 된다. 상호작용의 경우에는 LRC 주소를 사용해 송신(send)하고 수신(receive)한다.

9.4.2.2 Tank 클래스 정의 및 구현

〈표 9-5〉는 Tank 클래스를 C++ 형식으로 정의한 것이다. L.7~11까지는 클래스 Tank 속성과 관련된 멤버함수이다. L.12~14는 RTIambassador에 대한 주소를 저장하기 위한 포인터 변수이다. 이는 페더레이션에서 생성된 RTIambassador을 받아서 Tank 클래스 내에서 위치 투명적으로 RTI와 인터페이스되도록 하기 위한 것이다. L.15~24는 RTTI 스트링을 저장하기 위한

표 9-5 Tank 클래스 정의 코드

번 호	코 드	
1	class CTank;	
2	typedef CTank* TankPtr;	
3	class CTank	
4	{	
5	private:	
7	char*	m_name;
8	double	m_positionX;
9	double	m_positionY;
10	double	m_speed;
11	double	m_engWndRng;
12	static RTI::RTIambassador*	ms_rtiAmb;
13	RTIfedTime	m_lastTime;
14	static RTIfedTime	ms_lookahead;

(계속)

번 호	코 드
15	// RTTI String
16	static char* const ms_tankTypeStr;
17	static char* const ms_nameTypeStr;
18	static char* const ms_positionXTypeStr;
19	static char* const ms_positionYTypeStr;
20	static char* const ms_speedTypeStr;
21	static char* const ms_engWndRngTypeStr;
22	static char* const ms_fireTypeStr;
23	static char* const ms_fireMsgTypeStr;
24	static char* const ms_fireSSKPTypeStr;
25	// LRC Handle
26	static RTI::ObjectClassHandle ms_tankTypeId;
27	static RTI::AttributeHandle ms_nameTypeId;
28	static RTI::AttributeHandle ms_positionXTypeId;
29	static RTI::AttributeHandle ms_positionYTypeId;
30	static RTI::AttributeHandle ms_speedTypeId;
31	static RTI::AttributeHandle ms_engWndRngTypeId;
32	static RTI::InteractionClassHandle ms_fireTypeId;
33	static RTI::ParameterHandle ms_fireMsgTypeId;
34	static RTI::ParameterHandle ms_fireSSKPTypeId;
35	// RTH
36	RTI::ObjectHandle m_instanceId;
37	Public:
38	CTank();
39	// For Ghosting
40	CTank(RTI::ObjectHandle id);
41	Virtual ~CTank();
42	// Methods acting on the RTI
43	static void Init(RTI::RTIambassador* rtiAmb);
44	static CTank* Find(RTI::ObjectHandle objectId);
45	void Publish();
46	void Subscribe();
47	void Register();
48	void Update(RTIfedTime& newTime);
49	void GhostUpdate(const RTI::AttributeHandleValuePairSet& theAttributes);
50	static void GhostUpdate(RTI::InteractionClassHandle theInteraction, const RTI::ParameterHandleValuePairSet& theParameters);
51	void Send();
52	// Methods acting on the RTI
53	static TankPtr ms_tankExtend[MAX_FEDERATE+1];
54	static unsigned int ms_tankCardinality;
55	Protected :
56	RTI::AttributeHandleValuePairSet* CreateNVPSet();
57	}

변수이고, L.25~34는 LRC 주소를 저장하기 위한 변수이다. 그리고 L.36은 RTI 주소를 저장하기 위한 것이다. L.42~51까지는 RTI와 인터페이스를 위한 멤버함수이다. L.52~54는 RTI 주소를 관리하기 위한 포인터 버퍼이며, L.56은 메시지 송·수신 메시지를 저장할 수 있는 버퍼의 RTI 생성함수이다.

Tank 클래스 정의 및 주요 구현 부분을 설명하면 다음과 같다.

(1) 초기화

① Tank 클래스 생성자

Tank 클래스 정의에서 생성자는 2가지 종류가 있다. 매개 변수가 없는 생성자(L.38)와 있는 생성자(L.53)가 있다. 매개 변수가 없는 생성자는 자신의 페더레이트에서 Tank 포인트 객체를 생성하기 위한 것이다. 매개 변수가 있는 생성자는 다른 페더레이트에서 Tank 클래스 객체 정보를 수신하고자 선언을 했을 때 대응되는 Tank 클래스 인스턴스 포인트를 MAX_FEDERATE 수만큼 저장하기 위한 것이다. Tank 클래스 객체에 서명했을 때 다른 페더레이트에서 공표한 Tank 포인트 객체에 대한 RTI 주소를 저장하여 서로 송·수신을 하기 위해서 사용한다.

RTI 주소는 기본적으로 RTI가 관리하고 있다. 그러면 RTI 주소를 어떻게 저장하느냐 하는 문제가 있다. 송신 페더레이트에서 객체(속성)를 공표할 때, RTI는 이를 서명한 페더레이트에게 그의 FederateAmbassador Discover 함수를 콜백하면서 RTI 주소를 넘겨 준다. 그래서 서명 페더레이트는 자신의 FederateAmbassador Discover 함수에 매개 변수가 있는 생성자를 호출하고 넘겨 받은 RTI 주소를 ms_tankExtend [MAX_FEDERATE+1]로 저장한다. 결국 서명한 페더레이트는 다른 페더레이트에서 공표할 때, 그 RTI 주소를 계속 저장하게 된다. ms_tankExtend는 Static으로 선언되어 있기 때문에 파일 영역에 관계없이 유일하게 관리된다.

② Init 함수

페더레이트에서 Tank 객체를 생성할 때, RTI Ambassador 주소를 Tank 객체에게 넘겨주기 위한 함수이다.

(2) 선언관리 정의 및 구현

Tank 페더레이트에서 Tank 클래스 객체 혹은 상호작용 정보를 공표하거나 선언하기 위해서 Publish(), Subscribe() 함수를 정의하였다. 그리고 RTI에게 Register() 함수를 호출하여 자신이 공표한 객체에 대하여 다른 페더레이트가 선언한 경우에 Discover() 함수를 콜백하여 객체 RTI 주소를 접수하도록 하였다. 이와 관련해서 구현된 주요 코드에 대해서 설명한다. 공표(publish), 서명(subscribe), 등록(register)을 하기 위해서는 RTTI 스트링, LRC 주소, RTI 주소를 사용한다. 〈표 9-6〉은 이들을 사용한 공표, 서명, 등록관련 주요 코드이다.

표 9-6 Tank 페더레이트 구현 주요 코드

번 호	코 드
1	RTI::ObjectClassHandle Country::ms_countryTypeId =0;
2	RTI::AttributeHandle Country::ms_nameTypeId =0;
3	RTI::AttributeHandle Country::ms_popTypeId =0;
4	RTI::InteractionClassHandle Country::ms_commTypeId =0;
5	RTI::ParameterHandle Country::ms_commMsgTypeId =0;
6	char* const Country::ms_countryTypeStr = "Country";
7	char* const Country::ms_nameTypeStr = "Name";
8	char* const Country::ms_popTypeStr = "Population";
9	char* const Country::ms_commTypeStr = "Communication";
10	char* const Country::ms_commMsgTypeStr = "Message";
11	ms_countryTypeId =ms_rtiAmb->getObjectClassHandle(ms_countryTypeStr);
12	ms_nameTypeId =ms_rtiAmb->getAttributeHandle(ms_nameTypeStr, ms_countryTypeId);
13	ms_popTypeId =ms_rtiAmb->getAttributeHandle(ms_popTypeStr, ms_countryTypeId);
14	ms_commTypeId =ms_rtiAmb->getInteractionClassHandle(ms_commTypeStr);
15	ms_commMsgTypeId =ms_rtiAmb->getParameterHandle (ms_commMsgTypeStr, ms_commTypeId);
16	RTI::AttributeHandleSet *countryAttributes;
17	countryAttributes=RTI::AttributeHandleSetFactory::create(2);
18	countryAttributes->add(ms_nameTypeId);
19	countryAttributes->add(ms_popTypeId);
20	ms_rtiAmb->subscribeObjectClassAttributes(ms_countryTypeId, *countryAttributes);
21	ms_rtiAmb->publishObjectClass(ms_countryTypeId, *countryAttributes);
22	ms_rtiAmb->subscribeInteractionClass(ms_commTypeId);
23	ms_rtiAmb->publishInteractionClass(ms_commTypeId);
24	m_instanceId=ms_rtiAmb->registerObjectInstance(this->GetCountryRtiId()); or
25	m_instanceId=ms_rtiAmb->registerObjectInstance(ms_countryTypeID);

L.1~5까지는 LRC 주소를 선언하고 초기화한 것이다. L.6~10까지는 RTTI 스트링을 초기화한 것이다. L.11~15까지는 RTTI 스트링을 사용하여 LRC 주소를 받아 오는 것이다. L.16~21까지는 LRC 주소를 사용해서 객체를 선언하고 공표한 것이다. L.22~23은 상호작용을 서명하고 공포한 것이다. L.24~25까지는 객체를 등록하여 RTI 주소를 받아오는 것이다. 이때 서명한 다른 페더레이트에 RTI가 Discover() 함수를 콜백시켜 동일 RTI 주소를 건네준다.

(3) 객체관리 정의 및 구현

① Find 함수

송신 페더레이트에서 갱신(update)할 때, RTI는 다른 페더레이트에게 그들의 FederateAmbassador Reflect 함수를 콜백하면서 RTI 주소를 넘겨준다. 그래서 Reflect 함수에서는 Discover를 통하여 얻은 RTI 주소를 Find() 함수를 통해서 해당 RTI 주소를 찾아 관련 객체 정보를 얻게 한다. 여기서 RTI 주소와 일치하는 Tank 객체는 수신 페더레이트 입장에서는 Ghost가 된다. 이 맥락에서 별도의 GhostUpdate 멤버함수를 정의하고, Reflect 함수에 대하여 해당 RTI 주소 객체에 GhostUpdate 함수를 호출함으로써 정보수신을 처리하도록 하였다. 이는 Receive 함수 콜백 시에도 마찬가지이다.

② GhostUpdate 함수

Reflect 혹은 Receive 콜백 시에 호출하여 객체 혹은 상호작용 정보를 수신받도록 하는 멤버함수로서 GhostUpdate(const RTI::AttributeHandleValuePairSet& theAttributes)는 객체정보 수신을 위한 것이고, GhostUpdate(RTI::InteractionClassHandle theInteraction, const RTI::ParameterHandleValuePairSet& theParameters)는 상호작용 정보 수신을 위한 것이다.

③ Update 함수

객체속성을 갱신(update)하고자 할 때는 갱신하고자 하는 속성들을 AHVPS (AttributeHandleValuePairSet)형의 포인터 객체에 LRC 주소와 속성들을 첨가한다. 이때 속성이 스트링 변수일 경우에는 그대로 첨가하면 되지만 숫자일 경우에는 htonl과 같은 함수를 사용하여 네트워크 바이트 코드로 전환한 후 첨가한다. 그리고 updateAttributeValues(…) 함수를 사용하여 갱신하는데, 이때 이 함수의 매개변수에 AHVPS와 객체를 등록(register) 했을 때 얻은 RTI 주소를 넘겨준다. 관련 구현 코드는 다음과 같다.

```
RTI::AttributeHandleValuePairSet* pCountryAttributes=NULL;
pCountryAttributes=RTI::AttributeSetFactory::create(2);
pCountryAttributes->add(this->GetNameRtiId(),
                        (char*) this->GetName(),
                        ((strlen(this->GetName())+1)*sizeof(char))
                        );
double tmp; *((long*)&tmp)=htonl(*(((long*)&this->GetPopulation())+1));
*(((long*)&tmp) + 1)=htonl(*((long*)&this->GetPopulation()));
pCountryAttributes->add(this->GetPopulationRtiId(),(char*)&tmp,
                        sizeof(double));
RTI::AttributeHandleValuePairSet* pNvpSet=pCountryAttributes;
ms_rtiAmb->updateAttributeValues(this->GetInstanceId() or m_InstanceID,
                                 *pNvpSet,
                                 this->GetLastTimePlusLookahead(),
                                 NULL);
```

④ Reflect(const AttributeHandleValuePairSet& theAttributes)

RTI는 다른 페더레이트에 FederateAmbassador::reflect AttributeValues(…) 콜백함수를 호출하여 속성값을 반영하도록 한다. 여기서 갱신(update)한 객체속성을 어떻게 찾을 것인지가 관심사항이다.

공표한 페더레이트에서 객체를 Register할 때, RTI는 이 객체속성에 대하여 서명한 다른 페더레이트에게 Discover 콜백함수를 호출하면서 그 객체에 대한 RTI 주소를 이미 넘겨받는다. 그래서 반영할 때 매개변수로 넘어오는 객체 RTI 주소를 확인하고 동시에 AHVPS을 사용하여 속성값을 넘겨받아 속성을 반영한다. 이와 관련된 구현코드는 다음과 같다.

```
void HwFederateAmbassador::reflectAttributeValues (
  RTI::ObjectHandle               theObject,        // supplied C1
```

```
const RTI::AttributeHandleValuePairSet& theAttributes, // supplied C4
const RTI::FedTime&                 theTime,         // supplied C1
const char                          *theTag,         // supplied C4
  RTI::EventRetractionHandle        theHandle)       // supplied C1

RTI::AttributeHandle attrHandle;
RTI::ULong        valueLength;
for (unsigned int i=0; i < theAttributes.size(); I++)
{
 attrHandle=theAttributes.getHandle(i);
 if (attrHandle ==Country::GetPopulationRtiId())
 {
   double population;
   theAttributes.getValue(i, (char*)&population, valueLength);
   long x=ntohl(*(long*)&population);
   *(long*)&population=ntohl(* (((long*)&population) + 1));
   *(((long*)&population)+1)=x;
   SetPopulation((double)population);
 }
 else if (attrHandle ==Country::GetNameRtiId())
 {
   char name[1024];
   theAttributes.getValue(i, (char*)name, valueLength);
   SetName((const char*)name);
 }
}
```

⑤ Send 함수

상호작용 정보를 송신(send)하고자 할 때는 상호작용 파라메터들을 AHVPS (AttributeHandleValuePairSet)형의 포인터 객체에 LRC 주소와 속성들을 첨가한다. 이때 속성이 스트링 변수일 경우는 그대로 첨가하면 되지만 숫자일 경우는 htonl과 같은 함수를 사용하여 네트워크 바이트 코드로 전환하여 첨가한다. 그리고 sendInteraction(…) 함수를 사용하여 송신하는데, 여기서 AHVPS와 상호작용 LRC 주소를 넘겨준다. 이와 관련된 구현 코드는 다음과 같다.

```
RTI::ParameterHandleValuePairSet* pParams=NULL;
pParams=RTI::ParameterSetFactory::create(1);
char *pMessage= "Hello World!" ;
pParams->add(this->GetMessageRtiId(), (char*) pMessage,
          ((strlen(pMessage)+1)*sizeof(char)));
(void) ms_rtiAmb->sendInteraction(GetCommRtiId(), *pParams,
                    this->GetLastTimePlusLookahead(),
                    NULL);
    }
```

⑥ Receive(RTI::InteractionClassHandle theInteraction, const RTI::ParameterHandleValuePairSet& theParameters)

RTI는 서명한 페더레이트에 FederateAmbassador::receiveInteraction(…) 콜백함수를 호출하여 파라메터 값을 수신하도록 한다. 여기서 송신한 상호작용 파라메터를 어떻게 찾을 것인지가 관심사항이다.

송신한 페더레이트는 상호작용의 LRC 주소를 넘겨주면 RTI는 서명한 페더레이트의 Receive 콜백함수를 호출하면서 이를 그대로 넘겨주게 된다. 그래서 수신 페더레이터는 상호작용 LRC 주소를 확인하고 동시에 AHVPS을 사용하여 파라메터 값을 넘겨받는다. 이와 관련된 구현 코드는 다음과 같다.

```
void HwFederateAmbassador::receiveInteraction (
RTI::InteractionClassHandle     theInteraction, // supplied C1
const RTI::ParameterHandleValuePairSet& theParameters, // supplied C4
const char    *theTag)      // supplied C4
 if (theInteraction ==Country::GetCommRtiId())
  {
   RTI::ParameterHandle paramHandle;
   RTI::ULong        valueLength;
   for (unsigned int i=0; i < theParameters.size(); I++)
   {
     paramHandle=theParameters.getHandle(i);
     if (paramHandle ==Country::GetMessageRtiId())
     {
      char msg[1024];
```

```
        theParameters.getValue(i, (char*)msg, valueLength);
      }
      else
      {
        cerr << "FED_HW: Error: I seem to have received a parameter for"
            << "interaction class Communication that I don't"
            << "know about." << endl;
      }
    }
  }
  else
  {
    cerr << "FED_HW: Recieved an interaction class I don't know about." <<
        endl;
  }
}
```

9.4.2.3 Tank 페더레이트 파일

Tank 페더레이트는 Tank.hh, Tank.cpp, TfederateAmbassador.hh, Tfederate Ambassador.cpp, Main.cpp로 이루어져 있다. Tank.hh, Tank.cpp에서는 Tank 클래스가 정의되고 구현되었다. TfederateAmbassador.hh, Tfederate Ambassador.cpp에서는 RTI 콜백 시에 호출되는 함수가 정의되고 구현되었다. 그리고 Main.cpp는 〈표 9-7〉과 같다.

L.4는 페더레이트 실행 프로세서 이름이고, L.5는 페더레이트 이름이다. 그리고 L.6은 페더레이션 이름이다. L.8-9는 페더레이트에는 2개의 Tank 객체를 생성하는 코드이다. L.10은 RTI와 인터페이스를 위한 RTIAmbassador를 생성하고 있다. L.11은 RTI로부터 콜백이 있을 때, 호출되는 FederateAmbassador를 생성하고 있다. 이 클래스는 FederateAmbassador 클래스로부터 상속을 받아 콜백 시에 수행해야 할 함수를 포함시켜 자식 클래스로 정의해야 한다. L.12는 페더레이트 고유 주소이다. L.13은 페더레이션을 생성하는 것이다. 이때 OMT로 기술된 FOM에 대한 Fed 파일 정보와 페더레이션 이름을 넘겨준다. L.13 문장이 실행되면 RtiExec 프로세서가 생성되고 멤버 페더레이

표 9-7 Tank 페더레이트 Main.cpp 코드

번호	코드
1	#include "TfederateAmbassador.hh"
2	#include "Tank.hh"
3	int main(){
4	const char* exeName="TANK"; // Name of executable process
5	const char* federateName="TANK";
6	char* const fedExecName="BAGSim"; // Name of the Federation Execution
7	int numberOfTicks(100);
8	CTank* pTank1=new CTank();
9	CTank* pTank2=new CTank();
10	RTI::RTIambassador rtiAmb; // libRTI provided
11	TfederateAmbassador fedAmb; // User-defined
12	RTI::FederateHandle federateId;
13	rtiAmb.createFederationExecution(fedExecName, "TankSimV1.fed");
14	federateId=rtiAmb.joinFederationExecution((char* const) federateName, fedExecName, &fedAmb);
15	CTank::Init(&rtiAmb);
16	pTank1->PublishAndSubscribe();
17	pTank2->PublishAndSubscribe();
18	pTank1->Register();
19	pTank2->Register();
20	Const RTIfedTime timeStep(10.0);
21	rtiAmb.enableTimeConstrained();
22	rtiAmb.enableTimeRegulation(grantTime, CTank::GetLookahead());
23	TimeAdvGrant=RTI::RTI_FALSE;
24	int counter=0;
25	while (counter++ 〈 numberOfTicks-1)
26	{
27	// 1.) - Update current state
28	pTank1->Update(grantTime);
29	pTank2->Update(grantTime);
30	// 2.) - Ask for a time advance.
31	RTIfedTime requestTime(timeStep.getTime());
32	RequestTime +=grantTime;
33	TimeAdvGrant=RTI::RTI_FALSE;
34	RtiAmb.timeAdvanceRequest(requestTime);
35	// 3.) Tick the RTI waiting for the grant and process all
36	while(timeAdvGrant !=RTI::RTI_TRUE)
37	rtiAmb.tick(0.1, 1.0);
38	Sleep(2000);
39	} // 4.) - Repeat

트가 페더레이션에 가입할 수 있다. L.14는 L.13에서 생성한 FedExec에 페더레이트를 가입시킨다. 이때 가입할 페더레이트 이름, 페더레이션 이름 그리고 RTI로부터 콜백에 응답할 FederateAmbassador 포인트 변수를 넘긴다. L.15는 Tank 객체에게 RTIAmbassador 포인터 객체를 넘긴다. L.16~19는 Tank 객체에 대하여 공표, 서명, 등록을 한다. L.20~23까지는 시뮬레이션 시에 필요한 모드를 정의한다. L.24~39는 시뮬레이션을 위한 주요 루틴이다.

9.4.2.4 Reporter 페더레이트

Reporter 페더레이트는 Main.cpp, Reporter.hh, Reporter.cpp, RfederateAmbassador.hh, RfederateAmbassador.cpp, Tank.hh, Tank.cpp로 이루어져 있다. Reporter.hh, Reporter.cpp에서는 Reporter 클래스가 정의되어 구현되고 있다. Tank.hh, Tank.cpp에서는 Tank 클래스가 정의되어 구현되고 있다. RfederateAmbassador.hh, RfederateAmbassador.cpp에서는 RTI 콜백 시에 호출되는 함수가 정의되고 구현되어 있다.

연습문제

❶ 시뮬레이션 공통기술표준인 FDMS, HLA, DS에 대해서 설명하라.

❷ HLA/RTI에서 데이터 분배 방법에 대해서 설명하라.

❸ HLA에서 페더레이션의 역할과 페더레이트의 역할에 대해서 구분하여 설명하라.

❹ HLA에서 FederateAmbassador와 RTIAmabassador의 역할과 그 차이를 설명하라.

❺ HLA 부합 시뮬레이션의 기본 모의논리의 유형과 그 특징에 대해서 설명하라.

제10장

시뮬레이션 모델 개발관리

10.1 시뮬레이션 모델 수명주기

문제해결을 위한 시뮬레이션 모델 니즈(needs)로부터 시뮬레이션 모델 개발, 시뮬레이션 모델 사용, 시뮬레이션 모델 결과 적용까지를 시뮬레이션 모델 수명주기(lifecycle)라고 한다. 〈그림 10-1〉은 시뮬레이션 모델 수명주기를 보여준다. 문제해결을 위해서 시뮬레이션 모델을 활용해야겠다는 니즈가 식별되면 이것으로부터 시뮬레이션 모델의 요구사항을 정의하게 된다. 그리고 시뮬레이션 모델의 획득전략을 수립하게 되는데, 〈그림 10-1〉에서 보는 바와 같이 기존의 시뮬레이션 모델을 사용하는 경우, 다소 수정을 해서 사용하는 경우, 새로운 시뮬레이션 모델을 개발하여 사용하는 경우 그리고 페더레이션(federation)을 구성하여 사용하는 경우가 있다.

페더레이션을 구성하는 경우에는 기존의 시뮬레이션 모델 혹은 새롭게 개발한 시뮬레이션 모델들로 구성하거나, 아니면 일부는 기존의 시뮬레이션 모델에 일부는 새로운 시뮬레이션 모델을 구성하여 분산 시뮬레이션 형태로 사용한다.

새로운 시뮬레이션 모델을 개발하는 경우에는 여러 가지의 개발단계를 거쳐서 시뮬레이션 모델을 완성하게 되는데, 시뮬레이션 모델 개발은 개별 시뮬레이션 모델을 개발하는 것과 페더레이션을 구성하는 것과 차별된다.

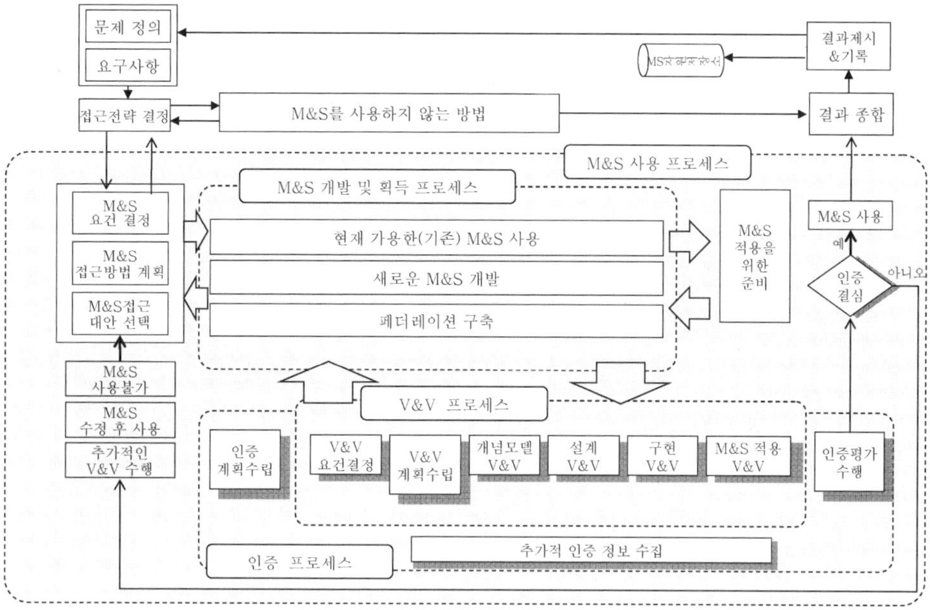

그림 10-1 시뮬레이션 모델 수명주기

개별 시뮬레이션 모델의 개발은 소프트웨어 혹은 개별 시스템을 개발하는 것과 유사하여 S/W 개발 프로세스 혹은 시스템 엔지니어링 프로세스를 근간으로 이루어진다. 그러나 페더레이션 구성은 네트워크상에서 연동표준(HLA: High Level Architecture)에 따라 시뮬레이션 소프트웨어 간 혹은 개별 시스템을 연동시켜 분산 시뮬레이션을 구성하는 것이다. 이를 위해서 FEDEP(FEderation Development and Execution Process)라는 페더레이션 개발 및 실행 절차가 정립되어 활용되고 있다. 시뮬레이션 모델 수명주기와 관련해서 시뮬레이션 모델 개발 외에 시뮬레이션 모델 VV&A(Verification, Validation & Accreditation)와 더 나아가서 시뮬레이션 모델 사업관리를 포함하기도 한다.

VV&A 프로세스는 개발된 시뮬레이션 모델이 그 사용 목적에 적합한 충실도를 가지고 그 결과에 대한 신용성을 보장하기 위한 과정이다. VV&A 프로세스도 〈그림 10-1〉의 하단 부분에서 보는 바와 같이 개발 프로세스의 일부분이 된다. 시뮬레이션 모델 개발 프로세스가 시뮬레이션 모델 개발 목적 및 용도로부터 시뮬레이션 모델 요구정의, 개발 및 배치 운용과 관련된 각종 공

그림 10-2
M&S 프로세스와 VV&A 프로세스

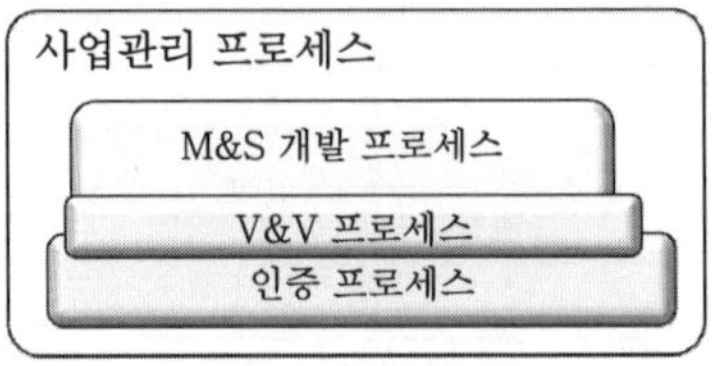

학활동에 관한 것이라면, VV&A는 시뮬레이션 모델의 신용성을 확보하기 위해서 시뮬레이션 모델 개발 프로세스의 중요한 부분으로 계획되고 수행된다. VV&A는 V&V 프로세스와 인증 프로세스로 구분되는데, V&V는 시뮬레이션 모델 개발 프로세스 산출물을 바탕으로 이루어지고, 시뮬레이션 모델 수락기준에 만족하는지를 검증하고 확인한다. 인증은 V&V 프로세스 산출물에 대한 평가를 통해서 최종적으로 시뮬레이션 모델의 의도된 용도에 적합하게 사용될 수 있다고 공식화하는 것이다.

한편, 시뮬레이션 모델 사업관리는 〈그림 10-2〉에서 보는 바와 같이 개발 프로세스와 VV&A 프로세스를 포함하고 있다. 시뮬레이션 모델 사업관리도 일반적인 체계 개발 혹은 소프트웨어 개발사업과 같은 개념이다. 비용, 기간, 요구 성능을 통제하여 성공적으로 사업이 완료될 수 있도록 하는 것이다.

10.2 시뮬레이션 모델 개발

시뮬레이션 모델 개발은 니즈(목적 및 용도)로부터 요구사항 정의, 개념분석, 설계, 구현, 통합 및 시험, 그리고 운용지원 단계로 이루어진다. 각 단계별로 산출물을 생산하고, 이를 바탕으로 다음 단계로 진행하고 최종적으로 시뮬레이션 모델을 생산하게 된다. 시뮬레이션 모델 개발에서 실 시뮬레이터의 경우에는 시뮬레이션 플랫폼 하드웨어 개발까지 포함한다. 〈표 10-1〉은 단계별 산출물의 예를 보여주고 있다.

표 10-1 M&S 개발 프로세스 산출물(예)

단계	활 동	산출물
요구사항 개발	• 사용자 니즈 식별 • M&S 운용 요구사항 개발 • M&S 체계규격서 개발 • 수락 및 입증기준 설정	• M&S 개발 목적 • M&S 사용 용도 • 운용 요구 기술서(ORD: Operational Requirement Document) • 요구사항 추적 매트릭스 • 입증 기준서 • 체계 규격서(SSS: System or System Segment Specification)
개념 분석	• 페더레이션 개념모델 • 페더레이트 개념모델	• 페더레이션 개념모델 기술서(FCMD: Federation Conceptual Model Description) • 페더레이트 모델 기술서(FMD: Federate Model Description)
설계	• FOM 설계 • M&S S/W 아키텍처 설계 • 시스템 아키텍처 설계 • M&S S/W 구성품설계 • 하부시스템 설계 • 외부인터페이스 설계 • 사용자 인터페이스 설계 • 데이터베이스 설계	• 페더레이션 객체모델(FOM: Federation Object Model) • M&S S/W 예비 설계서(SDD: Software Design Document) • M&S S/W 상세 설계서(SDD) • 시스템/하부시스템 예비 설계서(SSDD: System or System Segment Design Document, PIDS: Prime Item Design Specification) • 시스템/하부시스템 상세 설계서(SSDD, PIDS) • 외부 인터페이스 설계서(IDD: Interface Design Document)
		• 사용자 인터페이스 설계(UIDD: User Interface Design Description) • 데이터베이스 설계서(DDD: DataBase Design Document)
구현	• M&S S/W 구현 • 시스템/하부시스템 구현	• S/W제품 규격서(SPS: S/W Product Specification) • 버전 기술서(VDD: Version Description Document)
통합 및 시험	• M&S S/W 통합 • M&S S/W 시험	• 시험 계획서(STP: Software Test Plan) • 시험 기술서(STD: Software Test Description) • 시험 보고서(STR: Software Test Report)
운용 지원	• M&S 운용	• 프로그램 지침서 • 사용자 지침서(SUM: Software Users Manual) • 설치 지침서(SIM: Software Installation Manual)

10.2.1 요구사항 개발

10.2.1.1 니즈

요구사항을 성공적으로 식별하기 위하여, 사용 목적과 개발 배경을 이해하는 것이 매우 중요하다. 특히, 사용 용도는 간결하고 명확하게 기술되어야 한다. 왜 시뮬레이션 모델(플랫폼 포함)이 필요하고, 어떤 기능이 요구되며, 충실도가 어떻게 되어야 하는지가 포함된다.

10.2.1.2 운용 요구사항 개발

요구사항은 '그 목적과 용도에 적합하게 사용될 수 있도록 시뮬레이션에서 요구되는 능력을 명세화한 사항들의 집합이다. 요구사항은 개념모델을 통하여 설계명세서로 전환되고 구현된다. 일반적으로 요구사항을 개발하기 위해서는 〈그림 10-3〉에서 보는 바와 같이 3가지 영역으로부터 정보를 수집한다.

첫 번째, 문제 영역이다. 문제 영역은 시뮬레이션 사용자가 직면한 특정한 문제에 대한 주제나 관심사항을 포함한 영역에 관한 것이다. 이 영역에서 시뮬레이션 모델로 표현되어야 하는 대상을 식별하게 된다.

두 번째, 사용자 영역이다. 사용자 영역에서는 사용 전장, 또는 특정 주제를 기술하고, 지형, 기후, 조직 등의 여건 및 제약 하에 EATI(Entity, Action, Task, Interaction)에 대하여 기술한다. 여기서는 구체적으로 레프렌트의 전술적 행위가 규정된다.

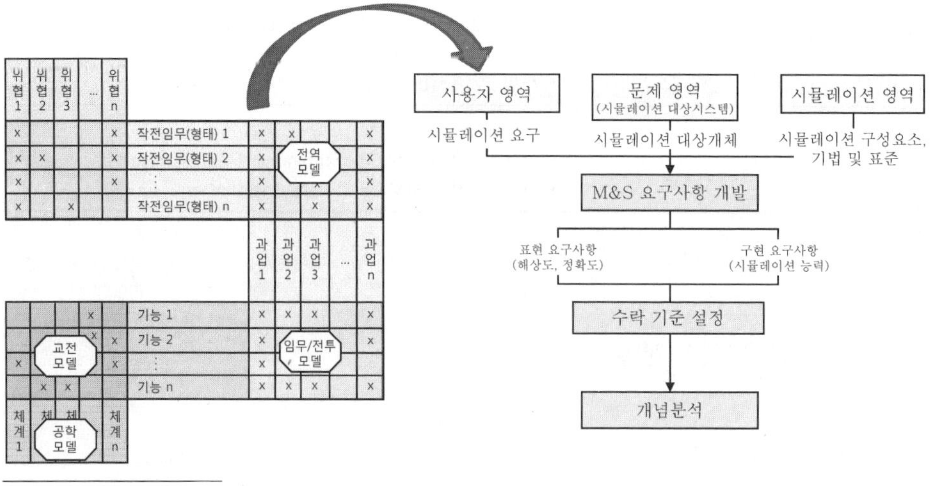

그림 10-3 요구사항 개발

세 번째, 시뮬레이션 영역이다. 시뮬레이션 영역은 실제의 솔루션으로서 시뮬레이션 모델의 구현 영역이 된다. 그래서 구현될 소프트웨어, 알고리즘, 데이터, 하드웨어, 상호 인터페이스, 표준 등이 규정된다.

이 영역들로부터 수집된 정보를 기반으로 요구사항을 정의하는데, 요구사항은 크게 2가지로 구분된다. 표현 요구사항과 구현 요구사항이다.

표현 요구사항은 사용 목적에 부합하기 위해서 시뮬레이션 모델이 표현해야 하는 개체들의 성질과 행동을 기술한 것으로 시뮬레이션 충실도 측면에서 요구되는 시뮬레이션의 능력을 정의한 것이다. 여기서 충실도는 시뮬레이션을 통해서 표현하고자 하는 바와 현실과의 유사정도를 의미한다. 그리고 충실도(fidelity)는 시뮬레이션이 현실을 얼마만큼 잘 나타내는지를 나타내는 척도이기도 하다. 시뮬레이션 모델은 일반적인 컴퓨터 프로그램과 달리 시뮬랜드를 표현하는 것이다. 그런데 시뮬레이션으로 시뮬랜드를 완전하게 직접적으로 표현할 수가 없다. 시뮬랜드에 대해서 많은 것을 모르거나 혹은 알 수 없거나, 또는 비용이 많이 들 수 있기 때문이다. 그래서 시뮬레이션 모델에서 실제로 표현되는 것은 문제 영역의 알려진 사실, 이론적 근거 혹은 가정을 통해서 표현한다.

구현 요구사항은 인터페이스 명세와 실행환경(모델 실행 속도 등), 기타 구현 제약조건(HLA 부합, 실시간 제약조건 등)과 같이 표현 요구사항을 제외한 모든 것을 포함한다. 이는 대부분 구현과 관련해서 하드웨어, 소프트웨어, 데이터, 기타 연동 조건들이 포함된다.

좋은 요구사항은 다음과 같은 세 가지 특성을 가지고 있다.

① 사용자 영역, 시뮬레이션 영역 그리고 문제 영역으로부터 도출된 요구사항
② 측정(시험)할 수 있는 요구사항
③ 추적이 가능한 요구사항

요구사항을 적절한 수준으로 상세화하기 위해서는 많은 노력이 요구된다. 이것은 단지 1회 수행될 활동이 아니다. 사용자의 니즈에 대한 이해와 요구사항의 정제는 시뮬레이션 모델 프로세스와 더불어 반복적으로 수행된다. 이 활동이 완료되면 일련의 요구사항이 생산된다. 이것은 단순한 것처럼 보이지만, 힘

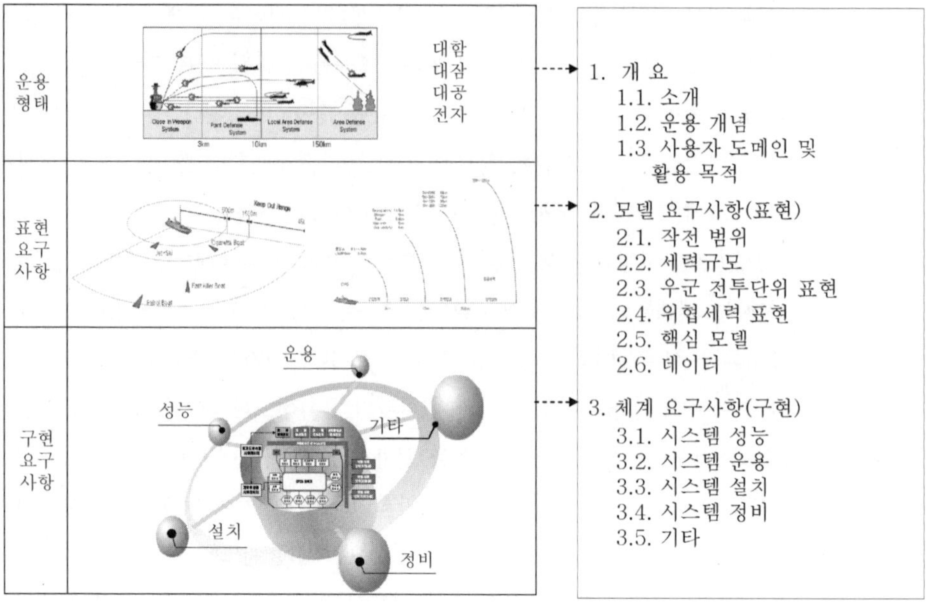

그림 10-4 요구사항 및 운용요구서 형태

들고 어려운 과정이다.

요구사항을 운용요구서(ORD)로 문서화할 수 있다. 예를 들면 〈그림 10-4〉와 같다.

10.2.1.3 수락 및 입증기준 설정

수락기준은 특정 사용목적을 위한 시뮬레이션 모델과 그 장치의 능력 요구사항에 대한 사용자의 수락기준이 된다.

수락기준은 요구사항 유형별로 설정된다. 요구사항 유형에는 충실도, 성능, 설치, 운용, 정비 등이 있다. 충실도는 수치 알고리즘, 물리적 시나리오 혹은 사건의 표현, 그리고 입력 데이터, 기타 개체 구성 및 상호작용 등에 대한 정확도 등이 될 수 있다. 성능은 시뮬레이션 장치와 관련된 사항으로 처리속도, 신뢰도 등이 될 수 있다. 설치, 운영, 유지는 개발/설치/운영/유지를 위한 비용과 사용자 훈련, 사용자 문서화, 사용자 지원 서비스, 자동화된 사용자 인터페이스, 설치 환경의 신뢰성, 형상관리 정책의 효과성 등이 될 수 있다.

10.2.2 개념모델 개발

개념모델은 사용자의 요구사항을 개발자의 설계 요구사항으로 발전시키는 교량 역할을 한다. 개념모델은 시뮬레이션 개발에 관련된 이해관계자(소프트웨어 엔지니어, 시스템 엔지니어, 시스템 분석가, 프로그래머 등)와 시뮬레이션 사용에 관련된 이해관계자(사용자, 영역전문가, 시험평가자, V&V 에이전트, 입증 에이전트 등) 간의 의사소통을 하는 데 중요한 메커니즘을 제공하며, 특히 개발자 측면의 요구사항을 제공한다. 개념모델은 시뮬레이션 모델이 무엇을 할 것인지, 어떻게 될 것인지, 성공적인 결과를 제공하기 위해서 어떤 다른 요소와 어떤 데이터가 필요할 것인지를 기술한다.

개념모델은 사용자 요구사항을 분해하여 컴포넌트 수준까지 나타내고, 이들을 결합하여 상호작용케 함으로써 명시된 요구사항을 어떻게 만족시킬 것인지에 대한 설명이나 서술 사항들로 이루어진다. 보통 개체, 기능, 상호작용, 그리고 결과에 대한 수학적, 논리적 혹은 수사적 표현으로 나타내고, 여기에는 요구사항을 만족시키기 위한 방정식, 알고리즘, 소프트웨어 아키텍처 등이 포함된다. 또한 이론, 개념, 충실도, 논리, 인터페이스 혹은 논리적 솔루션과 관련된 가정 혹은 제한사항이 포함된다. 개념모델에서 시스템 모델링에 대한 이해는 시스템 이론에 내재되어 있고, 추상화 정도와 충실도는 사용 용도와 목적에 따라 달라진다.

개념모델에서는 시뮬레이션 배경(context), 시뮬레이션 개념, 그리고 시뮬레이션 요소를 중심으로 상세히 설명된다. 시뮬레이션 배경에서는 사용자가

그림 10-5
시뮬레이션 개념모델

의도하는 응용을 위한 시뮬레이션 모델 요구사항을 바탕으로 시뮬레이션에서 설명되어야 하는 사용자 및 문제영역에 대한 권위 있는 정보들이 기술되거나 그 출처가 명시된다. 시뮬레이션 배경은 시뮬레이션 개발 이해관계자에게는 사용자의 용도에 부합하도록 시뮬레이션을 어떻게 구축할 것인지에 대한 범위를 설정할 수 있는 정보를 제공하고, 시뮬레이션 사용 이해관계자에게는 개발 완료 시에 시뮬레이션 도메인이 적절한지를 판단할 수 있게 하는 근거를 제공하게 된다. 시뮬레이션 개념에서는 임무공간(mission space)과 시뮬레이션 공간(simulation space) 측면이 기술된다. 임무공간은 표현과 관련된 것으로서 시뮬레이션 요소를 포함한다. 시뮬레이션 공간은 시뮬레이션 제어와 관련된 것이다. 이는 시뮬레이션의 기능적 측면이 포함된다(하드웨어, 소프트웨어 운영체계 등). 그래서 시뮬레이션 개념은 시뮬레이션의 표현 측면과 기능 측면을 나타낸다. 시뮬레이션 개념은 요구사항을 시뮬레이션 상세명세서와 설계로 발전시키는 메커니즘이 된다. 이는 요구를 만족시키기 위해서 무엇이 필요한지를 나타내는 개발자 개념을 기술한 것이다. 동시에 사용 이해관계자에게는 개발 완료 시에 시뮬레이션이 사용 목적에 부합하도록 시뮬레이션 표현이 정확하고, 시뮬레이션 제어가 받아들일 만한지를 판단하는 데 필요한 정보를 제공한다. 한편, 시뮬레이션 요소는 요구를 만족시키기 위한 개체, 프로세스, 요소에 대한 가정, 한계, 제한, 알고리즘, 데이터 그리고 시뮬레이션 간의 개체들 관계, 개체 행위, 과업, 상호작용, 상태 등을 기술한 정보들의 모임이다.

개념모델을 작성하기 위해서는 관련정보를 수집하고, 임무공간을 분해해서 시뮬레이션 요소를 기술한다. 그리고 그 관계를 나타내어 평가를 한 후에 〈표 10-2〉와 같은 서식으로 작성한다.

개념모델 작성은 시뮬레이션 이론을 근간으로 작성될 수 있다. 예를 들어, ADM(Application Domain Modeling), DEVS(Discrete Event System Specification) 이론 등이 있다.

개념모델의 적합성에 대한 평가는 5가지의 요소 측면에서 이루어진다. 완전성(completeness) – 범위(scope), 깊이(depth) – 상세도(level of detail), 일관성(consistency), 정확성(accuracy), 그리고 시뮬레이션 성능이다. 완전성과 깊이가 주로 시뮬레이션을 잘 표현하고 있는지에 관한 것이라면, 일관성과 정확성은 개념모델이 시뮬레이션 사용의도에 잘 부합할 수 있겠는지에 관한 것이다.

표 10-2 개념모델 포함 내용

1) 시뮬레이션 묘사 정보	
• 모델 식별(예, 버전, 일자) • 모델 변경 기록	• 관련 주무 및 연락처
2) 시뮬레이션 배경(context)	
• 목적 및 용도(서술) • 의도된 응용 개략 • 제약/한계 사항, 가	• M&S 요구문서 주무 연락처 • FDMS/도메인 정보 원천 연락처 • 레프렌트와 그 정보 주무 연락처
3) 시뮬레이션 개념(의도된 응용별)	
• 임무/기능 영역 표현 – 시뮬레이션 요소	– 시뮬레이션 개발환경(예, UML, ER 등)
4) 시뮬레이션 요소	
• 개체 정의(개체 묘사, 상태, 행위, 상호작용, 상호작용, 데이터 요구, 가정, 제한사항 등) • 프로세스 정의(프로세스 묘사, 파라미터, 알고리즘, 데이터 요구, 가정, 제한사항 등)	
5) 입증 역사기록	
• 요구사항 및 V&V에 설명된 목적 • 입증 보고서 주무 관계자	• 개념모델 평가 주무 관계자
6) 요약	
• (의도된 응용을 위해서) 현행 개념모델의 제한사항 • (의도된 응용을 위한) 현행 개념모델 목록 • 개념모델 개발계획	

10.2.3 설계

설계는 개념모델을 바탕으로 이루어진다. 개념모델이 완성되면, 그 개념모델을 어떻게 코딩하고 제작할 것인지에 대한 설계를 하게 된다. 설계서에서는 개념모델을 근간으로 시뮬레이션 모델을 생산하기 위한 컴포넌트, 기능 그리

그림 10-6
모델링 및 시뮬레이션 설계 및 구현

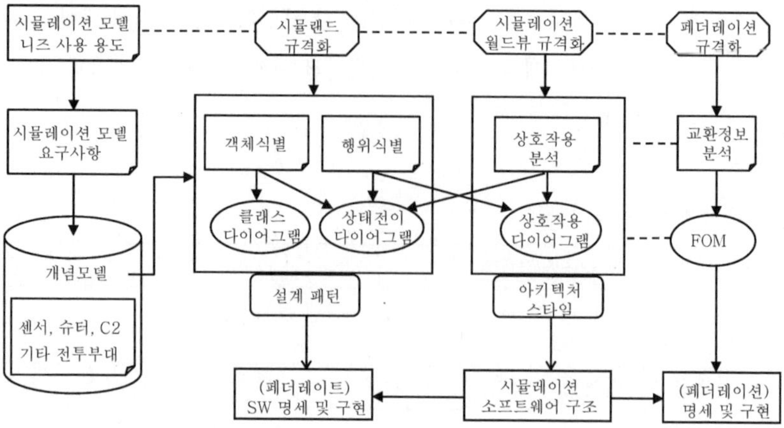

고 명세서가 작성된다. 이를 시뮬레이션 모델 명세서라고 한다.

시뮬레이션 모델 명세서는 개념모델을 특정한 컴퓨터 시스템에 프로그래밍하고 구현하기 위한 설계 상세 기술서 혹은 명세서이다. 시뮬레이션 모델 명세에서는 페더레이트 명세와 페더레이션 명세로 구분해서 이해할 필요가 있다. 페더레이트는 개별 시뮬레이션 모델을 의미하고 페더레이션은 개별 시뮬레이션 모델을 상호연동시켜 연합체로 구성한 것을 의미한다.

페더레이트 명세화는 〈그림 10-6〉에서 보는 바와 같이 2가지로 구분된다. 하나는 개념모델의 시뮬랜드에 대한 규격화이고, 또 하나는 시뮬레이션 월드뷰에 대한 규격화이다. 이들은 〈그림 10-6〉에서 보다시피 서로 밀접하게 관련되어 있다. 시뮬랜드의 규격화에서는 개념모델의 시뮬랜드에 대해서 객체와 그 행위를 식별하여 클래스와 그 상태전이도, 그리고 클래스 관계도를 설계한다. 여기서 다양한 설계패턴을 적용하여 최적 설계한다. 시뮬레이션 월드뷰에 대한 규격화는 시뮬레이션 엔진의 규격화를 포함해서 분산 시뮬레이션, 즉 페더레이션을 구성할 경우에는 통신 인터페이스에 대한 규격화도 포함한다. 이때 아키텍처 스타일을 고려하여 최적의 시뮬레이션 월드 뷰를 설계한다. 이는 곧 시뮬레이션 소프트웨어 구조가 된다.

분산 시뮬레이션의 경우에는 페더레이션 명세화까지 포함된다. 페더레이션 명세화에서는 페더레이션의 개념모델을 바탕으로 페더레이션의 주요 멤버를 식별하고, 페더레이트를 구성한다. 그리고 페더레이션 간의 상호교환정보를 식별하여 교환데이터 모델을 작성한다. 이를 FOM(Federation Object Model)이라고 한다. FOM은 각 페더레이트에서 페더레이트를 수행하기 위해 다른 페더레이트들과의 교환데이터에 대한 라우팅 테이블이라고 할 수 있다. 페더레이션 구현을 위해서는 각 멤버 페더레이트 구현 코드와 페더레이션 FOM 정보데이터를 근간으로 상호 정보교환 기능을 제공하는 RTI 미들웨어 컴포넌트를 재사용한다.

10.2.4 S/W 구현 및 장치 개발

구현은 S/W 구현과 그 장치를 개발하는 것이다. S/W 구현은 설계서에 따라 프로그램 작성을 통해 이루어진다. H/W 장치는 대부분 기존의 상용 PC를 사용한다. 그러나 별도의 특수 H/W를 제작해야 하는 경우가 있다. 예를 들어, 시뮬레이터를 개발하는 경우인데 영상장치, 입·출력 장치, 구동 및 진동 장치, 기타 통제 장치 등이다.

10.2.5 통합 및 시험

구현 이후에는 수락기준에 따라 개발자는 코드와 하드웨어를 통합하여 시험을 하게 된다. 여기에는 여러 가지 시험이 있다. 검증시험은 시뮬레이션 모델이 정확하게 구현되어 개발자의 요구사항, 개념기술 그리고 설계를 잘 표현하고 있는지를 보증한다. 이러한 검증 시험은 이미 앞의 개념모델 입증, 설계 검증, 구현 검증과정에서 수행되고 문서화된다. 수락시험(acceptance test)은 모든 요구사항 기준을 만족하는지를 결정하는 것이다. 부합시험(compliance test)은 시뮬레이션이 요구되는 보안과 성능 표준을 만족하는지를 결정하는 것이다. 시험 경우가 문서화된 요구사항과 설계와 추적이 가능해야 하고, 모든 요구를 만족해야 한다.

10.3 FEDEP

서로 이질적인 시뮬레이션 모델을 페더레이션으로 구성하는 데에는 상당한 융통성이 필요하다. 그 특성과 유형에 따라 구성방법이 다를 수 있다. 그러나 일반적으로 〈그림 10-7〉에서 보는 바와 같이 6단계를 통해서 페더레이션을 구성하여 실행하게 된다. 이를 FEDEP(FEderation Development and Execution Process)라고 한다.

① 1단계(페더레이션 목표 정의) : 페더레이션 사용자나 개발팀은 일련의 목표를 정의하고 상호 동의해야 하며, 목표를 달성하기 위해서 무엇을 해야 할 것인가를 문서화한다.

② 2단계(페더레이션 개념모델 개발) : 문제영역 특성을 근간으로 실세계 도메인에 대한 적절한 표현, 즉 개념모델을 개발한다.

③ 3단계(페더레이션 설계) : 페더레이션 멤버(페더레이트)를 구분하고, 요구되는 기능을 페더레이트에게 할당한다.

④ 4단계(페더레이션 개발) : 페더레이션 객체모델(FOM: Federation Object Model)을 개발하고, 데이터베이스와 알고리즘에 대한 페더레이트 동의가 이루어지고, 필요시에는 페더레이트를 수정한다.

⑤ 5단계(페더레이션 통합 및 시험) : 페더레이션이 구현되고 시험을 통하여 상호 운용요구가 충족되는지를 검토한다.

⑥ 6단계(페더레이션 실행 및 결과 산출) : 페더레이션 실행이 이루어지고, 결과를 산출한다.

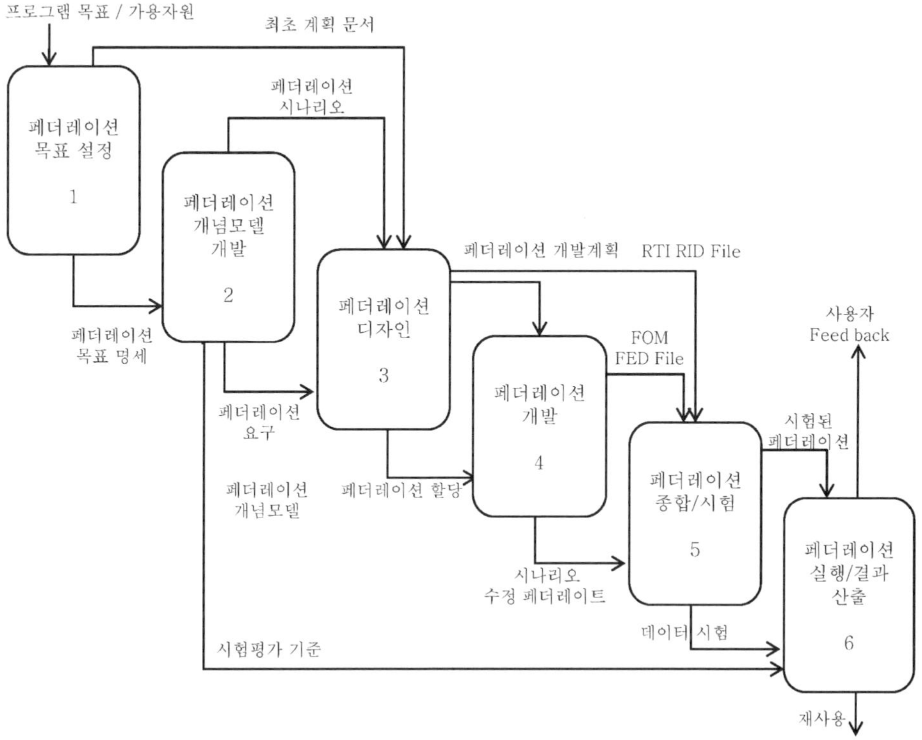

그림 10-7 FEDEP 단계

〈그림 10-7〉의 단계가 매우 순차적으로 되어 있는 것 같이 보이나, 실제로는 반복적이고 동시적으로 이루어진다. FEDEP에서 기술된 활동들은 대부분의 페더레이션 개발에 일반적으로 적용될 수 있지만 각 개별 애플리케이션의 요구에 따라 테일러링해서 적용된다.

연습문제

❶ 시뮬레이션 모델 수명주기에 대해 설명하라.

❷ 시뮬레이션 요구사항의 정보수집 도메인을 구분하고 이로부터 요구사항을 도출하는 방법을 설명하라.

❸ 시뮬레이션 개발 프로세스에 대해 설명하라.

❹ FEDEP에 대해 설명하라.

제11장

모델링 및 시뮬레이션의 VV&A

11.1 VV&A 기본개념

11.1.1 VV&A 용어정의

모델링 및 시뮬레이션(M&S: Modeling & Simulation)은 사용 목적에 따라 요구되는 모의능력, 정확도가 서로 다르다. 물론 많은 것을 모의할 수 있고 매우 정확하게 현실과 거의 같도록 묘사할 수 있다면 최상이겠지만, 이럴 경우 많은 비용과 시간이 소요된다. 따라서 사용 목적에 따라 모의능력과 정확도를 달리하게 되는 것이다. 사용 목적에 따라 모의능력과 정확도가 적절히 갖추어졌을 때 그 신용성(credibility)을 보장할 수 있다. 신용성 보장은 VV&A(Verification, Validation & Accreditation)를 통해서 이루어진다.

VV&A는 V(Verification), V(Validation), A(Accreditation)로 구성되어 있는데, 이들은 〈그림 11-1〉에서 보는 바와 같이 서로 밀접한 관련이 있다.

그림 11-1
검증, 입증, 인증

M&S의 신용성		
검증(Verification)	확인(Validation)	인증(Accreditation)
Did I build the thing in a right way?	Did I build the right thing?	Should it be used?
M&S가 설계된 대로 작동합니까? 	실제 개체처럼 보이고 사실처럼 행위합니까? 	특정 문제해결에 사용할 수 있습니까? 

VV&A에 관한 정의는 다음과 같다.

① 검증(verification) : M&S 구현과 그 관련 데이터가 개발자의 개념적 묘사와 설계 규격을 정확하게 반영하여 나타내고 있는지를 결정하는 과정(이는 M&S가 바르게 만들어졌는지에 관한 문제이다.)

② 확인(validation) : M&S와 그 관련 데이터가 M&S의 용도의 관점에서 실제세계(개체, 시스템 등)처럼 정확하게 나타내고 있는지를 결정하는 과정(이는 바른 M&S가 만들어졌는지에 관한 문제이다.)

③ 인증(accreditation) : M&S와 그 관련 데이터가 특정 목적(훈련, 분석, 획득 등)에 사용할 수 있다는 공식적인 인정(이는 사용하기에 바른 M&S인지에 관한 문제이다.)

검증(verification)은 모델을 '바르게 만드는 데 중점'이 있고, 확인(validation)은 '바른 모델을 만드는 데 중점'이 있으며, 인증(accreditation)은 '사용하는 데 중점'이 있다.

인증은 모델의 최종적인 사용을 공식적으로 확인하는 것인데, 이를 위해서 모델개발 과정에서 검증과 확인활동이 적절하게 이루어져야 한다. 검증과 확인과정을 고려하지 않고 인증활동에 초점을 둘 수도 있다. 그러나 인증과정에서 문제가 발생할 경우, 중간의 개발과정으로 돌아가서 다시 개발하고 수정보완해야 하기 때문에 많은 비용이 들고 개발기간이 늘어나는 문제가 있다.

개발과정 중에서 검증과 확인과정을 강화하여 이러한 문제를 최소화해야 한다. 그래서 M&S 개발이 시작되면 인증계획과 더불어 V&V 계획을 수립하고 V&V 활동을 거쳐 V&V 결과를 최종적인 인증결심을 위한 자료로 활용한다.

11.1.2 VV&A와 M&S 관련 위험

VV&A는 M&S와 관련된 위험을 감소시킨다. 위험은 미래 사건으로서 임의로 발생할 개연성으로 인해 잠재적 손실을 초래한다. 위험관리의 목적은 그것들이 발생하기 전에 잠재적인 문제들을 식별하여 위험 취급활동을 계획하고 최종적으로 목표달성에 영향을 미칠 수 있는 위험을 감소시키는 것이다.

M&S 사용과 관련된 위험에는 3가지가 있다. 첫 번째는 관리자의 관리관점에서 전체적인 위험(예를 들면, 사업관리)이고, 두 번째는 M&S 인증 권한을 가진 당국의 인증 과정과 관련된 위험이며, 마지막은 V&V 과정과 관련된 위험이 있다. 비록 같은 사람이 모두 3가지 역할을 수행할지라도 구체적인 책임들은 분리되어야 하는 것이 중요하다.

VV&A와 관련된 위험관리는 단순히 이러한 질문에 답하는 것이라고 할 수 있다. "현실세계의 시스템 또는 방법론을 사용하는 것과 M&S를 사용하는 것을 비교할 때 어떤 위험이 있는가?", 이 질문에 대답하기 위해서는 2가지를 고려해야 한다. 즉, 모델을 사용하지 않았을 때와 사용했을 때의 위험수준과 모델의 능력 및 한계이다. 첫 번째 경우, 의사결정 그 자체의 위험과 모델을 사용할 때 추가 위험으로 분리해서 고려해야 한다. 두 번째 경우, VV&A 프로세스의 능력과 한계를 고려해야 한다.

11.1.3 수락기준과 충실도

M&S 사용과 관련된 위험은 수락기준에서 설정 시에 고려된다. 수락기준은 특정 사용목적에 사용 가능하다는 공식적인 인증을 받기 위해서 충족해야 하는 기준이 된다. 위험의 비중은 수락기준의 중요도에 반영되어 우선순위가

부여되고, 이 우선순위에 근거하여 V&V 과업들이 식별되고 수행된다. 그리고 V&V를 통해서 위험을 어떻게 감소시킬 것인가를 결정함으로써 M&S 사용의 전반적인 위험을 관리할 수 있다.

수락기준 설정과 관련해서 충실도(fidelity) 개념이 매우 중요하다. 충실도는 정확도/오차(accuracy/error), 정밀도(precision), 해상도(resolution), 용량(capacity), 민감도(sensitivity) 척도로 나타낸다. 정확도는 모델 또는 시뮬레이션 내의 파라미터, 변수 혹은 각각 그들의 집합이 현실, 관련 표준 혹은 레프랜트와 얼마나 일치(conform)하는가에 대한 정도를 의미한다. 오차는 관찰, 측정 혹은 계산된 값과 실제 값과의 차이를 의미한다. 정밀도는 ① 분명하게 묘사되고, 명확하게 측정되거나 계산된 품질 혹은 상태를 의미하고, ② 반복적인 실험을 통해서 변수를 측정함으로써 얻어진 데이터의 분산과 관련된 품질로서 분산이 낮을수록 정밀도가 높다. 그리고 ③ 모델 또는 시뮬레이션에 의해 얼마나 꼼꼼하고 엄격한 계산과정이 기술되고 처리되는지를 나타내는 측정치이기도 하다. 해상도는 ① 모델 또는 시뮬레이션에 의해 표현된 현실, 특정 표준, 상세 정도를 의미하며, ② 임의 개체를 구성품으로 분해 혹은 줄임의 정도를 나타내기도 한다. 용량은 모델 혹은 시뮬레이션에 의해 동시에 표현될 수 있는 개체의 인스턴스 수를 의미한다. 민감도는 임의(낮은)수준의 자극(혹은 변수변화)에 따라 반응(혹은 응답결과)하는 컴포넌트, 모델 혹은 시뮬레이션의 능력을 의미한다. 한편, 허용 한계치(tolerance)는 ① 표준 또는 임의 컴포넌트, 장치, 모델, 시뮬레이션 혹은 시스템의 성질에 대한 최대 허용오차 혹은 최대 허용값과 최소 허용값의 차이를 의미하며, 백분율, 비율 등으로 표시된다. 또한 ② 서로 다른 것 혹은 행위에 방해를 주지 않는 성질, 상태 혹은 질적 수준을 의미한다. 그리고 적합성(fitness)은 특정 목적, 기능, 상황 혹은 응용에 필요하거나 적합한 능력을 갖춘 것을 의미한다.

수락기준 설정에 있어서 충실도는 2가지를 고려할 수 있다. 하나는 요구되는 충실도이고, 또 다른 하나는 표현된, 즉 시뮬레이션 모델로부터 측정된 충실도이다. 표현된 충실도는 정량적으로 표현된다. 그러나 요구되는 충실도는 허용 한계치로 표현되거나 논의된다. 이 허용 한계치가 곧 수락기준을 구성한다. 그리고 이 충실도 허용 한계치와 실제 측정된 충실도를 비교해서 시뮬레이션 모델과 그 장치의 특정 목적에 사용할 수 있는지에 대한 적합 여부를 판단한다. 수락기준은 특정 사용목적을 위한 시뮬레이션 모델과 그 장치의 능력 요구사항에 대한 충실도를 판단하는 기준이 된다.

11.2 VV&A 프로세스

11.2.1 VV&A 원칙

모델의 능력은 시스템의 어떤 측면을 잘 나타내고 있는지에 대한 문제이다. 어떤 모델이든지 시스템 전체를 완전하게 묘사할 수는 없다. 모델의 사용목적에 따라서 시스템의 어떤 하나 혹은 다수의 측면에 초점을 두어 모델링 되고 시뮬레이션 된다. 이를 모델의 능력이라고 한다. 예를 들어, 군수 재고를 나타내는 모델을 고려할 때, 이 모델은 다양한 군수 문제인 재고, 소요예측, 군수 정보체계 문제 중에서 오직 군수 재고에 대한 측면에서 모델 능력을 가지는 것이다. 모델의 신용성은 모델의 능력과 다르다. 모델의 능력이 무엇을 할 수 있는지에 대한 문제라면, 신용성은 그것을 어느 정도 믿을 수 있는가에 대한 문제이다.

모델의 신용성을 갖추기 위한 VV&A 활동의 원칙은 크게 12가지로 구분된다. 이러한 원칙은 VV&A의 전체개념과 V&V 기법을 형성하는 데 기본이 되므로 원칙을 이해하고 적용하는 것은 M&S의 개발과 이에 대한 VV&A를 위해서 필수적이다.

① 원칙 1 : 완전하게 그 유효성이 확인되는 모델은 없다. 모델의 유효성을 향상시키려면 그만큼 비용이 든다. 어떤 영역에서는 유효하지 않지만 다른 영역에서는 유효할 수 있다. 그래서 의도된 적용분야에 따라 모델의 유효성은 달라진다.

② 원칙 2 : VV&A는 M&S 생명주기상의 한 단계가 아니고 전체 생명주기상에서 이루어지는 연속적인 활동이다. 수명주기의 각 단계에서 적절한

VV&A가 이루어진다. VV&A를 통해 결함사항을 조기에 식별하여 해결함으로써 개발비용을 절감하고 품질을 향상시킬 수 있다.

③ **원칙 3** : M&S 결과에 대한 확인을 위해서 명확한 문제구성이 필수적이다. 대부분 문제정의가 명확하면 거의 반이 해결된 셈이다. 문제해결보다도 명확히 문제를 구성하는 것이 더 중요하다. 문제구성이 명확하지 않으면 M&S 결과가 무의미할 수 있다.

④ **원칙 4** : M&S의 신용은 오직 사용 용도와 시험되는 특정 사전조건에 의존한다. M&S가 실제 데이터 혹은 실험 데이터와 비교하여 그 유효성이 전반적으로 확인되는 것은 아니다. 이는 특정 사용 의도와 실험 조건에서 이루어진 것이고 모든 경우에 그 유효성이 확인되었다고 할 수 없다. 단순한 글로벌 VV&A는 존재하지 않는다.

⑤ **원칙 5** : 유효성이 확인되었다고 해서 M&S를 사용하여 도출된 분석 결과에 대하여 신뢰성과 수락을 반드시 보장한다는 것은 아니다. M&S의 유효성은 정의된 목적과 요구 사항에 따라 유효성이 확인되는 일이다. 유효성은 M&S의 신뢰성과 수락에 대한 필요조건이지 충분조건은 아니다. 만약에 목적과 요구사항이 부정확하게 식별되거나 문제가 명확하게 형성되지 않았다면 분석 결과는 더 이상 유효하지 않다.

⑥ **원칙 6** : 하부 모델 혹은 페더레이트의 V&V는 전체 시뮬레이션 혹은 페더레이션에 대해서 신뢰성을 보장하지 않는다. 그와 반대도 마찬가지이다. 각 모델은 어느 정도의 오류를 포함하고 그 오류의 합은 무시를 못한다. 물론 서로 다른 목적과 요구사항에 따라 V&V가 이루어질 수 있기 때문이다. 그래서 이러한 경우에는 각 페더레이트에 대한 V&V는 물론이고 페더레이션에 대해서도 이루어져야 한다.

⑦ **원칙 7** : 확인은 이분법적 선택이 아니다. 모델에 대해서 단순히 좋다 나쁘다고 할 수 없다. 모든 모델은 현실을 표현하는 데 있어서 가정 사항, 제한 조건 그리고 추상화 수준이 있기 때문이다. 어느 정도 신용할 수 있는가 하는 것, 예를 들어 0에서 100까지의 구간을 기준으로 표시는 할 수 있을 것이다. 0은 최하위이고 100은 최상위이다.

⑧ **원칙 8** : VV&A는 예술인 동시에 과학이다. 그래서 창조성과 직관적인

성격을 지닌다. VV&A 기법이 기술수준에서 잘 정의되어 M&S의 신용성을 판단하는 절대적인 잣대로 생각될 수 있지만 그렇지 않다. V&V를 수행하는 사람은 그 모델과 도메인에 대하여 완전히 충분한 지식을 가질 수가 없다. 모델 개발자의 경우는 잘 알 것이다. 그러나 이들은 V&V에 대한 책임을 질 수 있는 입장이 되지 않는다. 이러한 한계가 V&V의 내재적인 한계와 어려움이다. 그래서 V&V는 잘 계획되어야 하고 팀 노력으로 이루어져야 한다.

⑨ **원칙 9** : VV&A 노력의 성공은 분석가에 의해 직접적으로 영향을 받는다. 분석가는 모델의 사용목적, 문제형성 등에 관여하기도 하고, 직접적으로 사용할 모델을 선정하는 것뿐만 아니라 모델의 결과를 해석하는 등 여러 가지 활동에 관여한다. 그리고 VV&A 팀으로서 중요한 역할을 한다. 그래서 이러한 분석가는 전문교육, 경험, 실제지식, 기술력 등이 고루 갖추어져야 한다.

⑩ **원칙 10** : VV&A는 계획되고 문서화되어야 한다. 원칙 2에서 언급했다시피 VV&A는 M&S 수명주기상의 한 단계가 아니고 연속적인 활동이다. 성공적인 VV&A를 위해서 세심한 계획이 준비되어야 한다. 실험이 잘 식별되어야 하고, 실험 데이터 혹은 경우가 잘 준비되어야 한다. 그리고 실험 시간계획이 짜이고 VV&A 프로세스 전반에 대한 것이 문서화되어야 한다.

⑪ **원칙 11** : V&V는 편견을 줄이기 위해서 개발자와 어느 정도의 독립성이 요구된다. IV&V라는 말이 있다. 여기서 I는 독립(independent)을 의미한다. 여우에게 닭을 지키라고 하는 것과 유사할 수 있다. 그러나 지나친 독립성은 서로 다른 조직을 두어야 하는 부담이 있을 수 있다. 얼마만큼의 독립성을 유지할 것인가는 예산과 개발자에 대한 신뢰수준에 따라 달라질 것이다.

⑫ **원칙 12** : 성공적인 VV&A를 위해서는 검증, 확인, 그리고 보증된 데이터가 필요하다. M&S의 신용성은 입력에서 사용된 자료와 그 결과 자료의 신뢰성과 직접 관련되어 있다. 이러한 데이터들에 대한 정확성과 일치성을 검토해야 한다.

11.2.2 VV&A 프로세스의 목적 및 구분

VV&A 프로세스의 품질은 M&S 개발 프로세스의 품질에 의존한다. 두 프로세스는 서로 감시와 균형을 제공하고 궁극적으로 M&S의 특정 목적에 사용성과 신용성을 결정한다. M&S 개발 프로세스는 요구조건 정의로부터 개발, 사용 그리고 지원에 이르기까지의 전체적인 수명주기를 포함한다. VV&A는 개발 프로세스를 지원하여, 특정 목적에 사용할 수 있다는 결심에 이르게 한다. 성공적인 VV&A를 위하여 M&S 개발은 VV&A 활동과 병행해야 한다. V&V는 개발 프로세스 산출물을 바탕으로 진행되고, 인증은 V&V 프로세스 산출물에 대한 평가를 통해서 이루어진다.

VV&A 수행의 중요한 목적은 M&S 결과의 사용에서 신뢰성과 믿음을 구축하는 것이다. 그래서 VV&A 프로세스는 M&S 개발 프로세스의 중요한 부분으로서 계획되고 실행되어야 한다. VV&A는 M&S 개발 프로세스 초기단계부터 수행되어 M&S 사용의 위험성을 줄여야 한다. M&S 에러를 발견하고 잠재적인 문제를 식별하여 위험을 감소시키는 것은 M&S 개발 수명주기 동안에 VV&A 수행을 얼마나 조기에 수행하는가에 달려 있다.

VV&A 수행을 통해서 M&S의 신용성 판단을 위한 정보를 제공한다. 또한 VV&A는 M&S 품질을 정하고, M&S 사용의 위험을 감소시키며, 정책 요구에 맞는 M&S 재사용을 지원한다. V&V 과업들은 M&S 개발 프로세스 산출물을 검사하여 사용자의 수락기준에 만족하는지를 결정하도록 잘 설계되고 계획되어야 한다.

〈그림 11-2〉는 M&S 개발 프로세스와 VV&A 프로세스 단계별 상호관계를 보여주고 있다. 이는 M&S 개발 프로세스와 VV&A 프로세스의 통합 노력을 위한 기본이 된다.

이들 각각의 노력이 성공적이 되기 위해서는 비용대효과(cost-effectireness), 즉시성 그리고 충분성을 고려한 균형있는 활동 수행이 필요하다. VV&A 프로세스는 용도, 수락기준, 자원제약, 관련 M&S의 형태 및 중요성에 따라 맞춤식으로 적용이 가능하다.

VV&A 프로세스는 CMMI(Capability Maturity Model Integration)와도 관

그림 11-2
M&S 프로세스와 V&V 프로세스

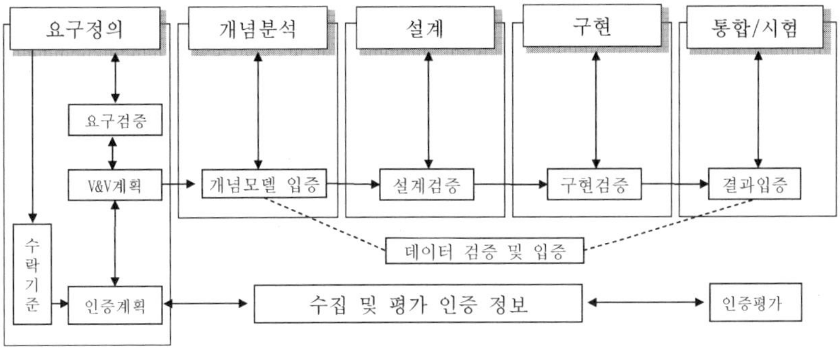

련성이 있다. CMMI의 목적은 조직 프로세스의 개선과 개발, 획득 그리고 제품과 서비스의 유지를 관리하는 능력을 제시하는 것이며, VV&A 프로세스의 목적은 특정 목적을 위한 M&S의 신용성과 유용성을 보장하는 것이다.

VV&A 프로세스는 계획과 수행활동으로 구분된다. 계획활동에는 인증계획, V&V 계획 수립이 있고, 수행활동에는 요구 확인, 개념모델 확인, 설계 검증, 구현 검증, 결과 확인, 데이터 검증 및 확인이 있다.

11.2.3 인증계획

인증은 M&S의 기능영역(실 시뮬레이션, 가상 시뮬레이션, 구성 시뮬레이션)과 구현영역(단독 실행, 분산 실행)의 스펙트럼 간에 일관되고 형식화된 방법으로 계획이 수립되어야 한다. 인증은 이들의 특별히 의도된 사용 용도에 특정적이다.

인증계획에서 가장 중요한 것은 인증기준과 수락기준을 설정하는 것이다. 인증기준은 M&S가 특정한 목적에 사용토록 인증을 받기 위해서 충족해야 하는 기준 집합이다. 수락기준은 M&S가 특정 사용 목적을 인증을 받기 위해서 충족해야 하는 정성적 혹은 정량적 측정치와 기준이 된다. 수락기준은 요구사항 측면에서 M&S 평가기준을 제공하며, 시뮬레이션을 검증하고 확인하는 데 기반이 된다.

각 요구사항에 대한 수락기준은 성능, 기능, 충실도 혹은 신용도의 필수수준과 요구수준으로 나누어진다. 이것 역시 효율적인 자원관리를 위해서 우선순위화된다. 우선순위에 영향을 미치는 요소에는 문제가 발생할 경우 사용자에게 미치는 영향의 정도, 관련 비용, 검증 및 입증의 난이도가 있다. 수락기준은 개발 프로세스 간에 지속적으로 검토되어 적합하고 충분하도록 해야 한다.

11.2.4 V&V 계획

철저한 인증계획은 V&V 계획에 크게 기여한다. 반면, 효과적인 V&V 계획은 V&V 과업수행에 도움이 된다. V&V 과업에는 요구 확인, 개념모델 확인, 설계 검증, 구현 검증, 결과 확인, 데이터 검증 및 확인이 있다. V&V 계획 시에는 요구사항, 수락기준, 가동 자원과 시간을 식별하고 V&V에 영향을 미칠 제한사항을 식별한다. 그리고 V&V 수행을 위한 적절한 평가 기법과 산출물을 정의한다. 필요한 도구와 자원을 선택하고, 특성 활동에 대해서 시간계획을 수립한다.

그러면 새로운 M&S에 대해서는 V&V 활동을 통하여 개발 수명주기 간에 요구사항이 적절히 구현되었는지를 확인한다. 기존 레거시(legacy) M&S의 경우에는 V&V를 통해서 구현이 문서화된 능력과 일치하는지, 그리고 요구사항이 문서화된 M&S 능력과 일치하는지를 확인한다.

V&V 계획을 시작할 때 다음과 같은 몇 가지 검토 목록으로 완성도를 높일 수 있다.

① 각 수락기준이 어떻게 다루어지고 있는가?
② 요구사항 추적성 매트릭스가 있는가?
③ 무엇이 M&S의 중요한 입력들이고 무엇이 기대되는 출력인가?
④ 그 결과를 내는 데 있어서 M&S의 어떤 부분이 가장 많은 역할을 하는가?
⑤ 내재된 알고리즘과 관련 데이터의 신뢰성이 어떻게 결정될 것인가?
⑥ 주제전문가(SME: Subject Matter Expert)의 검토가 필요한 것인가?
⑦ M&S는 충분히 통용되고 있는 문서를 가지고 있는가?
⑧ 만약 없으면, 필요한 자료를 만들기 위한 M&S 리엔지니어링에 비용지불

의 가치가 있는가?

⑨ 시험계획이 있고, 어떻게 M&S가 시험되는지에 대해 묘사한 시험절차가 있는가?

⑩ M&S 요구사항은 시험계획에 충분히 기술되어 있는가?

⑪ 버전을 통제하고 어떤 구성요소가 M&S를 구성하고 있는지를 식별하기 위하여 형상관리가 적용되었는가?

⑫ 요구되는 업무를 완수하고 확실한 결과를 제공하기 위한 충분한 시간과 자원이 있는가?

⑬ 만약 V&V 과업의 일정 부분이 지원될 수 없으면 어떤 영향을 미치는가?

11.2.5 요구 확인

요구 확인(requirement validation)은 VV&A 활동에서 매우 중요하다. 이 과정에서 분명하게 요구사항에 대한 확인이 이루어지지 않으면 이후에 수행하는 V&V활동은 빈약해지고 최종적인 인증기준을 설정하는 데 매우 모호하게 된다. 요구사항은 일반적으로 문제영역, 사용자 영역, 그리고 시뮬레이션 영역으로부터 비롯된다. 문제영역은 모의범위와 수준에 관련된 것이고, 사용자 영역은 요구사항은 모의기능과 충실도에 관련된 것이다. 주로 FDMS (Functional Description of Mission Space)와 관련된 것이다. 시뮬레이션 영역은 시뮬레이션 구성요소, 하드웨어, 기술표준 등에 관한 사항이다. 문제영역과 사용자 영역에서 비롯된 요구사항은 대부분 소프트웨어로 구현된다. 대부분의 VV&A는 이 영역의 요구사항과 관련되어 있다. 한편, 시뮬레이션 영역에서 비롯된 요구사항은 시험평가 혹은 수락시험과 관련된다.

요구 확인은 이 요구사항들이 정확하게 정의되고, 완전한지, 일관성이 있는지 그리고 V&V와 시험이 가능한지를 확실하게 하는 것이다. 이를 위해서 모델의 사용 용도, 모델의 충실도와 그 수락기준, 모델의 질 등을 고려하여 검토한다. 여기서 요구사항이 모호한 부분이나 일관성이 결여되는 부분에 대해서는 명확히 하도록 사용자에게 권고한다. 요구 확인이 되면 VV&A 수락기준을 도출하고 합의를 한다. VV&A 수락기준은 이후 이어지는 VV&A 활동의 기준이 된다.

11.2.6 개념모델 확인

개념모델 확인(conceptual model validation)은 개념모델의 적합성을 결정하고, 특정 요구사항과 의도된 용도를 충족시킬 수 있는지에 대한 보증활동이다. 개념모델 확인수행의 목표는 기능요소가 요구사항을 정확하고 완전하게 표현하고 있는지를 보이는 것이고 또한 가정, 제한사항 혹은 아키텍처 구조가 의도된 사용 용도의 어디에 영향을 미칠 것인지를 확인한다. 개념모델의 확인 결과는 V&V 보고서로 문서화된다. V&V 보고서는 왜 이러한 가정, 알고리즘, 모델링 개념, 데이터, 아키텍처들이 용도에 적합한 표현을 제공할 수 있는지를 설명한다. 다른 시뮬레이션과 연동이 될 경우에는 다른 시뮬레이션과 상호관계가 검토되고 개념모델에서 문서화되어야 한다. 개념모델 확인은 개발 이전에 수행해야 한다. 시스템 표현의 부적절한 잠재적 함정을 피하고 제안된 요구사항들을 포함시키기 위해서이다. 이 단계에서 발견된 에러들은 나중에 식별되고 수정하는 것보다 쉽고 비용이 덜 든다. 새로운 M&S에 대한 개념모델 확인은 초기 에러 식별과 수정으로 이어진다. 일찍 노출된 불일치점의 해결은 상당한 비용 절감의 결과를 가져올 뿐만 아니라 최종 M&S 적용을 위해 사용자들의 만족을 증대시킨다. 레거시(legacy) M&S에서는 개념모델이 문서화되지 않는 경우도 있다. 이 경우 개발문서, 과거 사용내역 그리고 지난 VV&A 문서들을 바탕으로 개념모델의 확인 여부를 고려할 수 있다. 개념 모델의 확인은 다음 개발단계로 이동을 하는 데 있어 확신을 제공하는 판단과정이다.

개념모델 확인에서는 차후 수행될 VV&A 및 수락시험을 위해서 실험 시나리오를 정의한다. 또한 개념모델 확인에서는 개념모델에서 도입하고 있는 배경 이론과 가정이 올바른지, 즉 시스템 이론과 일치하는지, 그리고 문제영역에 대한 표현(상세도, 집약도, 충실도 등)이 의도된 용도와 목적에 부합하는지를 확인한다. 특히, 모델의 특성, 입·출력 데이터, 인터페이스 문제, 모델 충실도 측정치, 잠재적 약점과 한계, 모델의 강점 그리고 개념모델과 요구사항 간의 추적성 식별 등에 초점을 두고 필요시 이들에 대한 산출물을 생산한다.

개념모델 확인방법은 두 가지가 있다. 하나는 개념모델에 내포된 이론과 가정이 정확한지에 관한 것이고, 또 하나는 모델의 표현, 구조, 로직(Logic), 수학적 인과관계가 모델의 의도된 목적에 합당한지를 결정하는 것이다. 이론과 가정에 대한 확인은 수학 및 통계적 분석으로 이루어질 수 있다. 예를 들어, 탐지시간이 지수분포를 따른다고 가정했다면, 실제 탐지자료를 사용하여 지수분포에 따르는지에 대한 통계검증을 해야 한다. 또한 이론을 적절하게 적용했는지를 검토해야 한다. 예를 들어, 쌍방 교전의 피해를 지수형 란체스터(Lanchester) 방정식으로 표현했다면, 이는 쌍방교전을 포아송(Poisson) 확률분포의 프로세스로 간주했다는 의미이고, 이에 대해 실제와의 적합성 검증을 해야 한다. 한편, 각 서브 모델들에 대해서도 모델의 목적에 부합되도록 바르게 모델링되었는지를 평가해야 한다. 이는 주로 적절한 집약(aggregation) 및 분해(disaggregation) 관계를 유지하는지, 그리고 세부적인 구조, 로직, 수식관계 등이 적합한지를 보증해야 한다. 이를 위한 확인기법은 주로 대면(face)과 추적(trace)기법으로 구조, 프로차트, 수학방정식 등을 관찰하여 개념모델이 적절한지를 검사한다. 그리고 각 서브 모델과 전체 모델에 걸쳐서 개체들을 추적하여 그 로직이 바르고 정확한지를 검사한다.

11.2.7 설계 검증

개념모델의 확인이 완료되면 개발자는 그 개념모델을 어떻게 코딩하고 제작할 것인지에 대한 설계를 하게 된다. 설계서에서는 개념모델에 근거하여 시뮬레이션 모델을 생산하기 위한 규격서와 기능을 설계하여 컴포넌트, 기능, 인터페이스 등을 정의한다.

설계 검증(design verification)은 규격서와 기능 설계에서 M&S를 이루고 있는 성능 요구사항, 하드웨어, 소프트웨어 정의가 바르게 되었는지를 검토하는 것이다. 설계 검증을 통해서 규격서와 개념모델로부터 설계 전환이 정확하고 일관성 있게 이루어지도록 한다. 설계 검증 과정에서는 설계서를 검토하여 설계 요소들을 개념모델과 요구사항에 대응시켜보고 요구사항으로부터 설계에 이르기까지 추적성이 있는지를 확실하게 한다.

이것은 개념모델에서 정의된 특성, 기능, 행위, 알고리즘 그리고 상호작용이 규격서와 설계문서에 정확하고 완전하게, 그리고 일관성이 있게 포함되었는지를 확인한다. 규격서와 기능 설계는 확인된 개념모델을 바탕으로 검증되며, 이들이 개념을 잘 반영하고, M&S 요구사항을 잘 다루고 있으며, 인증을 위한 수락기준을 만족하는지를 확인한다.

설계 검증에서는 컴퓨터 시스템에서 코딩하고 하드웨어를 제작하기 전에 설계를 검토하여 개념모델에 부합하는지가 보증되어야 한다. 시험경우를 만들어서 설계와 요구사항을 연계 추적할 수 있다. 설계 검증에서는 추적에 주안점이 있지만 기타 검토, 감사, 검사 등을 병행하여 수행한다. 소프트웨어의 경우에는 입력 데이터, CASE 도구, 설계방법, 소프트웨어 내부 시험, 소프트웨어 척도 분석에 대한 검증이 중요하다. 하드웨어의 경우에는 도면, 인터페이스, 전자 및 기계 공학적 설계 등에 대한 검증이 중요하다.

11.2.8 구현 검증

구현 검증(implementation verification) 동안에 M&S 소프트웨어나 하드웨어 또는 양쪽 모두의 결합이 이루어지고, 구성품은 조립되며, 시험되고 통합된다. 또한 실제 데이터와 데이터베이스가 설치되고 시험이 이루어져서 비로소 통합된 M&S 시스템이 시험된다. 구현 검증은 M&S가 기능 설계를 정확하게 표현하고, 개념모델과 요구사항에 대한 추적성을 가지고 있는지를 결정하는 공식적인 시험이자 검토 과정이다. 구현 검증에서는 통합된 M&S가 설계와 요구사항을 정확하게 표현하고 있는지를 보여준다. 구현 검증에서 M&S 프로세스의 타이밍과 프로토콜 제약사항을 확인하고, M&S 시스템이 예기치 않은 혹은 명세서 입력에 대해서 어떻게 수용하고 있는지, 그리고 엔지니어링 원리와 각종 표준, 품질 보증, 문서화 등의 측면에서 M&S 구성품들이 잘 개발되었는지를 검토한다. 또한 M&S 구성품이 관련 규격에 부합하는지에 대해서도 검토한다.

구현 검증(혹은 시뮬레이션 모델 검증)을 통하여 시뮬레이션 모델이 모델 설계(명세)서에 따라 올바르게 구현되었는지를 보증하게 된다. 구현 검증에서는 코드 검증과 하드웨어 검증이 이루어지고, 코드 검증에서는 상세한 검사, 코드의 소프트웨어 테스트를 실시하며, 상세 설계와 비교하고 그 차이를 검사함으로써 발견된 문제를 해결한다. 하드웨어 검증에서는 설계대비 하드웨어를 비교하고 그 차이와 문제점을 해결한다. 또한 시뮬레이션 특수 언어를 사용할 경우에는 모델 프로그램이 잘 되었는지, 의사난수가 바르게 발생되는지 등에 대한 검증을 한다. 범용 언어를 사용할 경우에는 엔진 메커니즘, 기능, 의사난수, 확률변수 발생기 등에 대한 검증을 한다. 구현 시 일반적으로 특수 언어를 사용하는 경우가 범용 언어를 사용하는 경우보다 오류가 적고, 범용 언어를 사용하는 경우가 기계언어를 사용하는 경우보다 오류가 적다. 그런데 어떤 언어를 사용하는가는 프로그램의 가용시간과 비용에 따라 달라진다. 특수언어를 사용하는 경우는 대부분 이미 확인된 난수 발생기와 시뮬레이션 엔진이 장착되어 있다. 그래서 여기서는 프로그램이 특수언어에 따라 제대로 작성되었는지를 살펴보고 개체를 추적해서 검증한다. 오늘날 시뮬레이션 특수언어는 대부분 GUI(Graphic User Interface)를 제공하여 그래픽으로 개념모델을 작성하고 모델 명세를 정의하면 코드가 자동적으로 생성된다. 그래서 추적기법을 사용해서 검증한다. 만약에 범용 언어를 사용하는 경우에는 소프트웨어 공학에서처럼 설계, 개발, 구현 절차를 따르게 되며, 정적 시험과 동적 시험을 통해 시뮬레이션 소프트웨어를 검증한다. 정적 시험은 컴퓨터 프로그램을 분석하여 바르게 되었는지를 확인하는 것으로 정확성 증명, 프로그램 구조 특성검사 등을 통해서 이루어진다. 동적 시험은 서로 다른 조건에서 실행하여 프로그램이 제대로 구현되는지를 검사한다. 추적기법을 사용하거나, 입력과 출력 관계를 따져서 내부 일관성 검사를 통해 검증하기도 하며, 필요시 문제가 될 것으로 예상되는 모듈에 대해서는 별도로 프로그램 정확성을 검사할 수 있다. 프로그램 모듈을 작게 하여 추적기법으로 오류를 발견하고 수정한다.

11.2.9 결과 확인

결과 확인은 공식적인 시험과 검토과정으로서 M&S 결과가 충분히 정확한지를 결정하기 위해서 M&S의 결과와 알려진 혹은 기대되는 결과와 비교한다. 결과 확인은 계획된 사용 용도 관점에서 M&S의 성능과 현실세계의 현상을 엄격하게 비교하는 것이며, 또한 M&S 결과와 현실의 권위 있는 참조 데이터를 비교함으로써 M&S가 사용 요구사항을 얼마만큼 잘 다루고 있는지, 그리고 결과가 얼마나 현실적인지를 결정하도록 해준다. 결과 확인을 통하여 시뮬레이션이 사용 용도에 얼마만큼 적합한지를 문서화하게 된다. 현실세계의 경험적 데이터가 가용하지 않을 경우에는 주제전문가의 전문성을 활용하여 M&S의 결과에 대한 신뢰성을 평가할 수 있다. 또한 다른 참조 데이터가 가용하지 않을 경우에는 유사 모델과 비교해서 결과를 확인할 수 있다. 데이터 비교를 위해서는 여러 가지 방법이 있으나 어떤 방법을 사용할 것인가는 비교하는 데이터 타입에 따라 다른 방법을 적용한다.

결과 확인을 통하여 모델의 행위 결과가 모델을 적용할 영역에서 모델의 의도된 목적에 부합할 만큼 충분히 정확한지가 보증되어야 한다. 결과 확인에서 문제가 발생하는 경우, 이는 데이터, 시스템 이론, 가정사항, 개념모델, 시뮬레이션 모델 등의 오류 및 문제에서 비롯된다.

결과 확인 기법에는 시뮬레이션 모델 데이터/결과와 실제 시스템 데이터/결과의 비교, 신뢰구간 및 가설검증이 있다. 신뢰구간과 가설검증은 통계검증을 기반으로 하며, 가장 객관적인 확인 방법이다. 확인 대상은 모델의 결과치 혹은 실제 시험평가에서 얻은 결과치가 된다. 그런데 의외로 이 방법을 적용하기 어려운 경우가 있다. 이 경우에는 주요 성능 데이터나 행위 데이터를 적절한 그래픽으로 나타냄으로써 확인할 수 있다.

기타 확인 기법에는 애니메이션, 다른 모델과의 비교, 퇴화시험(degenerate test), 사건 유효성(event validity), 극한조건 시험(extreme condition test), 전문가 시험(face test), 역사자료 확인(historical data validation), 내부 유효성(internal validity), 다단계 확인(multistage validity), 운용 그래픽(operational graphics), 매개변수 변동 민감도 분석(parameter variability - sensitive analysis), 예측 확인(prediction validation), 추적(trace), 터닝 시험(turning test) 등이 있다. '애니메이션'은 시간 경과에 따라 모델의 작동과정을 그래픽으로 전시하여 확인하는 방법이다. '다른 모델과의 비교'는 시뮬레이션 결과를 다른 모델의 결과와 비교하여 확인하는 것이다. 예를 들어, 시뮬레이션의 간단한 결과를 다른 수학모델의 결과와 비교한다든지, 이미 확인된 시뮬레이션 모델의 결과와 비교하는 경우이다. '퇴화시험'은 입력 자료 혹은 매개변수를 적당히 조절하여 기대되는 예상치와 일치하는지를 관찰하여 확인하는 방법이다. 예를 들어, 도착시간을 짧게 설정했을 때 대기열의 크기가 늘어나는 것을 관찰하여 확인하는 경우이다. '사건 유효성'은 시뮬레이션에서 발생되는 사건이 실제 일어나는 사건과 유사한지를 비교하여 확인하는 방법이다. 예를 들어, 소방 시뮬레이션에서 시뮬레이션을 통해서 관찰된 사망 사건 발생과 실제 사망자 사건 발생을 비교하는 것이다. '극한조건 시험'은 시뮬레이션 입력 조건을 극한 값으로 설정하여 관찰하는 것이다. 예를 들어, 재고량이 0이면 당연히 시뮬레이션에서는 생산성이 0이 되어야 하는 경우이다. '전문가 시험'은 시뮬레이션 행위에 대하여 개별 전문가의 의견을 들어서 확인하는 방법이다. 예를 들어, 개념모델이 적합한지, 모델의 입력과 출력관계가 합리적인지 등이다. '역사자료 확인'은 시뮬레이션 결과와 역사자료를 비교하여 확인하는 방법이다. '내부 유효성'은 시뮬레이션을 여러 번 시행하여 통계량을 얻으면 이를 가지고 확인하는 방법이다. '다단계 확인'은 다음 3단계를 통해서 확인한다. 먼저 이론, 관찰, 일반적인 지식을 가지고 모델을 개발한다. 그리고 이들에 대하여 경험적인 지식을 가지고 모델의 가정을 확인하게 된다. 마지막으로 입 · 출력 관계를 실 시스템 관계와 비교한다. '운용 그래픽'은 시뮬레이션이 실행되는 동안에 관심 있는 성능 데이터를 실시간으로 전시해서 이들이 타당한 결과인지를 확인하는 방법이다. 예를 들어, 시뮬레이션이 진행되는 동안에 대기열의 크기를 보여주는 경우이다. '매개변수(parameter) 변동 - 민감도 분석'은 시뮬레이션 입력값을 변화시켜 가면서 결과값을 관찰하여 확인하게 된다. 민감한 입력 데이터에 대해 결과도 민감하게 변하는 경우를 분석함으로써 주요 매개변수의 영향을 확인한다. '예측 확인'은 모델의 행위를 실제 시스템의 행위와 비교하여 확인한다. 예를 들어, 시뮬레이션 행위 자료를 실제 시험

자료와 비교해서 확인하는 경우이다. '추적'은 서로 다른 형태의 개체 행위를 추적하여 모델의 논리대로 정확하게 일치하는지를 확인하는 것이다. '터닝(turning) 시험'은 시스템 작동에 대해서 알고 있는 개인이 그 시스템과 모델이 차이가 없는지를 확인하는 방법이다.

11.2.10 데이터 검증 및 확인

데이터는 오늘날 사용되어지는 대부분의 M&S의 성공적인 적용을 위해 매우 중요하다. M&S 적용에 사용된 데이터는 M&S 정확성과 결과의 신뢰성에 영향을 미친다. 데이터 검증 및 확인(V&V: Verification & Validation) 활동은 다른 V&V 과업에서 적당한 목적으로 데이터가 사용되었는지 확인하기 위해 V&V 프로세스와 통합되어야 한다.

〈그림 11-3〉은 데이터 V&V 활동을 보여주는데, 이 단계를 V&V 프로세스와 병행해서 수행함으로써 V&V 중계인은 M&S에 적당히 사용될 데이터를 식별하고 획득하여 사용토록 할 수 있다.

대부분의 M&S는 사용하는 데이터에 매우 의존적이다. M&S의 유용성도 데이터의 가용성과 질적 수준에 달려 있다. M&S 데이터 유형은 6가지가 있다. 참조(reference) 데이터, 내장(hard-wired) 데이터, 사실(instance) 데이

그림 11-3 데이터 V&V 활동

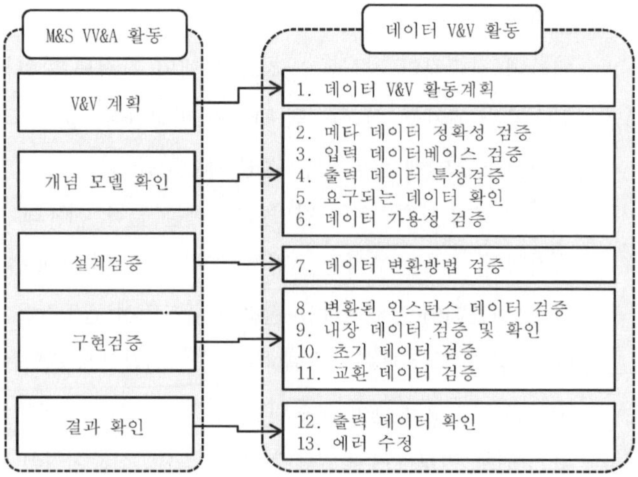

터, 확인(validation) 데이터, 교환(exchange) 데이터, 그리고 메타(meta) 데이터가 그것이다.

참조 데이터는 모든 데이터에 대하여 설명한 정보 데이터이다. M&S 혹은 페더레이션에서 사용되는 모든 데이터에 대한 정보를 설명한다. 데이터의 특성(선명도, 충실도, 정확도, 완전성, 적합성), 데이터를 개발하거나 제공하는 데 필요한 상세규격, 데이터의 질을 나타내는 매개변수 등에 대한 설명이 내포되어 있다. 내장 데이터는 코드의 일부분으로 구현된 데이터이다. 예를 들면, 상수와 매개변수가 이에 해당한다. 사실 데이터는 시뮬레이션을 시작하고 실행하는 데 필요한 데이터이다. 이는 시뮬레이션 실행 조건을 제공하거나 시뮬레이션의 실행과정에서 사실의 묘사를 위해서 사용된다. 예를 들어, 사격속도, 사거리, 비행고도 등이며, 입・출력과 관련된 데이터도 이에 해당한다. 데이터는 코드와 별도로 파일 혹은 데이터베이스로 관리되며, 시뮬레이션 실행 동안에 생성되거나 동적으로 갱신되는 사실 데이터도 있는데, 시뮬레이션 역사 데이터나 결과 분석을 위해서 수집되는 데이터가 이에 해당한다. 확인 데이터는 시뮬레이션 결과를 확인하기 위해서 사용되는 현실 데이터이다. 현실 데이터의 주요 획득 원천은 시험장, 훈련, 역사 자료, 기타 이미 확인된 시뮬레이션에서 획득한 자료, 주제 전문가(SME: Subject Matter Expert) 등이 될 수 있다. 교환 데이터는 페더레이션에서 페더레이트 간에 교환되는 데이터이다. 마지막으로 메타 데이터가 있다. 데이터가 올바르게 사용되고 해석되어지기 위해서는 배경정보(contextual information)가 필요하다. 예를 들어, 데이터 이름, 데이터에 대한 설명, 데이터 원천 등이다. 메타 데이터는 이러한 정보에 대한 데이터이다. 그래서 데이터에 대한 데이터라고 할 수 있다. 메타데이터는 3가지를 설명하다. 행정정보(배포선, 접촉자, 가용성), 설명정보(데이터 계보, 형상관리), 질(정확성, 정밀성, 완전성, 논리적 일관성 등)이 있다.

데이터 검증 및 확인은 데이터가 특정한 시뮬레이션에 사용하기 적합한지를 보증하기 위해 수행되는 활동이다. 데이터 검증 및 확인은 데이터 검증과 확인으로 구분되는데, 데이터 검증은 데이터가 애플리케이션에 적합하고 모델을 위해서 적절히 준비되었는지를 확인하는 활동이다. 데이터 확인은 데이터가 모의하고자 하는 현실 세계를 정확하게 나타내는지를 확인하는 활동이다.

시뮬레이션에서 모델과 데이터를 분리해서 평가하는 것은 거의 불가능하다. 왜냐하면 데이터와 코드의 상호작용으로 시뮬레이션 결과를 생산해 내고 데이터와 코드 모두 시뮬레이션의 신뢰성을 결정짓는 요인이 되기 때문이다. 그래서 데이터 검증 및 확인은 M&S VV&A 프로세스의 한 부분으로 간주된다. M&S 수명주기상에서 데이터 검증 및 확인 활동은 다음과 같다.

11.2.10.1 요구사항 정의 단계의 데이터 검증 및 확인

데이터는 M&S 개발 초기단계에 중요한 고려사항이다. 시뮬레이션에 필요한 데이터를 식별하고 구체적으로 정의한다. 요구되는 데이터의 충실도, 시뮬레이션 실행 간에 수집되어야 하는 데이터 등에 대하여 고려한다.

요구사항 정의 단계에서는 '요구 확인'이라는 주요 V&V 활동이 이루어지는데, 요구 확인의 한 부분으로 '요구되는 데이터에 대한 검증'이 이루어져야 한다. 특정 입력 데이터가 M&S 개념을 지원하는지, 출력 데이터가 M&S 요구를 지원하는지를 검토하는데, 특히 요구되는 데이터의 충실도, 정확도, 질적 수준에 대한 면밀한 검토가 이루어져야 한다. 이 검토는 가능한 초기에, 즉 개념모델을 개발하기 전에 이루어져서 개념모델 개발에 어려움이 없도록 해야 한다.

11.2.10.2 개발 계획 단계에서 데이터 검증 및 확인

M&S 개발을 계획할 경우 데이터가 중요한 고려 요소가 된다. 출력 데이터의 형태와 질적 수준이 시뮬레이션을 설계하고 구현하는 데 영향을 미친다. 그리고 입력 데이터의 가용성, 질적 수준, 그리고 애플리케이션 적합성 등이 개발 기간과 개발 비용에 영향을 미친다. 미리 가용한 후보 데이터를 고려하여 그 중에서 적절한 데이터를 선택하는 것도 중요하다. 만약 가용한 데이터가 없을 시에는 미리 계획단계에서 데이터를 확보할 시간과 비용을 고려해야 한다.

개발 계획 단계에서는 'VV&A 계획 수립'이라는 주요 VV&A 활동이 이루어지는데, 여기서 데이터 검증 및 확인 계획이 M&S의 개발 계획과 VV&A 계획을 충분히 강화시킬 수 있도록 이루어져야 한다. 그리고 인증기관과 면밀한 관계를 유지하면서 데이터와 관련된 평가 우선순위와 적절한 수락기준을 식별해야 한다.

데이터 검증 및 확인 활동 계획에는 데이터 검증활동 계획과 데이터 확인활동 계획이 있다. 모델 알고리즘과 관련 데이터는 밀접한 관계가 있다. 이는 시뮬레이션 신뢰성에 직접적으로 영향을 미친다. 데이터 검증활동 계획에서 시뮬레이션과 관련된 데이터(참조 데이터, 배선 데이터, 실제 데이터)에 대한 검증이 고려되어야 한다. 그리고 데이터 확인활동 계획에서는 확인 데이터를 위한 수집계획과 구체적인 확인방법이 적절히 계획되어야 한다.

11.2.10.3 개념모델 개발단계의 데이터 검증 및 확인

개념모델 개발단계에서는 데이터와 관련된 많은 결정이 이루어진다. 특정 개별 알고리즘, 기능 그리고 행위에 대한 입력 데이터로서 어떤 사실 데이터가 필요한지, 어떤 데이터가 내장 데이터인지, 요구되는 시뮬레이션의 충실도를 지원하기 위해서 어떤 특정 데이터가 필요한지, 시뮬레이션을 지원하기 위하여 출력 데이터로서 어떤 사실 데이터를 수집해야 하는지 등이다. 많은 후보 데이터 중에서 가장 적당한 것을 선정하여 개념모델에 포함하여야 한다.

개념모델 개발단계에서는 '개념모델 확인'이라는 주요 VV&A 활동이 이루어지는데, 이 단계에서는 데이터의 가용성과 적합성이 심도 있게 고려되어야 한다. 왜냐하면 이는 모델 설계에 영향을 미치기 때문이다. '개념모델 확인'에서는 다음 몇 가지 데이터 주요 검증이 이루어진다.

① 데이터 원천 및 가용성 검증 : 데이터 원천 후보가 식별되면, 데이터 원천 메타 데이터를 검토하여 데이터 원천의 권위성과 적합성에 대한 보증을 얻는다. 그리고 적절한 방법으로 요구되는 데이터가 제공되도록 한다.

② 메타 데이터의 적합성 검증 : 일단 데이터 원천이 검증되면, 메타 데이터를 검토하여 이들이 시뮬레이션에 필요한 데이터의 정보를 충분히 제공한다는 보증을 얻도록 한다.

③ 입력 데이터베이스 검증 : 입력 데이터베이스가 검토되어 알고리즘, 모델,

시뮬레이션 컴포넌트에 적합하고 완전히 일치되는지에 대한 보증을 얻어야 한다. 이들은 시뮬레이션의 적합성을 확인하는 데 사용된다. 필요시 샘플 입력 데이터베이스를 생성하여 데이터를 적당히 제공하는지를 검토할 수 있다.

④ **출력 데이터 특성 검증** : 시뮬레이션에서 사용될 알고리즘과 모델이 요구되는 결과를 제공할 수 있을 것인지를 검토한다. 또한 데이터 특성뿐만 아니라 데이터 수집방법에 대한 것도 검토 시 포함되어야 한다.

⑤ **확인 데이터 개발** : M&S의 확인은 시뮬레이션의 실행 결과와 확인 데이터와의 비교를 통하여 이루어진다. 이를 위해 확인 데이터를 개발하는데, 확인 데이터의 원천은 시험, 훈련, 역사자료 등이다. 그리고 확인을 위한 시나리오를 개발하여 인증자와 합의를 얻는 것이 필요하다.

11.2.10.4 설계 단계의 데이터 검증 및 확인

데이터 식별과 검증이 초기 단계, 즉 개념모델 개발 단계에서 이루어졌지만 이 단계에서도 계속된다. 특히 이 단계에서는 구체적으로 어떻게 준비해야 하는지에 초점을 둔다. 내장 데이터의 경우에는 적당한 형식과 정확도를 구체화한다. 입력 사실 데이터에 대해서도 구체적인 형식을 설정한다. 보통 원시 데이터로부터 모델에 적합하도록 형식을 조정한다. 출력 사실 데이터에 대해서도 분석에 적합하도록 출력 형식을 적절히 설계한다.

설계 단계에서는 '설계 검증'이라는 주요 VV&A 활동이 있는데, 여기서는 데이터 V&V와 관련해서 다음 몇 가지 활동이 이루어진다.

① **전환입력 데이터와 데이터 전환방법에 대한 확인** : 데이터 생성을 위해서 사용되는 전환입력 데이터와 기법이 적절한지를 검토한다. 여기서는 출력 데이터에 대한 확인이라기보다는 출력 데이터를 위해서 무엇이 이루어지는지에 대한 확인이 이루어진다.

② **내장(hard-wired) 데이터에 대한 검증** : 내장 데이터는 분리해서 고려되어야 한다. 왜냐하면 이들은 서로 독립적이고 특정 알고리즘에 고정값으로 사용되기 때문이다.

11.2.10.5 구현 및 시험 단계의 데이터 검증 및 확인

구현 및 시험 단계에서는 '구현 검증'이라는 주요 VV&A 활동이 이루어진다. 여기서 데이터 V&V 활동도 이루어지는데 주요 활동은 다음과 같다.

① 초기화 데이터 검증 : 초기화 데이터를 확인하여 원래의 의도된 대로 입력되어 사용되는지를 확인한다. 형식이 전환되어 사용된 경우라면 올바르게 형식이 전환되어 사용되는지를 확인한다.

② 내장(hard-wired) 데이터에 대한 확인 : 내장 데이터는 분리되어 평가되어야 한다. 내장 데이터는 특정 알고리즘 혹은 공식에 고정값으로 사용되기 때문이다. 내장 데이터는 사용되는 해당 알고리즘과 같이 확인되어야 한다. 내장 데이터는 통상적으로 알고리즘과 같이 실행해서 결과 데이터를 얻고, 이를 확인 데이터와 비교하여 내장 데이터에 대한 확인이 이루어져야 한다.

③ 출력 데이터의 검증 : 개별 알고리즘과 모델을 구현하는 코드를 검토하여 이들 알고리즘과 모델들이 요구하는 출력 데이터를 제공하는지 보증해야 한다. 이 검토에서는 데이터 특성(충실도, 형식, 완전성)뿐만 아니라 데이터 수집과 준비하는 방법도 함께 포함된다.

구현 및 시험 단계에서 빼놓을 수 없는 활동이 '결과 확인'이다. 결과 확인을 수행하여 시뮬레이션이 요구사항을 어느 정도 잘 충족시키는지를 결정한다. 구현단계에서 수행된 개별 컴포넌트에 대한 확인과 더불어 통합적으로 실행했을 때의 결과를 비교하여 최종적으로 시뮬레이션에 대한 결과 확인을 한다. 만약에 출력 데이터와 확인 데이터의 차이가 발생하면, 코드, 알고리즘, 입력 데이터의 정확성을 재검토한다. 이때 민감도 분석을 통하여 오류를 분리 · 추적할 수 있을 것이다.

11.2.11 인증

인증 패키지가 준비되어 인증요구가 있을 경우, 인증을 위한 자료를 평가한다. 평가를 완료한 후에 인증 보고서를 작성한다. 인증 보고서에는 인증을 위한 권고사항이 포함된다. 인증 보고서의 권고사항을 바탕으로 인증 결심이 이루어지고, 문서화되어 배포된다.

인증 평가의 깊이는 인증 패키지에 포함된 정보를 얼마나 깊이 있게 검토하는가에 달려 있다. 만약 V&V 프로세스의 중요한 이슈에 대해 완전하게 이해를 한다면 인증 평가는 상대적으로 간단할 수 있다. M&S가 사용 용도에 적합한지와 신뢰할 만한지를 결정하기 위해서 인증 패키지에 포함된 문서(V&V 보고서 등)를 검토하고 평가한다. 검토자는 M&S 능력과 한계를 판단하기 위해서 전문성을 가져야 한다. 그리고 문서는 인증계획에서 명시된 방법에 따라 평가된다.

지원되는 문서의 완전성에 따라 추가적인 시험이 요구되기도 하는데 이 경우에는 그 결과를 얻기까지 평가가 보류된다. 이는 바로 M&S 개발 프로세스와 적절한 V&V 계획이 필요하고 이와 함께 예산도 필요함을 의미한다.

성공적인 인증을 위해서 효과적인 의사소통이 중요하다. 방대한 인증 지원 자료를 잘 축약해서 정리하는 것은 어려운 일이지만, 인증 평가에서는 중요한 부분이다. 이를 위해서는 통찰력이 필요한데, 이는 비록 정량적인 분석을 바탕으로 하고 있지만 본질적으로 정성적이다.

인증 보고서와 인증 권고를 기반으로 인증 결심이 이루어지고, 인증 결심은 다음 3가지 중의 하나가 된다.

① **완전 인증** : M&S는 사용 용도에 있어 사용하기에 충분하다.
② **부분 인증** : M&S 활용 시 사용 용도에 있어 한계와 제약 조건이 따른다. 완전 인증을 위해서는 추가적인 정보가 필요하거나 M&S 개선이 요구된다.
③ **인증 불가** : 사용 용도에 활용하기에 부적합하다.

11.3 VV&A 산출물

M&S 개발 수명주기 동안에 VV&A 활동이 병행되면서 〈그림 11-4〉에서 보는 바와 같이 여러 가지 문서를 생산한다.

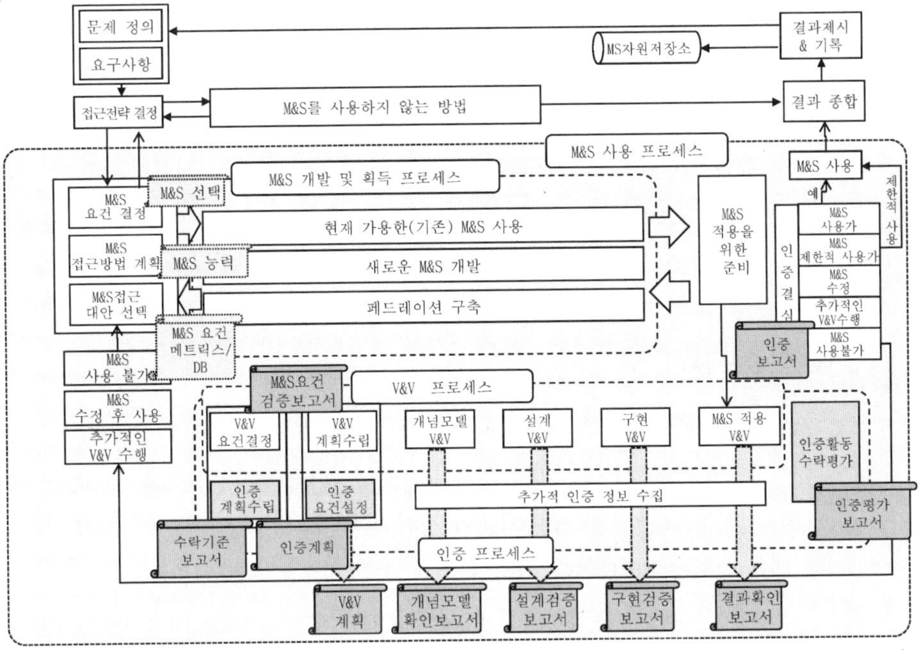

그림 11-4 VV&A 문서 체계

이 문서들을 크게, 기본 인증문서, 보조 인증문서, 기본 V&V 문서, 보조 V&V 문서, 그리고 지원 문서로 구분된다.

① **기본 인증문서** : 인증 계획서, 인증 평가 보고서, 인증 보고서

② **보조 인증문서** : 수락기준 보고서

③ **기본 V&V 문서** : V&V 계획서, V&V 보고서

④ **보조 V&V 문서** : M&S 요구사항 검증 보고서, 개념모델 확인 보고서, 설계 검증 보고서, 구현 검증 보고서, 결과 확인 보고서, 데이터 V&V 보고서

⑤ **지원 문서** : M&S 요구사항 매트릭스, 시뮬레이션 능력 보고서, 위험평가 보고서, 시뮬레이션 선정 보고서

11.3.1 계획 문서

VV&A 과정 중에 2가지의 중요한 계획 문서가 있다. 첫 번째는 인증 계획서이고, 두 번째는 V&V 계획서이다. 인증 계획서와 V&V 계획서는 살아 있는 문서로서 V&V 프로세스가 진행하는 동안 조정과 갱신이 이루어지며 융통성을 가진다.

(1) 인증 계획서

인증 계획서는 VV&A 프로세스에서 가장 먼저 생산되는 산출물이다. 이 계획에서 M&S 사용에 대한 요구사항이 문서화된다. 그리고 요구사항을 명확히 이해하고 난 후에 수락기준이 정의된다. 수락기준은 M&S가 특정 분야에 사용 인증을 받기 위한 기준이 된다. 추가적으로 수락기준을 만족하는지를 판단하기 위해서 측정치와 척도가 사용되는데 이는 인증 계획서에서 문서화된다.

(2) V&V 계획서

V&V 계획서는 VV&A 프로세스에서 두 번째로 작성되는 문서이다. 이는 인증 계획서에서 포함된 일반적인 정보를 포함한다. V&V 계획에서는 M&S 용도와 관련된 중요한 질문을 충분히 다룰 수 있도록 해야 한다. V&V 계획에서는 수락기준을 해석하여 M&S 요구사항을 정제하고 어떤 V&V 과업이 필요한지를 식별한다. 그리고 V&V 과업수행 동안에 인증지원을 위한 어떤 정보를 생산할 것인지를 식별한다. V&V 계획에서 적용할 기법에 대해서 설명하고 그 적용기법이 왜 가장 적합한지를 설명한다. 그리고 결과를 분석하고 보고하는 데에 사용될 측정치와 척도를 포함한다. 추가적으로 결과 확인을 수행하기 위해서 필요한 데이터와 그 데이터를 획득하기 위한 방법을 식별한다. V&V 계획에서는 각 과업과 관련된 잠재적 위험과 이를 감소시킬 계획을 설명하고, V&V 활동을 위한 인력, 자금, 계획을 포함하며, M&S의 위험 분야 검토에 대한 우선순위를 언급한다.

11.3.2 구현 문서

V&V 계획서가 승인되면 V&V 계획을 각각 이행하고 결과를 보고하는데, 이 과정에서 3개의 중요한 산출물이 있다. V&V 보고서, 인증 보고서 그리고 인증 증명서이다. V&V 보고서와 인증 보고서는 M&S의 용도에 대한 M&S 요구사항과 수락기준을 만족시키기 위해 필요한 정보를 문서로 증명하는 것이다.

(1) V&V 보고서

V&V 보고서는 수락기준과 M&S 요구사항을 만족시키기 위한 M&S의 기능과 충실도를 증명하는 근거를 문서화한다. V&V 보고서는 V&V 과정에서 만들어지고, V&V 활동 결과를 기록한다. V&V 보고서는 이제까지 실시되었던 V&V 활동을 기록한 근거이고, 인증 결심을 지원하기 위해 만들어지는 가장 중요한 문서이다. 이는 V&V 활동의 결과물로서 가정, 능력, M&S의 제한, 그리고 도출된 결론과 권고사항을 포함한다. V&V 보고서에서는 수락기준을 추적하여 관련사항을 포함하고, 누락사항이 없는지를 확인해야 한다.

(2) 인증 보고서

인증 보고서는 V&V 증명에 대한 평가를 요약하고, M&S의 사용 용도에 활용 적합성과 신뢰성을 문서화한다. 인증 보고서에서는 수락기준과 관련해서 인증 평가의 결과를 문서화한다. V&V 보고서에서 식별된 결과를 인증 보고서에서 부각시켜 사용할 수 있다. 인증 보고서는 인증을 위한 권고사항을 포함한다.

(3) 인증 증명서

VV&A 과정에서 마지막 문서는 인증 결심 증명서이다. 인증 결심은 인증 보고서에서 권고한 사항을 바탕으로 이루어진다.

연습문제

❶ 검증(verification), 확인(validation), 인증(accreditation)의 차이를 설명하라.

❷ VV&A의 원칙에 대해 설명하라.

❸ 시뮬레이션 모델의 수명주기상에서 VV&A 프로세스에 대해 설명하라.

❹ VV&A 프로세스를 수행할 경우에 각 활동에 대해 간단히 설명하라.

❺ VV&A 필수 산출물에 대해 설명하라.

약어 해설

A

AAR After Action Review

ADM Application Domain Modeling

AEM Arsenal Exchange Model

ALSP Aggregated Level Simulation Protocol

AMRAAM Advanced Medium Range Air-to-Air Missile

API Application Program Interface

AR Augumented Reality

ATGM Anti Tank Guided Missile

ATS Air Threat Simulator

B

BAGSim BAttle Group Simulation model

BCTP Battle Command Training Program

BFVS Bradley Fighting Vehicle System

BMD Ballistic Missile Defense

C

C4ISR Command, Control, Communication, Computer, Intelligence, Surveillance, Reconnaissance

CAD Computer Aided Design

CATIA Computer Aided Three dimension Interactive Application

CBD Component Based Development

CDD Capabilities Development Document

CEL Current Event List

CI Communication Interface

CMMI Capability Maturity Model Integration

COP Common Operation Picture

CORBA Common Object Request Broker Architecture

COTS Commercial Off The Shelf

CPD Capabilities Production Documents

CS Communication System

CSS Common Syntax and Semantic

CTC Combat Training Center

CTF Common Technical Framework

CTP Critical Technical Parameters

D

DARPA Defense Advanced Research Project Agency

DB Data Base

DBMS DataBase Management System

DDD Database Design Document

DEVS Discrete Event System Specification

DIF Data Interchange Format

DIM Data Interchange Mechanism

DIS Distributed Interactive Simulation

DMSO Defense Modeling & Simulation Office

DMU Digital Mock-Up

DOAE Defense Operational Analysis Establishment

DOTLMPF Doctrine, Organization, Training, Leadership, Material, Personal, Facility

DPCU Data Processing Control Unit

DS Data Standardization

DTED Digital Terrain Elevation Data

E

EATI Entity, Action, Task, Interaction

ECS Engagement Control System

EVL Event List

F

FAA Functional Area Analysis

FCMD Federation Conceptual Model Description

FDMS Functional Description of Mission Space

FEDEP FEderation Development and Execution Process

FedExec Federation Executive process

FEL Future Event List

FIFO First In First Out

FNA Functional Need Analysis

FOM Federation Object Model

FOV Field Of View

FRED Federation Required Execution Details

FSA Functional Solutional Analysis

G

GUI Graphic User Interface

GVT Global Virtual Time

H

HILS Hardware-In-the-Loop Simulation

HLA High Level Architecture

HMD Head Mounted Display

HW/SWIL HardWare/SoftWare-In-the-Loop

I

IA Integrated Architecture

IDD Interface Design Document

IDEF Integration DEfinition Function

IDL Interface Definition Language

IG Image Generator

IKT Inter-Kill Time

IPPD Integrated Production and Process Development

IPT Integrated Product Team

J

JSF Joint Strike Fighter

JTA Joint Technical Architecture

K

KPP Key Performance Parameters

L

LAU LAUncher

LBTS Low Boundary Time Stamp

LOS Line Of Sight

LP Logical Process

LRC Local RTI Compoment

LVC Live, Virtual, Constructive

LVT Local Virtual Time

M

M&S Modeling & Simulation

MFR Multi-Function Radar

MILES Multiple Integrated Laser Engagement System

MOE Measure Of Effectiveness

MOFE Measure Of Force Effectiveness

MOM Measure Of Mission success

MOM Measure Of Merits

MOP Measure Of Performance

MR Mixed Reality

M-SAM Machine range Surface to Air Missile

MSL MiSsiLe

MSRR Modeling and Simulation Resource Repository

MTTF Mean Time To Failure

MTTR Mean Time To Repair

O

O/C Observers/Controller

OMDT Object Model Development Tool

OMG Object Management Group

OMS/MP Operational Model Summary / Mission Profile

OMT Object Model Template

OPFOR OPposing FORce

OR Operations Research

ORD Operational Requirement Document

OSD Office of the Secretary of Defense

P

PEOSTRI Program Executive Office for Simulation, TRaining & Instrumentation

PIDS Prime Item Design Specification

PMSim Project Management model for Simulator

PP Physical Process

PU Player Unit

Q

QJM Quantified Judgement Model

R

RAM Reliability Availability Maintainability

ROC Required Operational Capability

ROI Return Of Investment

RR Radio Relay

RSAS RAND Strategy Assessment System

RTI Run-Time Infrastructure

RTIExec RTI Executive process

RTTI Run-Time Type Identification

S

SBA Simulation Based Acquisition

SBD Simulation Based Design

SDD Software Design Document

SE Simulation Engine

SEDRIS Synthetic Environment Data Representation and Interface Specification

SIMNET SIMulator NETworking

SISO Simulation Interoperability and Standards Organization

SMCC Simulation Management and Control Center

SME Subject Matter Expert

SOM Simulation Object Model

SPS SW Product Specification

SSDD System or System Segment Design Document

SSKP Single Shot Kill Probability

SSS System or System Segment Specification

STD Software Test Description

STEP Simulation based Test and Evaluation Process

STOW Synthetic Theater Of War

STP Software Test Plan

STR Software Test Report

STRICOM Simulation, Training, Instrumentation Command

SUM Software Users Manual

T

TCP/IP Transmission Control Protocol / Internet Protocol

TENA Test and training ENabling Architecture

TER Transfer Effectiveness Ratio

TIA Training Information Architecture

TSO Time Stamped Order

U

UDP User Datagram Protocol

UIDD User Interface Design Description

UML Unified Modeling Language

V

VDD Version Description Document

VR Virtual Reality

VV&A Verification, Validation & Accreditation

V&V Verification & Validation

W

WAC Wide Angle Collimated

WCT Wall-Clock Time

WEI Weapon Effectiveness Index

WIDE Wide-angle Infinity Display Equipment

M&S 관련 웹사이트

ADS WG(ads.msrr.dmso.mil) – Authoritative Data Sources Working Group.

AF-C4I M&S(infosphere.safb.af.mil/~tnab) – AFC4 Agency C4I Modeling & Simulation Home Page.

AF-SMC/XR(www.afbmd.laafb.af.mil/org/xrm) – Air Force SMC Modeling and Simulation Focal Point Home Page.

AF-XOC(204.34.204.77) – The Air Force Directorate of Command and Control.

AFAMS(www.afams.af.mil/) – Air Force Agency for Modeling and Simulation.

ALSP(alsp.ie.org/alsp/) – Aggregate Level Simulation Protocol.

AMG(hla.dmso.mil/hla/amg/) – DoD High Level Architecture Management Group.

AMSO(www.amso.army.mil/) – Army Model and Simulation Office.

ARDEC-DIS(dis.pica.army.mil/) – Army Armament Research Development & Engineering Center, Distributed Interactive Simulation.

ASNE MSEA(msea.afccc.af.mil) – DoD M&S Executive Agent -- Air and Space Natural Environment (Standards Branch).

BMD SSC(www.jntf.osd.mil/bmdssc/) – Ballistic Missile Defense Simulation Support Center.

CMMS(38.241.48.9/main.htm) – Conceptual Models of the Mission Space Resource Center.

COMPASS(compass.saic.com) – Common Operational Modeling, Planning, and Simulation Strategy.

DEEM(www.dis.anl.gov/DEEM/) – Dynamic Environmental Effects Model.

DII COE(diides.ncr.disa.mil/mdregHomePage/mdregHome.portal) – Defense Information Infrastructure (DII) Common Operating Environment (COE) Data Engineering.

DIS Standards(www.sc.ist.ucf.edu/~STDS/) – Distributed Interactive Simulation Standards.

DIS TEST(distest.org) – DIS TEST Home Page.

DISA(www.disa.mil/org/disaord8.html) – Defense Information Systems Agency C4I Modeling, Simulation, and Assessment.

DMSO(www.dmso.mil/public/) – The Defense Modeling & Simulation Office.

DMSTTIAC(dmsttiac.hq.iitri.com) – Defense Modeling, Simulation, Tactical Technology Information Analysis Center.

DONMSTSG(sneezy.nosc.mil/30_org/donmstsg.html) – Department of the Navy Modeling and Simulation Technical Support Group.

DS(www.dmso.mil/public/projects/ds/) – Data Standardization.

EADSIM(www.ssdc.army.mil/eadsim.html) – Extended Air Defense Simulation.

EADTB(www.ssdc.army.mil/eadtba~2.html) – Extended Air Defense Testbed.

E2DIS(vader.nrl.navy.mil/e2dis_www/home.html) – Environmental Effects for Distributed Interactive Simulation.

EXCIMS(www.dmso.mil/public/dmso/wrkgrps/excims/) – DoD Executive Council for Modeling and Simulation.

HBR(www.dmso.mil/public/projects/hbr/) – Human Behavior Representation.

HLA(hla.dmso.mil/) – DoD High Level Architecture.

IST(www.ist.ucf.edu/) – Institute for Simulation and Training, University of Central Florida.

IST MS&T SC(www.sc.ist.ucf.edu/) – Institute for Simulation & Training's Modeling, Simulation, & Training Service Center.

JMASS(www.jmass.wpafb.af.mil/) – Joint Modeling and Simulation System.

JADS JTF(jadsweb.kirtland.af.mil/) – Joint Advanced Distributed Simulation Joint Test Force.

JASA(www.nawcwpns.navy.mil/~jasa/) – Joint Accreditation Support Activity.

JDBE(208.145.129.4) – Joint Database Elements for Modeling & Simulation.

JSIMS(www.jsims.mil/) – Joint Simulation System.

JTASC(www.jtasc.acom.mil/) – Joint Training Analysis and Simulation Center.

JTLS(www.disa.mil/D8/jtls/jtls.html) – Joint Theater-Level Simulation.

JWARS(www.dtic.mil/jwars/) – Joint Warfare System.

JWID-97 (U.S.)(www.jwid97.bmpcoe.org/) – Joint Warrior Interoperability Demonstration.

JWID-97 (UK)(www.drahmg.gb/jwid/jwid97/jwid97.html) – Joint Warrior Interoperability Demonstration.

JWSOL(coke.nosc.mil/hpc/tdat/jwsol/) – Joint Warfare Simulation Object Library.

LANL M&S(gnarly.lanl.gov/Modeling_and_Simulation/Modeling_and_Simulation.html) – M&S at Los Alamos National Laboratory.

MCMSMO(mcmsmo.usmc.mil/) – Marine Corps Modeling and Simulation Management Office.

MEL(mel.dmso.mil/) – Master Environmental Library.

MISMA(www.misma.army.mil/misma/) – Model Improvement and Study Management Agency.

MSCC(www.dmso.mil/public/wrkgrps/tf/mscc/) – Modeling & Simulation Coordination Center Task Force.

MSD(www.msrr.dmso.mil/msdocs/) – Modeling & Simulation Directories.

MSIAC(www.msiac.dmso.mil/) – Defense Modeling and Simulation Information Analysis Center.

MSOSA(www.msosa.mil.inter.net/) – Modeling & Simulation Operational Support Activity.

MSRR – Modeling & Simulation Resource Repository.

Air Force MSRR(afmsrr.afams.af.mil/)

Army MSRR(www.amso.army.mil/)

DMSO MSRR(www.msrr.dmso.mil/)

Navy M&S Catalog(nmso.navy.mil/)

MS&TSC(www.sc.ist.ucf.edu/) – Modeling, Simulation, & Training Service Center.

MSTIC(www.mstic.com/) – Navy's Modeling and Simulation Technology Information Center.

MSTTF(www.dmso.mil/public/dmso/wrkgrps/tf/msttf.html) – Modeling & Simulation Terminology Task Force.

MSWG(www.dmso.mil/public/dmso/wrkgrps/mswg/) – Modeling & Simulation Working Group.

NASA(bigben.larc.nasa.gov/) – NASA Flight Simulation Homepage.

NASM(www.nasm.hanscom.af.mil/NASM/) – National Air and Space [Warfare] Model.

Navy TEMS(www.nawcad.navy.mil/tems/) – Navy Test and Evaluation M&S.

NAVMSMO(nmso.navy.mil/) – Navy Modeling and Simulation Office.

NSC(www.simcentral.org/) – National Center for Simulation.

NTERMS(nterms.mugu.navy.mil/) – Navy Test and Evaluation Repository for Models and Simulations.

PM-DIS(www.stricom.army.mil/STRICOM/dis.html) – Program Manager, Distributed Interactive Simulation.

SDBF(sdbf.irk.aetc.af.mil/sdbf2.html) – Simulator Data Base Facility.

SEDRIS(www.sedris.org/) – Synthetic Environment Data Representation & Interchange Specification.

SISO(siso.sc.ist.ucf.edu/) – Simulation Interoperability Standards Organization.

SPAWAR Warfare Analysis, Modeling and Simulation(c4iweb.spawar.navy.mil/pd13/pmw131/)

STRICOM(www.stricom.army.mil/) – U.S. Army Simulation, Training, and Instrumentation Command.

TEMS(www.nawcad.navy.mil/tems/) – Navy Test and Evaluation Modeling and Simulation.

THUNDER(www.group-w-inc.com/thunder/index.html) – US Air Force's premier theater-level campaign simulation.

TMPO(www.tmpo.nima.mil/) – Terrain Modeling Project Office.

TMSO(vpg1.apg.army.mil/) – TECOM Modeling & Simulation Office.

TRADOC Analysis Center DIS V&V Division(www-tracvv.army.mil/) – TRADOC Analysis Center's Distributed Interactive Simulations Verification and Validation Division.

Training Council/FWG(tcfwg.msosa.dmso.mil/) – Training Council/Functional Working Group.

TWSTIAC(www.dtic.dla.mil/iac/twstiac/twstiach.html) – Tactical Warfare Simulation and Technology Information Analysis Center.

UK SIWG(siwg.dra.hmg.gb/) – UK Simulation Interoperability Working Group.

USASSDC Simulation Center(sc-www.army.mil/) – U.S. Army Space and Strategic Defense Command Simulation Center.

UTSS(huachuca-jdbe.army.mil/proj/utss/) – Universal Threat System for Simulators.

VV&A(www.dmso.mil/public/portals/vva.html) – Verification, Validation and Accreditation DMSO Project.

WARSIM(leav-www.army.mil/nsc/warsim/) – Warfighters' Simulation.

참고문헌

고원 외. 『국방 시뮬레이션 용어사전』. 한국국방연구원, 2003.

과학화훈련단. "대대급 과학화 전투훈련장 소개자료". 2007.

국방부. "국방 CBD 방법론". 2005.

______. "무기/비무기체계 내장형 소프트웨어 개발관리 지침". 2002.

권윤탁. "SBA 통합지원체계 운용아키텍처 연구". 국방대학교 석사학위논문, 2008.

권태호. "FFX-1 체계 시뮬레이터 운용 요구사항 개발에 관한 연구". 국방대학교 석사학위논문, 2007.

김동철. "모의실험기반획득(SBA)을 위한 통합지원체계 구축방안". 국방대학교 석사학위논문, 2006.

김상수. "M-SAM 실시간 분산 시뮬레이션 성능실험을 위한 소프트웨어 개발 연구". 국방대학교 석사학위논문, 2003.

김성철. "모의실험기반획득을 위한 발전방안에 관한 연구". 국방대학교 석사학위논문, 2007.

김영배. "무기체계 획득능력 향상을 위한 모델링/시뮬레이션 기반 획득체계에 관한 연구". 국방대학교 석사학위논문, 1998.

김영수. "시뮬레이터를 활용한 비행훈련제도 개선". 공군대학 보고서, 1994.

김종훈. "SEDRIS를 이용한 국방 M&S 표준 지형 데이터 구축에 관한 연구". 국방대학교 석사학위논문, 2005.

김주형. "M&S를 사용한 KMSAM체계 운용시험평가에 관한 연구". 국방대학교 석사학위논문, 2004.

김치한. "국방 M&S 수락기준 및 VV&A 계획수립에 관한 연구". 국방대학교 석사학위논문, 2007.

김탁곤. DEVS 강의교재. 한국과학기술원, 2008.

______. "합동 분석 모델 개발을 위한 DEVS 기술 적용". 한국과학기술원 · 국방부 연구보고서, 2008.

남탁곤. "국방 M&S VV&A 지원도구 체계 및 프로토타입 설계 연구", 국방대학교 석사학위논문, 2008.

도담시스템스. "시뮬레이터 소개자료". 도담시스템스, 2007,

박성희. 시뮬레이션 기반 무기체계 연구개발". '03 국방 M&S 발전 세미나, 한국국방연구원, 2003.

손해용. "무기체계 시험평가 발전방향에 대한 연구: 모델링 및 시뮬레이션의 활성화를 중심으로". 국방대학교 석사학위논문, 1997.

송재근. "군사력 건설측면에서의 M&S 발전방향 연구: 합참 및 각 군 소요기획단계를 중심으로". 국방대학교 안보논문, 2007.

송찬호 외. "획득 프로세스 혁신을 위한 모의기반획득(SBA) 체계 발전 방안". 국방과학연구소 연구보고서, 2006.

원강연 · 최상영. "SBA를 위한 M&S PlugIn-Based Architecture 구조에 대한 연구", 『한국군사과학기술학회지』 제10권 제1호. 한국군사과학기술학회, 2007. 3, pp. 70-77.

유병주 · 이종호 · 권오정. "국방 M&S를 활용한 훈련체계 혁신방안", 『국방정책연구』 제68호. 한국국방연구원, 2005, pp. 67-93.

육군교육사령부. "모델링/시뮬레이션 소프트웨어 개발절차 V2.0". 2002.

윤석준. 『시뮬레이션과 시뮬레이터』. 선학사, 2003.

윤현달. "M&S 개발 프로세스를 적용한 지형분석 시뮬레이션 모델 개발". 국방대학교 석사학위논문, 2005.

이용호. "DM&S 합성환경과 고수준 아키텍처 적용", 한국시뮬레이션학회 1998년도 추계학술대회, 1998.

이재열. "M&S 프레임워크 적용에 관한 연구". 국방대학교 석사학위논문, 2008.

장상철. "국방 M&S 종합발전방안". 국방 시뮬레이션 발전 세미나 발표자료, 한국국방연구원, 2001.

______. "차세대 시뮬레이션 연동체계(HLA/RTI) 기술연구". 한국국방연구원 연구보고서, 2001.

장상철・정상윤. "전투실험 활성화를 위한 모의분석체계 발전방안", 『국방정책연구』 제58호. 한국국방연구원, 2002, pp. 137-179.

장상철 외. "국방모의분석체계 구축을 위한 상위체계구조(HLA) 기술 연구". 한국국방연구원 보고서, 1999.

조철희. "M&S를 활용한 군 물류 정보체계 효과분석에 관한 연구: 육군 물류체계를 중심으로". 국방대학교 석사학위논문, 2004.

최상영. 객체지향 기법과 군사모형 개발 적용, 국방대학교 보고서, 1993. 12.

______. "객체지향 시뮬레이션 언어 MODSIM II의 활용", 『교수논총』 7. 국방대학교, 1997, pp. 285-306.

______. "과학화 전투훈련단 부대개편사업 타당성 분석평가". 방위사업청 연구보고서, 2008.

______. "과학화 전투훈련장 LVC-체계의 상위 구조 연구", 『한국군사과학기술학회지』 제11권 제2호. 한국군사과학기술회, 2008. 4, pp, 80-87.

______. "국방 모델링 및 시뮬레이션 기술 발전과 향후 전망", 『전자공학회지』 제35권 제10호. 대한전자공학회, 2008. 10, pp. 1157-1166.

______. "국방 획득업무의 혁신을 위한 SBA 적용 및 발전방향". 국방대학교 보고서, 2006.

______. "국방 M&S 개발을 위한 CPN/VENSIM 사용방법". 국방대학교 보조교재, 2006.

______. "국방 M&S의 신뢰성 향상 방안". 국방대학교 안보문제연구소 연구보고서, 2005.

______. "군수물류 실험방법론 연구". 한국전략문제연구소 연구보고서, 2004.

______. "기갑 전투그룹 교전 시뮬레이션 모델", 『한국시뮬레이션학회논문지』 제12권 제1호. 한국시뮬레이션학회, 2003. 3, pp. 73-83.

______. "대공방어체계 분석모델 개발연구". 군사특화연구센터 연구보고서, 1999. 12.

______. "대공유도무기 실시간 분산 시뮬레이션 기반 프로그램개발". 국방대학교・국방과학연구소 보고서, 2003.

______. "동적 시스템을 위한 고속 객체지향시뮬레이션에 관한 연구". 국방대학교 연구보고서, 1997.

______. "무기체계 시뮬레이터 개발사업의 효율적인 사업관리 방안 연구". 국방부 연구보고서, 2005.

______. "무기체계 연구개발 단계별 M&S 체계소요 및 활용방안". 방위사업청 연구보고서, 2007.

______. "미래방공무기체계 전투모의실험". 제11차 유도무기학술대회, 국방과학연구소, 2001. 10. 25.

______. "실시간 소모평가 방법". 국방대학교 연구보고서, 1996.

______. "이산 시스템 시뮬레이션 방법". 국방대학교 강의교재, 2008.

______. "전술제대 전자파 상호간섭 분석시뮬레이션 모델 개발". 국방연구원 연구보고서, 1997. 12.

______. "지형 시뮬레이션 모델 개발", 『교수논총』 21. 국방대학교, 2001. 5, pp. 335-358.

______. “체계시험자료를 이용한 체계 시뮬레이터 신뢰성 확인/검증기법 연구(계속)”. 국방과학연구소 연구보고서, 2008.

______. “컴퓨터 합성환경(네트워크 가상환경)”. 고려대학교 정기 세미나 발표 강연집, 2005.

______. “탄약 및 보급 CMMS 모델링 연구”. 육군교육사령부 연구보고서, 2003.

______. “한국 근접전투 지형을 고려한 전차전투 모델개발”. 국방과학연구소 연구보고서, 2002.

______. “A Many-on-Many Duel Model(다중교전 모형)”, 『한국군사운영분석학회지』 제19권 제1호. 한국국방경영분석학회, 1993. 6, pp. 62-86.

______. “Applicability of the Lanchester Model to the Many-on-Many Direct-fire Engagement(란체스터 교전 모형의 적용 한계성 연구)”, 『한국군사운영분석학회지』 제16권 제1호, 한국국방경영분석학회, 1990. 6, pp. 67-93.

______. “Battle Group Combat Simulation Model as an Experimental Tool(소규모 전투 교전 시뮬레이션 모형)”, 『한국군사운영분석학회지』 제16권 제2호, 한국국방경영분석학회, 1990. 12, pp. 29-42.

______. “DADSim(Distributed Air Defense Simulation) 설계 및 구현”. 제11차 유도무기학술대회, 국방과학연구소, 2001. 10. 25.

______. “HLA 기반 분산 방공 시뮬레이션 모델 개발”. 한국국방경영분석학회 추계학술대회, 1998.

______. “HLA 기반 분산 시뮬레이션 애플리케이션 개발”. 제10회 국제항공우주심포지엄, 2001. 10.

______. “HLA 기반 실시간 분산 M-SAM 시뮬레이션에서 RTI 성능측정 및 분석”, 『컴퓨팅의 실제』 제11권 제2호. 정보과학회, 2005. 4, pp. 149-156.

______. “HLA 기반 국방 분산 시뮬레이션 프로그래밍 소개”, 『교수논총』 16. 국방대학교, 1999, pp. 211-244.

______. “M&S 신용성 향상을 위한 VV&A 적용 모델”, 『한국군사과학기술학회지』 제9권 제1호, 한국군사과학기술학회, 2006. 3, pp. 60-71.

______. “M&S 적용 모델 연구”. 국방대학교 연구보고서, 2007.

______. “MODSIM II 환경에서 객체지향 시뮬레이션 개발 방법인 SMG 방법의 적용성에 관한 연구: 전차 교전 시뮬레이션 소프트웨어 프로토타입 개발 예를 중심으로”, 『한국군사운영분석학회지』 제23권 제1호. 한국국방경영분석학회, 1997. 6, pp. 47-62.

______. “Object-Oriented Technique and it's Application to the Development of the Combat System Simulation Model LADEM”, 『한국군사운영분석학회지』 제20권 제1호. 한국국방경영분석학회, 1994. 6, pp. 138-156.

______. “PMSim: 시뮬레이션 개발관리 모델”. 국방대학교 연구보고서, 2007.

______. “SBA(Simulation Based Acquisition)”. 제1회 획득 M&S 세미나, 국방기술품질원, 2007. 10.

______. “SBA를 위한 M&S의 VV&A 방안”. 방위사업청/국방과학연구소 SBA 발전방안 정책 세미나, 2006. 12.

최상영 · 김대운. “TPNSim++의 검증 및 시뮬레이션 분야의 활용성”, 『한국군사운영분석학회지』 제23권 제23호. 한국군방경영분석학회, 1997. 12, pp. 1-14.

최상영 · 김의환. “방공교전모델(DADSim) 개발 및 활용사례”, 『한국국방경영분석학회지』 제27권 제2호. 한국국방경영분석학회, 2001. 12, pp. 134-148.

______. “전차 시뮬레이션 모델 개발”, 『한국국방경영분석학회지』 제28권 제2호. 한국국방경영분석학회,

2002. 12, pp. 125-136.

최상영 · 마호명. "군수지원성 분석을 위한 지식기반 객체지향 시뮬레이션 아키텍처 설계 연구", 대한산업공학회 95년도 추계학술대회, 1995.

최상영 · 변재정. "SBA 개념과 발전전망", 『정보과학회지』 제26권 제11호. 한국정보과학회, 2008. 11, pp. 6-12.

최상영 · 유진헌. "시스템 다이내믹 모델링에 의한 연속 시뮬레이션 전투모델 개발방법", 『한국군사운영분석학회지』 제25권 제1호. 한국국방경영분석학회, 1999. 7, pp. 37-54.

최상영 · 이강임 · 이종호. "객체지향 TPN 시스템 시뮬레이션을 위한 기본 클래스 설계와 군수 모델링 응용", 『한국군사운영분석학회지』 제21권 제1호. 한국국방경영분석학회, 1995. 6, pp. 94-115.

최상영 · 함일환 · 송문호. "사격상태와 관측상태를 갖는 란체스터형 교전 모형 연구", 『한국군사운영분석학회지』 제17권 제2호. 한국국방경영분석학회, 1991. 12, pp. 44-53.

_____. "방공 무기체계 훈련용 시뮬레이터 프로토타입 개발", 대한산업공학회 96년도 추계학술대회, 1996.

_____. "지형 시뮬레이션 환경 설계 및 구현 연구". 한국군사과학기술학회 2000년도 추계학술대회, 2000. 10. 31.

_____. "컴포넌트 기반 M&S 개발을 위한 M&S 프레임워크", 한국국방경영분석학회 2007년도 추계학술대회, 2007. 11. 20.

_____. "컴포넌트 기반 M-SAM 체계 시뮬레이션 개발방법 연구". 국방과학연구소 연구보고서, 2008.

_____. "한국군 이동식 과학화 전투훈련체계 발전방향에 대한 연구". 제7회 국방대학교 학술교류 세미나, 2008. 11.

_____. "BAGSim(Battle Group Simulation) 프로토타입 모델 구현에 관한 연구". 한국군사과학기술학회 2000년도 추계학술대회, 2000. 10. 31.

_____. "DADSim에서 HLA 개념을 도입한 분산 비행 시뮬레이션 모델 설계 및 프로토타입 구현". 대한산업공학회 98년도 추계학술대회, 1998.

_____. "M&S의 요구개발과 VV&A 수락기준 설정 방법 연구", 『국방과학기술지』 제2권 제1호. 국방과학기술연구정보센터, 2008. 6, pp. 1-12.

Ancker, C. J. One-on-One Stiochastic Duels, *Military Application Section*. ORSA, 1981.

Averill M. Law & W. David Kelton. *Simulation Modeling and Analysis*. McGraw-Hill, 2000.

Balci, Osman. *Verification, Validation and Testing of Models, Encyclopedia of Operations Research and Management Science*. Sau, I. Gass & Carl, M. Harris (Ed.). Boston, MA: Kluwer Academic Publishers, 1996, pp. 719-723.

Bank, J., Carson, J. S. II, & Nelson, B. L. *Discrete-Event System Simulation*. 2nd ed. Prentice Hall, 1996.

Bathe, M. R. & Choi, S. Y. "A State Space Based Many-on-Many Combat Model". 11th European Congress on Operational Research, Aachen, 1991. 7. 16.

Choi, Duminda. "The DADSim Air Defense Simulation Environment". The 5th IEEE High Assurance System Engineering Simposium(HASE2000), Nov. 15, 2000, New Mexico, USA.

Choi, Jeong. "An Object-Oriented Simulation System for Air Defense". ICCS, 2003.

Choi, S. Y. "Defense Modeling and Simulation for the Future Force Establishment". *KNDU Review*, 2007.

______. "Combat Modelling Methodology". Proc. of US-Korea JMEM Seminar, 1992. 6.

Choi, S. Y. & Hur, Y. J. "Object-Oriented Technique and its Application to the Development of the Combat Simulation Model". Proc. of France-Korea JMEM Seminar, 1993. 10.

Choi, T. J. "HLA-based Object-oriented Modeling/Simulation for Tank-Helicopter Combat System (HOST)". Simulation Interoperability Workshop, SISO, Florida, USA, September, 2001.

Choi, "TPNSim++: Object-Oriented Timed Petri nets Simulation Framework". 20th International Conference on Computers&Industrial Engineering, Kyong Ju, Korea, 1996. 9.

Daly, F. & Hagues, J. H. "STOCADE: A Highly Aggregated Model of Direct Fire Battle". Report, OR/C/18, RMCS(UK).

Dean S. Hartly III. "Verification & Validation in Military Simulations". Pro. of the 1997 Winter Simulation Conference.

DMSO(Defense Modeling and Simulation Office). *DoD Verification, Validation, Accreditation Recommended Practices Guide*. Millenium ed. Alexandria, VA, 2000.

______. *FEDEP(Federation Development and Execution Process) Model*. Version 1.5. December 8, 1999.

______. *HLA Object Model Development Process and Supporting Tools*. 1998. 4.

______. *HLA(High Level Architecture)*. Version 1.3. 1998. www.hla.dmso.mil.

______. *RTI 1.3-Next Generation Programmer's Guide*. 2002.

______. *Standard for DIS Protocols V2.0 (University of Central Florida)*. 1994. 3. 16.

DoD. *DoD 5000.59-M&S Management*. Washington D.C., January 1994.

______. *DoD 5000.59-M-Glossary of M&S Terms*. Washington D.C., January 1998.

DoD 5000.59-P-M&S Master Plan. Washington D.C., October 1995.

______. *DODI 5000.61-Verification, Validation, and Accreditation*. Washington D.C., May 2003.

______. *High Level Architecture Federation Development and Execution Process (FEDEP) Model Version 1.1*. 1997.

______. *Joint Technical Architecture Vol. I and II Version 6.0*, 3 October 2003.

______. *VV&A RPG Reference Document of T&E and V&V Integration*. 2001.

Eike Best, Raymond Devillers, & Maciej Kountny. *Petri nets algebra*. Springer, 2001.

Engel, J. H. "A Verification of Lanchester's Law". *Operations Research*, Vol. 2, 1954, pp. 163-171.

Erich Gamma. *Design Patterns*. Addison-Wesley Co., 1995.

Farid Mamaghani. *Synthetic Environment Representation and Interchange Specification (SEDRIS)*. DMSO, 1999.

Fishman, G. S. *Principles of Discrete Event Simulation*. Wiley, 1978.

Frank S. Dean, et al. "Mixed Reality: A Tool for Integrating Live, Virtual & Constructive Domains to Support Training Transformation". Intersersive/Industrial Training, Simulation and Education Conference, 2004.

Frederick Kuhl, Richard Weatherly, & Judith Dahmann. *Creating Computer Simulation Systems-An Introduction to the High Level Architecture*. Prentice Hall, 1999.

Gafarian, A. V. & Ancker, C. J. "Two-on-One Stochastic Duel". *NRLQ*, Vol. 31, 1984, pp. 309-324.

Gafarian, A. V. & Manion, K. R. *The General Stochastic Two-on-Two Combat Model*. Draft, 1987.

Hermann Kopetz. *Real Time Systems Design Principle for Distributed Embeded Application*. Kluwer Academic Publishers, 1998.

IST(Institute for Simulation and Training). *The DIS Vision: A Map to the Future of Distributed Simulation*. Version 1. Orlando, FL: University of Central Florida, May 1994.

Ivar Jacobson. *The Unified Software Development Process*. Addison-Wesley, 1998.

Jensen. *Coloured Petri Nets Basic Concepts, Analysis Methods and Practical Use, Volume 1*. Springer-Verlag, 1992.

______. *Coloured Petri Nets Basic Concepts, Analysis Methods and Practical Use, Volume 2*. Springer-Verlag, 1992.

Jerry Banks. *Handbook of Simulation*. John Wiley & Sons, INC., 1998.

John A. Hamilton Jr., David A. Nash, & Udo W. Pooch. *Distributed Simulation*. CRC Press, 1997.

John S. Carson II. "Introduction to Modeling and Simulation". Pro. of the 2004 Winter Simulation Conference, 2004.

John, F. K., Robert, R. L., Stephen, E. M., & James, E. C. "An Architecture for Simulation based Acquisition". *Johns Hopkins APL Technical Digest*, Vol. 21, No. 2, 2000.

Jose-Manuel Colom & Maciej Koutny. *Applications and Theory of Petri Nets*. Springer, 2001.

L'Ecuyer, P. "Random numbers for simulation". *Communications of the ACM*, Vol. 33, 1990.

Lalit, K. Piplani. *Systems Acquisition Manager's Guide for the use of Models and Simulations*. DSMC(Defense Systems Management College), 1994.

Lanchester, F. W. *Aircraft in Modern Warfare: The Dawn of the Fourth Arm*. London: Constable and Co., 1916.

MITRE Co. *Aggregate Level Simulation Protocol(ALSP)*. McLean, VA, 1992.

Nelson, B. L. *Stochastic Modeling: Analysis and Simulation*. McGraw-Hill, 1995.

Osman, Balci. "Verification, Validation, and Certification of Modeling and Simulation Applications". Proceedings of the 2003 Winter Simulation Conference.

Patricia Sanders. *Simulation Based Acquisition-An Effective, Affordable Mechanism for Fielding Complex Technologies*. OUSD(A&T), 1997. 3. 21.

Paul A. Fishwick. *Simulation Model Design and Execution*. Prentice-Hall, 1995.

PEOSTRI. *Live-Virtual-Constructive Integrated Architecture*. www.peostri.army.mil.

Phillip A. Laplante. *Real-time System Design and Analysis*. IEEE Press, 2004.

Pope, A. R. *The SIMNET Network and Protocols*. Report 6369. BBN Systems and Technologies,

10 Moulton Street, Cambridge MA, February 1987.

______. *The SIMNET Network and protocols*. Report 7102. BBN Systems and Technologies, 10 Moulton Street, Cambridge MA, July 1989.

Ripley, B. D. *Stochastic Simulation*. John Willy & Sons, 1987.

Robert, G. Sargent. "Verification and Validation of Simulation Models". Proceedings of the 2003 Winter Simulation Conference.

Sandeep Singhal. *Networked Virtual Environments*. Addison-Wesley Co., 1999.

SDA. *Test and Training Enabling Architecture*. www.tena-sda.org.

Shubik, M. *Mathematics of Conflict, In North-Holland Systems and Control Series*. Vol. 6. Elsevier Science Publishers B. V., Amsterdam, 1983.

Sol M. Shatz. *Development of Distributed Software*. Macmillan Publishing Company, 1993.

Steve Cunningham, et al. *Virtual Reality Systems*. Addison-Wesley Publishing Co., 1995.

Tayer, J. G. *Force-on-Force Attrition Modeling*. OR/SA, 1980.

Ventana Systems, Inc. *Vensim® Standard Professional DSS*. 1997.

Weatherly, R. D. & Seidel, J. Weissman. "Aggregate Level Simulation Protocol". Pro. of the 1991 Summer Computer Simulation Conference, Baltimore MD, July 1991.

William F. Waite. "Validation of Hardware-in-the-loop(HWIL) and distributed simulation systems". Foundations for V&V in the 21st Century Workshop (Foundations '02).

Willis, R. F. "Stochastic Process Models of Combat". Report OR/EP/28, RMCS(UK), 1983.

______. "Variety of Stochastic Combat Models Derivable from one Deterministic Model". Report, OR/WP/33, RMCS(UK), 1983.

Zeigler, B. P., Praehofer, H., & Kim, T. G. *Theory of Modeling & Simulation*. San Diego Academic Press, 2000.

찾아보기

최상영 sychoi@kndu.ac.kr

육군사관학교 졸업
국방대학교 국방과학 석사
영국 크랜필드 대학 체계과학 박사
조지메이슨 대학 C4I센터 교환교수
국방과학기술 조사 전문위원
육군 정보화 정책 자문위원
한미연합사 워게임 연동체계 자문위원
방위사업청 무기체계획득개선 자문위원
한국 시뮬레이션학회 이사
한국 시스템엔지니어링학회 이사
한국 ITA학회 이사
한국모의훈련체계협회 이사
한국군사학교육학회 이사
안보문제연구소 연구조정관
국방대학교 교육개발 실장
국방관리대학원 교학처장
현) 국방대학교 국방과학부 교수

국방 모델링 및 시뮬레이션 총론

2010년 3월 10일 초판 인쇄
2010년 3월 20일 초판 발행

지 은 이 | 최 상 영
펴 낸 이 | 이 찬 규
펴 낸 곳 | 북코리아
등록번호 | 제03-01240호
주 소 | 121-801 서울시 마포구 공덕동 115-13
전 화 | 02) 704-7840
팩 스 | 02) 704-7848
이 메 일 | sunhaksa@korea.com
홈페이지 | www.sunhaksa.com

ISBN 978-89-6324-020-6 (93390)

이 도서의 국립중앙도서관 출판시도서목록(CIP)은 e-CIP 홈페이지(http://www.nl.go.kr/ecip)에서 이용하실 수 있습니다.(CIP제어번호: CIP2010000814)